"创新设计思维"

数字媒体与艺术设计类新形态丛书

U0234247

Ps

平面设计 综合教程

Photoshop+Illustrator+
CorelDRAW+InDesign

微课版·第2版

互联网+数字艺术教育研究院 ◎ 策划

周建国 游祖会 ◎ 主编

刘燕 陈嘉伟 ◎ 副主编

人民邮电出版社

北京

图书在版编目（CIP）数据

平面设计综合教程：Photoshop+Illustrator+
CorelDRAW+InDesign：微课版 / 周建国，游祖会主编
. -- 2版. -- 北京：人民邮电出版社，2022.6（2024.5重印）
（"创新设计思维"数字媒体与艺术设计类新形态丛
书）
ISBN 978-7-115-58336-9

Ⅰ.①平… Ⅱ.①周… ②游… Ⅲ.①平面设计－图
形软件－教材 Ⅳ.①TP391.412

中国版本图书馆CIP数据核字(2021)第261753号

内 容 提 要

　　Photoshop、Illustrator、CorelDRAW 和 InDesign 是当今流行的图像处理、矢量图形编辑和排版设计软件，被广泛应用于平面设计、包装设计等领域。

　　本书以平面设计的典型应用为主线，通过多个精彩实用的商业案例，全面细致地讲解如何利用Photoshop、Illustrator、CorelDRAW 和 InDesign 完成专业的平面设计项目，使读者在掌握软件功能和制作技巧的基础上，能够开拓设计思路、提高设计能力。

　　本书可作为高等院校数字媒体艺术专业相关课程的教材，也可作为 Photoshop、Illustrator、CorelDRAW 和 InDesign 的初学者及有一定平面设计经验的设计人员的参考书。

◆ 主　　编　周建国　游祖会
　　副主编　刘　燕　陈嘉伟
　　责任编辑　李海涛
　　责任印制　王　郁　陈　犇

◆ 人民邮电出版社出版发行　　北京市丰台区成寿寺路 11 号
　　邮编　100164　电子邮件　315@ptpress.com.cn
　　网址　https://www.ptpress.com.cn
　　保定市中画美凯印刷有限公司印刷

◆ 开本：787×1092　1/16
　　印张：20　　　　　　　　　　2022 年 6 月第 2 版
　　字数：477 千字　　　　　　　2024 年 5 月河北第 4 次印刷

定价：69.80 元

读者服务热线：**(010)81055256**　印装质量热线：**(010)81055316**
反盗版热线：**(010)81055315**
广告经营许可证：京东市监广登字 20170147 号

编写目的

Photoshop、Illustrator、CorelDRAW 和 InDesign 自推出之日起就深受平面设计人员的喜爱，是当今流行的图像处理和矢量图形设计软件，被广泛应用于平面设计、包装设计等领域。为了让读者能够快速且牢固地掌握 Photoshop、Illustrator、CorelDRAW 和 InDesign 综合应用的方法和技巧，设计出更有创意的平面设计作品，我们几位长期在本科院校从事艺术设计教学的教师与专业设计公司经验丰富的设计师合作，于 2016 年 12 月出版了本书的第 1 版。截至 2020 年年底，本书已被近百所院校作为教材使用，并受到广大师生的好评。随着 Photoshop、Illustrator、CorelDRAW 和 InDesign 软件版本的更新，以及平面设计所涉及领域的扩大，我们几位编者再次合作完成了本书第 2 版的编写工作。本书增加了 Banner 设计、UI 设计和 VI 设计等领域的案例。我们希望通过本书能够培养读者的创意思维，并提高读者的设计能力。

内容特点

本书以平面设计的典型应用为主线，通过多个精彩实用的案例，全面系统地讲解利用 Photoshop、Illustrator、CorelDRAW 和 InDesign 进行专业平面设计的方法和技巧。

精选商业案例： 精心挑选来自平面设计公司的商业案例，对 Photoshop、Illustrator、CorelDRAW 和 InDesign 综合使用的方法和技巧进行了深入的分析，并融入实战经验和相关知识；详细地讲解了案例的操作步骤和技法，力求使读者在掌握软件功能和制作技巧的基础上，能够开拓设计思路、提高设计能力。

课堂练习和课后习题： 为帮助读者巩固所学知识，本书设置了"课堂练习"以提升读者的设计能力，还设置了难度略有提升的"课后习题"，以拓展读者的实际应用能力。

FOREWORD

学时安排

本书的参考学时为 64 学时，讲授环节为 38 学时，实训环节为 26 学时。各章的参考学时参见以下学时分配表。

章	课程内容	学时分配/学时	
		讲授	实训
第 1 章	平面设计的基础知识	1	
第 2 章	图形图像的基础知识	1	
第 3 章	图标设计	2	2
第 4 章	卡片设计	2	2
第 5 章	Banner 设计	2	2
第 6 章	宣传单设计	2	2
第 7 章	广告设计	2	2
第 8 章	海报设计	2	2
第 9 章	包装设计	4	2
第 10 章	画册设计	4	2
第 11 章	书籍装帧设计	4	2
第 12 章	网页设计	2	2
第 13 章	UI 设计	4	2
第 14 章	H5 设计	2	2
第 15 章	VI 设计	4	2
学时总计/学时		38	26

资源下载

为方便读者线下学习及教学，书中所有案例的微课视频、基础素材和效果文件，以及教学大纲、PPT 课件、教学教案等资料，读者可登录人邮教育社区（www.ryjiaoyu.com），在本书页面中免费下载使用。

微课视频　　基础素材　　效果文件　　教学大纲　　PPT 课件　　教学教案

致　谢

本书由互联网+数字艺术教育研究院策划，周建国、游祖会担任主编，刘燕、陈嘉伟担任副主编。相关专业制作公司的设计师为本书提供了很多精彩的商业案例，在此表示感谢。

编　者

2022 年 1 月

目录 CONTENT

CONTENT

CONTENT

Chapter

1

第 1 章
平面设计的基础知识

本章主要介绍平面设计的基础知识，包括平面设计的基本概念、应用项目、基本要素、常用软件和工作流程等内容。作为一个平面设计师，只有对平面设计的基础知识进行全面的了解和掌握，才能更好地完成平面设计的创意和制作任务。

课堂学习目标

- 了解平面设计的基本概念和应用项目

- 掌握平面设计的基本要素和常用软件

- 掌握平面设计的工作流程

1.1 平面设计的基本概念

1922 年，美国威廉·阿迪逊·德威金斯最早提出和使用了"平面设计（Graphic Design）"一词。20 世纪 70 年代，设计艺术得到了充分的发展，"平面设计"成为国际设计界认可的术语。

平面设计是一个包含经济学、信息学、心理学和设计学等领域的创造性视觉艺术学科。它通过二维空间进行表现，并通过图形、文字、色彩等元素的编排和设计来进行视觉沟通和信息传达。平面设计作品主要用于印刷或界面的平面显示，由平面设计师利用专业知识和技术来完成。

1.2 平面设计的应用项目

目前常见的平面设计的应用项目，可以归纳为九大类：广告设计、书籍设计、刊物设计、包装设计、网页设计、标志设计、VI 设计、UI 设计和 H5 设计。

1.2.1 广告设计

在现代社会中，信息传递的速度日益加快，传播方式多种多样。广告凭借着信息媒介的传递，高频率地出现在人们的日常生活中，已成为社会生活中不可缺少的一部分。与此同时，广告艺术也凭借着异彩纷呈的表现形式、丰富多彩的信息内容以及快捷便利的传播条件，强有力地冲击着人们的视听神经。

广告的英语译文为 Advertisement，最早从拉丁文 Adverture 演化而来，其含义是"吸引人注意"。通俗地讲，广告即广而告之。不仅如此，广告还包含两方面的含义：从广义上讲，广告是指向公众通知某一件事并最终达到广而告之的目的；从狭义上讲，广告主要是指营利性的广告，即为了某种特定的需要，通过一定的媒介和形式，耗费一定的费用，公开而广泛地向公众传递某种信息并最终从中获利的宣传手段。

广告设计是指通过图像、文字、色彩、版面、图形等视觉元素，结合广告媒体的使用特征构成的艺术表现形式，是为了实现传达广告目的和意图的艺术创意设计。

平面广告的类别主要包括 DM 直邮广告、POP 广告、杂志广告、报纸广告、招贴广告、网络广告和户外广告等。广告设计的效果如图 1-1 所示。

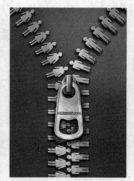

图 1-1

1.2.2 书籍设计

书籍是人类思想交流、知识传播、经验传承、文化积累的重要媒介。

书籍设计（Book Design）又称书籍装帧设计，属于平面设计范畴，是指对书籍的整体策划及造型设计。策划和设计过程包含了印前、印中，以及印后对书的形态与传达效果的分析。书籍设计的具体内容，包括开本、封面、扉页、字体、版面、插图、护封及纸张、印刷、装订和材料的艺术设计。

书籍的分类有许多种方法，标准不同，分类也就不同。一般而言，我们按书籍的内容涉及的范围来分类，包括文学艺术类、少儿动漫类、生活休闲类、人文科学类、科学技术类、经营管理类、医疗教育类等。不同类型的书籍，其设计也不同。书籍设计的效果如图 1-2 所示。

图 1-2

1.2.3 刊物设计

刊物是指经过装订、带有封面的期刊，是大众类印刷媒体之一，属于定期出版物。这种媒体形式最早出现在德国，但在当时，期刊与报纸并无太大区别。随着科技的高速发展和生活水平的不断提高，期刊开始与报纸越来越不一样，其内容也越来越偏重专题、质量、深度，而非时效性。

期刊可用于进行专业性较强的行业信息交流等，其读者群体有特定性和固定性。正是由于具备这种特点，期刊对读者的定位相对比较精准。同时，由于期刊大多为月刊和半月刊，注重内容质量的打造，所以比报纸的保存时间要长很多。

在设计期刊时，主要参照其样本和开本进行版面划分，艺术风格、基本元素和主要色彩都要和刊物本身的定位相呼应。由于期刊一般会选用质量较好的纸张进行印刷，所以它的图片印刷质量高、细腻光滑，画面印刷工艺精美、还原效果好、视觉形象清晰。

期刊类媒体分为消费者期刊、专业性期刊、行业性期刊等不同类别，具体包括财经期刊、IT 期刊、动漫期刊、家居期刊、健康期刊、教育期刊、旅游期刊、美食期刊、汽车期刊、人物期刊、时尚期刊、数码期刊等。刊物设计的效果如图 1-3 所示。

   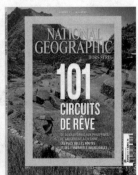

图 1-3

1.2.4 包装设计

包装设计是艺术设计与科学技术相结合的设计，是技术、艺术、设计、材料、经济、管理、心理、市场等多功能综合要素的体现，是多学科融会贯通的一门综合学科。

包装设计的广义概念，是指包装的整体策划工程，其主要内容包括包装方法的设计、包装材料的设计、视觉传达设计、包装机械的设计与应用、包装试验、包装成本的设计及包装的管理等。

包装设计的狭义概念，是指选用适合商品的包装材料，运用巧妙的制造工艺手段，为商品进行的容器结构功能化设计和形象化视觉造型设计，使之具有整合容纳、保护产品、方便储运、优化形象、传达属性和促进销售之功效。

包装设计按商品内容，可以分为日用品包装、食品包装、烟酒包装、化妆品包装、医药包装、文体包装、工艺品包装、化学品包装、五金家电包装、纺织品包装、儿童玩具包装、土特产包装等。包装设计的效果如图 1-4 所示。

图1-4

1.2.5 网页设计

网页设计是指根据网站所要表达的主旨，将网站信息整合归纳后，进行的版面编排和美化设计。网页设计能够让网页信息更有条理，页面更有美感，从而提高网页的信息传达和阅读效率。网页设计者要掌握平面设计的基础理论和设计技巧，以及网页配色、网站风格、网页制作技术等网页设计知识，设计出符合项目需求的艺术化和人性化的网页。

根据网页的不同属性，可将网页分为商业性网页、综合性网页、娱乐性网页、文化性网页、行业性网页、区域性网页等类型。网页设计的效果如图 1-5 所示。

图1-5

图1-5（续）

1.2.6　标志设计

标志是具有象征意义的视觉符号，它借助图形和文字的巧妙设计组合，艺术地传递出某种信息，表达某种特殊的含义。标志设计是指将具体的事物和抽象的精神通过特定的图形和符号固定下来，使人们在看到标志设计的同时，自然地产生联想，从而对企业产生认同。在一个企业中，标志渗透到了其运营的各个环节，例如日常经营活动、广告宣传、对外交流、文化建设等。作为企业的无形资产，标志的价值随着企业的增值不断累积。

标志按功能，可以分为政府标志、机构标志、城市标志、商业标志、纪念标志、文化标志、环境标志、交通标志等。标志设计的效果如图 1-6 所示。

图1-6

1.2.7　VI 设计

VI（Visual Identity）即企业视觉识别，是指以建立企业的理念识别为基础，将企业理念、企业使命、企业价值观经营概念变为静态的具体识别符号，并进行具体化、视觉化的传播；具体是指通过各种媒体将企业形象广告、标志、产品包装等有计划地传递给社会公众，树立企业整体统一的识别形象。

VI 是 CI 中项目最多、层面最广、效果最直接的向社会传递信息的部分，最具传播力和感染力，也最容易被公众所接受，短期内产生的影响也最明显。通过 VI 设计，社会公众可以对企业信息一目了然，对企业产生认同感，进而达到识别企业的目的。优秀的 VI 设计能在一定程度上帮助企业及其产品在市场中获得较强的竞争力。

VI 主要由两大部分组成，即基础识别部分和应用识别部分。其中，基础识别部分主要包括企业标志设计、标准字体与印刷专用字体设计、色彩系统设计、辅助图形、品牌角色（吉祥物）等；应用识别部分主要包括办公系统、标识系统、广告系统、旗帜系统、服饰系统、交通系统、展示系统等。VI 设计的效果如

图 1-7 所示。

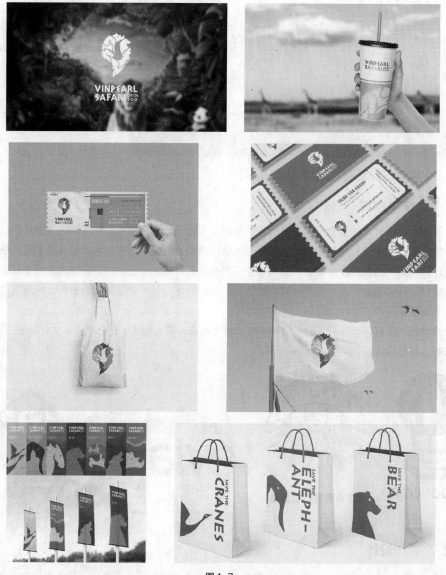

图 1-7

1.2.8　UI 设计

　　UI（User Interface）即用户界面，UI 设计是指对软件的人机交互、操作逻辑、界面美观的整体设计。根据 UI 设计从早期的专注于工具的技法型表现，到现在要求 UI 设计师参与到整个商业链条中，兼顾商业目标和用户体验，可以看出国内的 UI 设计行业发展是跨越式的。UI 设计从设计风格、技术实现到应用领域都发生了巨大的变化。

　　UI 设计的设计风格经历了由拟物化到扁平化的转变，现在依然以扁平化风格为主流，但加入了 Material Design（材料设计语言，是由 Google 推出的全新设计语言），使设计更为醒目且细腻。

　　UI 设计的应用领域已由原先的 PC 端和移动端扩展到可穿戴设备、无人驾驶汽车、AI 机器人等，更为广阔。今后无论技术如何进步，设计风格如何转变，甚至应用领域如何不同，UI 设计都将参与到产品设计的整个链条中，实现人性化、包容化、多元化的目标。UI 设计的效果如图 1-8 所示。

图1-8

1.2.9　H5 设计

H5 是指移动端上基于 HTML 5 技术的交互动态网页，是用于移动互联网的一种新型营销工具，其通过移动平台进行传播。

H5 具有跨平台、多媒体、强互动及易传播的特点。H5 的应用形式多样，应用领域广泛，有品牌宣传、产品展示、活动推广、知识分享、新闻热点、会议邀请、企业招聘、培训招生等。

H5 可分为营销宣传、知识新闻、游戏互动及网站应用这四类。H5 设计的效果如图 1-9 所示。

图1-9

1.3 平面设计的基本要素

平面设计作品的基本要素主要包括图形、文字及色彩三个要素。这三个要素在平面设计作品中都起着举足轻重的作用，它们之间的相互影响和各种不同变化都会使平面设计作品产生更加丰富的视觉效果。

1.3.1 图形

通常，人们在阅读一幅平面设计作品的时候，首先注意到的是图形，其次是标题，最后才是正文。符号化的文字表达效果受地域和语言背景限制，而图形则是一种通行于世界的语言，具有广泛的传播性。因此，图形创意策划的选择直接关系到平面设计作品的成败。图形的设计也是整个设计内容最直观的体现，能够最大程度地表现作品的主题和内涵。图形的平面设计效果如图1-10所示。

图1-10

1.3.2 文字

文字是最基本的信息传递符号。在平面设计工作中，文字是体现内容传播功能最直接的形式，因此对文字的设计安排相当重要。在平面设计作品中，文字的字体造型和构图编排恰当与否都直接影响着作品的效果和视觉表现力。文字的平面设计效果如图1-11所示。

图1-11

1.3.3 色彩

平面设计作品给人的整体感受取决于其画面的整体色彩。色彩作为平面设计的基本要素之一，其色调与搭配受宣传主题、企业形象、推广地域等因素的共同影响。因此，设计师在进行平面设计时要考虑消费者对颜色的一些固定心理感受以及相关的地域文化。色彩的平面设计效果如图 1-12 所示。

图 1-12

1.4 平面设计的常用软件

目前在平面设计工作中，经常使用的主流软件有 Photoshop、Illustrator、CorelDRAW 和 InDesign 4 款，每一款都有着鲜明的功能特色。要想创作出完美的平面设计作品，就需要熟练使用这 4 款软件，并巧妙结合不同软件的优势，打造理想效果。

1.4.1 Photoshop

Photoshop 是由 Adobe 公司出品的最强大的图形图像处理软件之一，集编辑修饰、制作处理、创意编排、图像输入和输出于一体，深受平面设计人员、电脑艺术和摄影爱好者的喜爱。Photoshop 通过软件版本升级，使功能不断完善，已经成为迄今为止世界上最畅销的图像处理软件。Photoshop CC 2019 软件启动界面如图 1-13 所示。

图 1-13

Photoshop 的主要功能包括绘制和编辑选区、绘制和修饰图像、绘制图形及路径、调整图像的色彩和色调、图层的应用、文字的使用、通道和蒙版的使用、滤镜及动作的应用。这些功能可以全面辅助平面设计作品的创意与制作。

Photoshop 适合完成的平面设计任务有图像抠像、图像调色、图像特效、文字特效、插图设计等。

1.4.2 Illustrator

Illustrator 是由 Adobe 公司推出的专业矢量绘图工具，是出版行业、多媒体行业和在线图像设计行业常用的工业标准矢量插画软件。Adobe Illustrator 的应用人群主要包括印刷出版线稿的设计者和专业插画家、设计多媒体图像的艺术家和互联网网页或在线内容的制作者。Illustrator CC 2019 软件启动界面如图 1-14 所示。

图 1-14

Illustrator 的主要功能包括图形的绘制和编辑、路径的绘制和编辑、图像对象的组织、颜色填充与描边编辑、文本的编辑、图表的编辑、图层和蒙版的使用、混合与封套效果的使用、滤镜效果的使用、样式外观与效果的使用。这些功能可以全面辅助平面设计作品的创意与制作。

Illustrator 适合完成的平面设计任务包括插图设计、标志设计、字体设计、图表设计、单页设计排版、折页设计排版等。

1.4.3 CorelDRAW

CorelDRAW 是由 Corel 公司开发的集矢量图形设计、印刷排版、文字编辑处理和图形输出于一体的平面设计软件。它是丰富的创作力与强大功能的完美结合，深受平面设计师、插画师和版式编排人员的喜爱，已经成为设计师的必备工具。CorelDRAW X8 软件启动界面如图 1-15 所示。

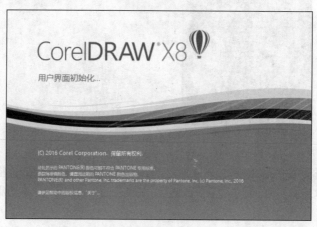

图 1-15

　　CorelDRAW 的主要功能包括绘制和编辑图形、绘制和编辑曲线、编辑轮廓线与填充颜色、排列和组合对象、编辑文本、编辑位图和应用特殊效果。这些功能可以全面辅助平面设计作品的创意与制作。

　　CorelDRAW 适合完成的平面设计任务包括标志设计、图表设计、模型绘制、插图设计、单页设计排版、折页设计排版、分色输出等。

1.4.4　InDesign

　　InDesign 是由 Adobe 公司开发的专业排版设计软件，是专业出版方案的新平台。它功能强大、易学易用，能够使读者通过内置的创意工具和精确的排版控制为打印或数字出版物设计出极具吸引力的页面版式，深受版式编排人员和平面设计师的喜爱，已经成为图文排版领域最流行的软件之一。InDesign CC 2019 软件启动界面如图 1-16 所示。

图 1-16

　　InDesign 的主要功能包括绘制和编辑图形对象、绘制和编辑路径、编辑描边与填充、编辑文本、处理图像、编排版式、处理表格与图层、编排页面、编辑书籍和目录。这些功能可以全面辅助平面设计作品的创意与排版制作。

　　InDesign 适合完成的平面设计任务包括图表设计、单页排版、折页排版、广告设计、报纸设计、杂志设计、书籍设计等。

1.5　平面设计的工作流程

　　平面设计的工作流程是一种有明确目标、有正确理念、有负责态度、有周密计划、有清晰步骤、有具体方法的工作流程，好的设计作品都是在完美的工作流程中产生的。平面设计的工作流程如图 1-17 所示。

图 1-17

1. 信息交流

客户提出设计项目的构想和工作要求，并提供项目相关文本和图片资料，包括公司介绍、项目描述、基本要求等。

2. 调研分析

根据客户提出的设计项目的构想和工作要求，设计师运用客户提供的相关文本和图片资料，对客户的设计需求进行分析，并对客户同行业或同类型的设计产品进行市场调研。

3. 草稿讨论

根据已经做好的分析和调研，设计师组织设计团队，依据创意构想设计出项目的创意草稿并制作出样稿。设计师拜访客户，双方就设计的草稿内容，进行沟通讨论；就各自的设想，根据需要补充相关资料，达成创意构想上的共识。

4. 签订合同

双方就设计草稿达成共识后，开始确认设计的具体细节、设计报价和完成时间，签订《设计协议书》，客户支付项目预付款，设计工作正式展开。

5. 提案讨论

设计师团队根据前期的市场调研和客户需求，结合双方草稿讨论的意见，开始设计方案的策划、设计和制作工作。设计师一般要完成 3 个设计方案提交客户进行选择，并与客户开会讨论提案。客户根据提案作品，提出修改建议。

6. 修改完善

根据提案会议的讨论内容和修改意见，设计师团队对客户基本满意的方案进行修改调整，进一步完善整体设计，并提交客户进行确认。等客户再次反馈意见后，设计师对客户提出的细节进行更细致的修改完善，使方案顺利完成。

7. 验收完成

在设计项目完成后，设计方和客户一起对完成的设计项目进行验收，并由客户在设计合格确认书上签字。客户按协议书规定支付项目设计余款，设计方将项目制作文件提交客户，整个项目执行完成。

8. 后期制作

在设计项目完成后，客户可能需要设计方进行设计项目的印刷、包装等后期制作工作。如果设计方承接了后期制作工作，就需要和客户签订详细的后期制作合同，并执行好后期的制作工作，给客户提供满意的印刷和包装成品。

Chapter

2

第 2 章
图形图像的基础知识

本章主要介绍图形图像的基础知识，包括位图和矢量图、分辨率、图像的色彩模式和文件格式等内容。通过本章的学习，读者可以快速掌握图形图像的基本概念和基础知识，从而更好地完成平面设计作品的创意设计与制作。

课堂学习目标

- 了解位图与矢量图的区别
- 了解图像的分辨率
- 掌握常用的色彩模式和文件格式

2.1 位图和矢量图

图像文件可以分为两大类：位图和矢量图。在处理图像或绘图过程中，这两种类型的图像可以相互交叉使用。

2.1.1 位图

位图图像也称为点阵图像或栅格图像，由许多单独的小方块组成，这些小方块又称为像素点。每个像素点都有其特定的位置和颜色值。位图图像的显示效果与像素点是紧密联系在一起的，不同排列和着色的像素点在一起组成了一幅色彩丰富的图像。像素点越多，图像的分辨率越高，相应地，图像的文件也越大。

图像的原始效果如图 2-1 所示。使用放大工具放大后，可以清晰地看到像素的小方块形状与不同的颜色，效果如图 2-2 所示。

图 2-1   图 2-2

位图与分辨率有关，如果在屏幕上以较大的倍数放大显示图像，或以低于创建时的分辨率打印图像，图像就会出现锯齿状的边缘，并且会丢失细节。

2.1.2 矢量图

矢量图也称为向量图，是基于图形的几何特性来描述图像的。矢量图中的各种图形元素称为对象。每一个对象都是独立的个体，都具有大小、颜色、形状、轮廓等特性。

矢量图与分辨率无关，将矢量图缩放到任意大小，其清晰度都不会变，也不会出现锯齿状的边缘。在任何分辨率下显示或打印图形，都不会损失细节。图形的原始效果如图 2-3 所示。使用放大工具放大后，其清晰度不变，效果如图 2-4 所示。

图 2-3   图 2-4

矢量图文件所占的存储空间较小，但这种图形的缺点是不易制作色调丰富的图像，而且绘制出来的图形无法像位图那样精确地描绘各种绚丽的景象。

2.2　分辨率

分辨率是用于描述图像文件信息的术语，分为图像分辨率、屏幕分辨率和输出分辨率。下面将分别进行讲解。

2.2.1　图像分辨率

在 Photoshop 中，图像中每单位长度上的像素数目，称为图像的分辨率，其单位为像素/英寸或是像素/厘米。

在相同尺寸的两幅图像中，高分辨率图像包含的像素比低分辨率图像包含的像素多。例如，一幅尺寸为 1 英寸×1 英寸的图像，其分辨率为 72 像素/英寸，这幅图像包含 5 184 个像素（72×72＝5 184）。同样尺寸、分辨率为 300 像素/英寸的图像，则包含 90 000 个像素。相同尺寸下，分辨率为 72 像素/英寸的图像效果如图 2-5 所示，分辨率为 300 像素/英寸的图像效果如图 2-6 所示。由此可见，相同尺寸下，高分辨率的图像能更清晰地表现图像内容（注：1 英寸=2.54 厘米）。

图 2-5　　　　　　　　　　　　　　　图 2-6

如果一幅图像所包含的像素是固定的，那么增加图像尺寸，就会降低图像的分辨率。

2.2.2　屏幕分辨率

屏幕分辨率是显示器上每单位长度显示的像素数目。屏幕分辨率取决于显示器大小加上其像素设置。PC 显示器的分辨率一般约为 96 像素/英寸，Mac 显示器的分辨率一般约为 72 像素/英寸。在 Photoshop 中，图像像素被直接转换成显示器像素，当图像分辨率高于显示器分辨率时，屏幕中显示出的图像比实际尺寸大。

2.2.3　输出分辨率

输出分辨率是照排机或打印机等输出设备产生的每英寸的油墨点数（dpi）。打印机的分辨率在 150 dpi 以上的可以使图像获得比较好的效果。

2.3　色彩模式

Photoshop、Illustrator、CorelDRAW 和 InDesign 提供了多种色彩模式，这些色彩模式正是作品能够在屏幕和印刷品上成功表现的重要保障。下面重点介绍几种经常使用的色彩模式，即 RGB 模式、CMYK 模式、灰度模式及 Lab 模式。每种色彩模式都有不同的色域，并且各种色彩模式之间可以相互转换。

2.3.1 RGB 模式

RGB 模式是一种加色模式，通过红、绿、蓝 3 种色光相叠加而形成更多的颜色。RGB 模式是色光的彩色模式，一幅 24 位色彩范围的 RGB 图像有 3 个色彩信息通道：红色（R）、绿色（G）和蓝色（B）。

在 Photoshop 中，RGB"颜色"控制面板如图 2-7 所示。在 Illustrator 中，RGB"颜色"控制面板如图 2-8 所示。

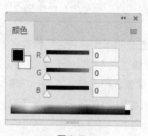

图 2-7

图 2-8

在 CorelDRAW 中要通过"编辑填充"对话框选择 RGB 色彩模式，如图 2-9 所示。在 InDesign 中，RGB"颜色"控制面板如图 2-10 所示。在以上面板和对话框中，均可以设置 RGB 颜色。

图 2-9

图 2-10

每个通道都有 8 位的色彩信息，即一个 0~255 的亮度值色域。也就是说，每一种色彩都有 256 个亮度水平级。3 种色彩叠加，可以有 $256 \times 256 \times 256 \approx 1670$ 万种可能的颜色。这足以表现出绚丽多彩的世界。

在 Photoshop 中编辑图像时，RGB 色彩模式应是最佳的选择。因为它可以提供全屏幕的多达 24 位的色彩范围，被一些计算机领域的色彩专家称为"True Color（真彩显示）"。

在视频编辑和设计过程中，一般使用 RGB 模式来编辑和处理图像。

在 Photoshop 中，可以选择"图像 > 模式 > CMYK 颜色"命令，将图像转换成 CMYK 模式。但是一定要注意，图像被转换为 CMYK 模式后，就无法再变回原来图像的 RGB 色彩了。因为 RGB 的色彩模式在转换成 CMYK 模式时，色域外的颜色会变暗，这样有利于文件的印刷及整个色彩的显示。因此，在将 RGB 模式转换成 CMYK 模式之前，可以选择"视图 > 校样设置 > 工作中的 CMYK"命令，预览一下转换成 CMYK 模式后的图像效果。如果不满意，还可以根据需要对图像进行调整。

2.3.2　CMYK 模式

CMYK 代表了印刷上用的 4 种油墨颜色：C 代表青色，M 代表洋红色，Y 代表黄色，K 代表黑色。CMYK 模式在印刷时应用了色彩学中的减法混合原理，即减色色彩模式，是图片、插图和其他作品中最常用的一种印刷方式。这是因为在印刷中通常都要进行四色分色，输出四色胶片，然后再进行印刷。

在 Photoshop 中，CMYK"颜色"控制面板如图 2–11 所示。在 Illustrator 中，CMYK"颜色"控制面板如图 2–12 所示。

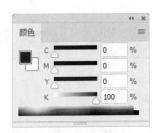

图 2–11

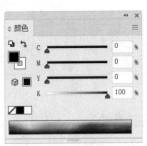

图 2–12

在 CorelDRAW 中要通过"编辑填充"对话框选择 CMYK 色彩模式，如图 2–13 所示。在 InDesign 中，CMYK"颜色"控制面板如图 2–14 所示。在以上面板和对话框中，均可以设置 CMYK 颜色。

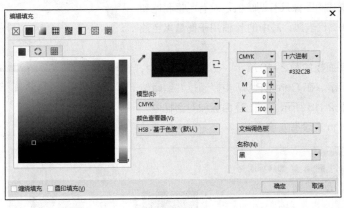

图 2–13

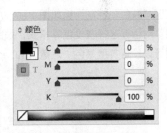

图 2–14

若作品需要印刷，可以在建立一个新的 Photoshop 图像文件时就选择 CMYK 四色印刷模式，如图 2–15 所示。

提示

在建立新的 Photoshop 图像文件时，就应该选择 CMYK 四色印刷模式。这种方式的优点是能防止最后的颜色失真，因为在整个作品的制作过程中，所制作的图像都在可印刷的色域中。

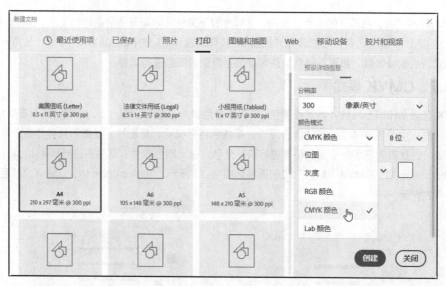

图 2-15

2.3.3 灰度模式

灰度模式（灰度图）又称为 8bit 深度图。每个像素用 8 个二进制位表示，能产生 256 级灰色调。当一
个彩色文件被转换为灰度模式文件时，所有的颜色信息都将从文件中丢失。尽管 Photoshop 允许将一个灰
度文件转换为彩色模式文件，但不可能将原来的颜色完全还原。所以，当要
转换灰度模式时，应先做好图像的备份。

就像黑白照片一样，一个灰度模式的图像只有明暗值，没有色相和饱和
度这两种颜色信息。0%代表白，100%代表黑，其中的 K 值用于衡量黑色油
墨用量。

在 Photoshop 中，"颜色"控制面板如图 2-16 所示。在 Illustrator 中，
灰度"颜色"控制面板如图 2-17 所示。在 CorelDRAW 中要通过"编辑填
充"对话框选择灰度色彩模式，如图 2-18 所示。在上述面板和对话框中，
均可以设置灰度颜色。注意，InDesign 中没有灰度模式。

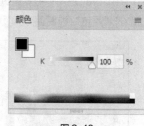

图 2-16

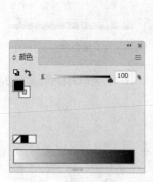

图 2-17

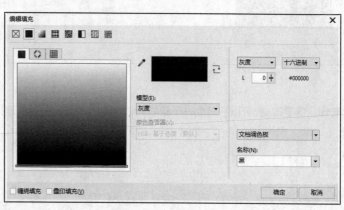

图 2-18

2.3.4　Lab 模式

Lab 模式是 Photoshop 中的一种国际色彩标准模式，由 3 个通道组成：一个是透明度通道，即 L；其他两个是色彩通道，即色相和饱和度，分别用 a 和 b 表示。a 通道包括的颜色值从深绿到灰，再到亮粉红色；b 通道包括的颜色值从亮蓝色到灰，再到焦黄色。这种色彩混合后将产生明亮的色彩。Lab"颜色"控制面板如图 2-19 所示。

Lab 模式在理论上包括了人眼可见的所有色彩，弥补了 CMYK 模式和 RGB 模式的不足。在这种模式下，图像的处理速度比在 CMYK 模式下快数倍，与 RGB 模式的速度相仿。在把 Lab 模式转换成 CMYK 模式的过程中，所有的色彩都不会丢失或被替换。

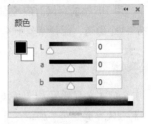

图 2-19

 提示

在 Photoshop 中将 RGB 模式转换成 CMYK 模式时，可以先从 RGB 模式转换成 Lab 模式，然后再从 Lab 模式转换成 CMYK 模式，这样会减少图片的颜色损失。

2.4　文件格式

平面设计作品制作完成后，需要进行存储。这时，选择一种合适的文件格式就显得十分重要。在 Photoshop、Illustrator、CorelDRAW 和 InDesign 中，有 20 多种文件格式可供选择。在这些文件格式中，既有 4 款软件的专用格式，也有用于应用程序交换的文件格式，还有一些比较特殊的格式。下面重点讲解 5 种常用的文件存储格式。

2.4.1　PSD 格式

PSD 格式是 Photoshop 软件的专用文件格式。它能够保存图像数据的细小部分，如图层、蒙版、通道等，以及其他 Photoshop 对图像进行特殊处理的信息。在没有最终决定图像存储的格式前，最好先以这种格式存储。另外，Photoshop 打开和存储这种格式的文件较其他格式更快。

2.4.2　AI 格式

AI 格式是 Illustrator 软件的专用文件格式。它的兼容度比较高，可以在 CorelDRAW 中打开，也可以将 CDR 格式的文件导出为 AI 格式。

2.4.3　CDR 格式

CDR 格式是 CorelDRAW 软件的专用图形文件格式。由于 CorelDRAW 是矢量图形绘制软件，所以 CDR 可以记录文件的属性、位置、分页等。但它在兼容性上比较差，在所有 CorelDRAW 应用程序中均能使用，而在其他图像编辑软件上却无法打开此种格式的文件。

2.4.4　Indd 和 Indb 格式

Indd 格式是 InDesign 软件的专用文件格式。由于 InDesign 是专业的排版软件，所以 Indd 格式可以记录排版文件的版面编排、文字处理等内容。但它在兼容性上比较差，一般不为其他软件所用。Indb 格式是 InDesign 的书籍格式，它只是一个容器，把多个 Indd 文件集合在一起。

2.4.5　TIF（TIFF）格式

TIF 也称 TIFF，是标签图像格式。TIF 格式对于色彩通道图像来说具有很强的可移植性，可以用于 PC、Macintosh 和 UNIX 工作站三大平台，是这三大平台上使用最广泛的绘图格式。

用 TIF 格式存储时应考虑到文件的大小，因为 TIF 格式的结构比其他格式更大、更复杂。但 TIF 格式支持 24 个通道，能存储多于 4 个通道的文件。TIF 格式还允许使用 Photoshop 中的复杂工具和滤镜特效。

提示

TIF 格式非常适用于印刷和输出。在 Photoshop 中编辑处理完成的图片文件一般都会存储为 TIF 格式，然后导入其他三个平面设计文件中进行编辑处理。

2.4.6　JPEG 格式

联合图片专家组（Joint Photographic Experts Group，JPEG）格式既是 Photoshop 支持的一种文件格式，也是一种压缩方案。它是 Macintosh 上常用的一种存储格式。JPEG 格式是压缩格式中的"佼佼者"，比 TIF 文件格式采用的 LIW 无损失压缩比例更大。但它使用的有损压缩会丢失部分数据。用户可以在存储前选择图像的最后质量，这就能控制数据的损失程度。

在 Photoshop 中，有低、中、高和最高 4 种图像压缩品质可供选择。高质量保存的图像比其他质量的保存形式占用的磁盘空间更多，而选择低质量保存图像则损失的数据较多，但占用的磁盘空间较少。

2.4.7　EPS 格式

EPS 格式为压缩的 PostScript 格式，是为在 PostScript 打印机上输出图像而开发的格式。其最大优点是在排版软件中可以以低分辨率预览，而在打印时以高分辨率输出。它不支持 Alpha 通道，但支持裁切路径。

EPS 格式支持 Photoshop 中所有的颜色模式，可以用来存储点阵图像和向量图形。在存储点阵图像时，还可以将图像的白色像素设置为透明效果，它在位图模式下也支持透明。

2.4.8　PNG 格式

PNG 格式是用于无损压缩和在 Web 上显示图像的文件格式，是 GIF 格式的无专利替代品。它支持 24 位图像且能产生无锯齿状边缘的背景透明度；还支持无 Alpha 通道的 RGB、索引颜色、灰度和位图模式的图像。某些 Web 浏览器不支持 PNG 图像。

Photoshop+Illustrator

CorelDRAW+InDesign

Chapter

3

第 3 章
图标设计

图标设计是 UI 设计中重要的组成部分，可以帮助用户更好地理解产品的功能，是提高产品用户体验的关键一环。本章以旅游出行 App 中兼职图标设计、微拟物相机图标设计为例，讲解图标的设计方法和制作技巧。

课堂学习目标

● 掌握图标的设计思路和过程

● 掌握图标的制作方法和技巧

3.1 旅游出行 App 中兼职图标设计

🔍 案例学习目标

在 Illustrator 中，学习使用多种绘图工具、变换命令、路径查找器命令、透明度命令、描边命令和填充工具绘制旅游出行 App 中兼职图标。

🔍 案例知识要点

在 Illustrator 中，使用矩形工具、变换控制面板、减去顶层按钮、混合模式选项和渐变工具绘制旅行箱，使用椭圆工具、矩形工具、直接选择工具和描边控制面板绘制表盘和指针。旅游出行 App 中兼职图标设计效果如图 3-1 所示。

🔍 效果所在位置

资源包 > Ch03 > 效果 > 旅游出行 App 中兼职图标设计 .ai。

图 3-1

Illustrator 应用

3.1.1 绘制旅行箱

STEP✦1 打开 Illustrator CC 2019 软件，按 Ctrl+N 组合键，弹出"新建文档"对话框，设置宽度为 90 px（像素），高度为 90 px，取向为纵向，颜色模式为 RGB，单击"创建"按钮，新建一个文档。

STEP✦2 选择"矩形"工具 ▢，绘制一个与页面大小相等的矩形，如图 3-2 所示。设置填充色为浅紫色（其 R、G、B 的值分别为 216、228、255），填充图形，并设置描边色为无，效果如图 3-3 所示。

旅游出行 App 中
兼职图标设计 1

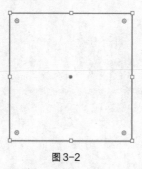

图 3-2

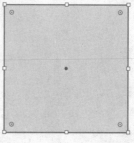

图 3-3

STEP 3 选择"窗口 > 变换"命令,弹出"变换"控制面板,在"矩形属性:"选项卡中,将"圆角半径"选项均设置为 22 px,如图 3-4 所示;按 Enter 键确定操作,效果如图 3-5 所示。

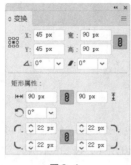
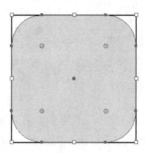

图 3-4　　　　　　　　　　　　　　　　图 3-5

STEP 4 选择"矩形"工具 ⬜,在适当的位置绘制一个矩形,如图 3-6 所示。在"变换"控制面板中,将"圆角半径"选项均设置为 9 px,如图 3-7 所示;按 Enter 键确定操作,效果如图 3-8 所示。

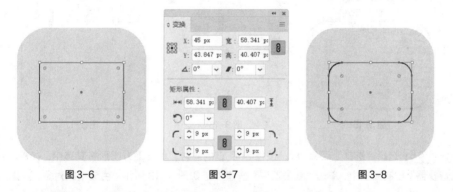

图 3-6　　　　　　　　　　图 3-7　　　　　　　　　　图 3-8

STEP 5 选择"矩形"工具 ⬜,在适当的位置绘制一个矩形,如图 3-9 所示。在"变换"控制面板中,将"圆角半径"选项设置为 7 px 和 0 px,如图 3-10 所示;按 Enter 键确定操作,效果如图 3-11 所示。

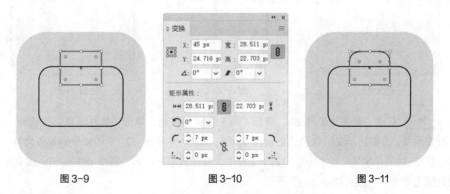

图 3-9　　　　　　　　　　图 3-10　　　　　　　　　　图 3-11

STEP 6 选择"选择"工具 ▶,按住 Shift 键的同时,单击下方圆角矩形将其选中,如图 3-12 所示。选择"窗口 > 路径查找器"命令,弹出"路径查找器"控制面板,单击"联集"按钮 ◨,如图 3-13 所示;生成新的对象,效果如图 3-14 所示。

图 3-12　　　　　　　　　　　图 3-13　　　　　　　　　　　图 3-14

STEP↘7 选择"矩形"工具 ▢，在适当的位置绘制一个矩形，如图 3-15 所示。在"变换"控制
面板中，将"圆角半径"选项设置为 2 px 和 0 px，如图 3-16 所示；按 Enter 键确定操作，效果如图 3-17
所示。

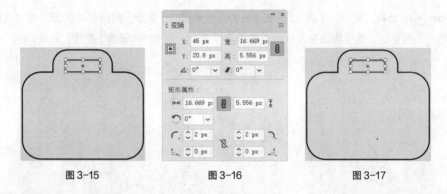

图 3-15　　　　　　　　　　　图 3-16　　　　　　　　　　　图 3-17

STEP↘8 选择"选择"工具 ▶，按住 Shift 键的同时，单击下方图形将其选中，如图 3-18 所示。
在"路径查找器"控制面板中，单击"减去顶层"按钮 ▢，如图 3-19 所示；生成新的对象，效果如图 3-20
所示。

图 3-18　　　　　　　　　　　图 3-19　　　　　　　　　　　图 3-20

STEP↘9 双击"渐变"工具 ▣，弹出"渐变"控制面板，单击"线性渐变"按钮 ▣，在色带上
设置三个渐变滑块，分别将渐变滑块的位置设为 0、55、100，并将 R、G、B 的值分别设置为 0（13、176、
255）、55（1、130、251）、100（3、127、235），其他选项的设置如图 3-21 所示；填充图形为渐变
色，并设置描边色为无，效果如图 3-22 所示。

STEP↘10 选择"选择"工具 ▶，选取图形，按 Ctrl+C 组合键，复制图形，按 Ctrl+B 组合键，
将复制的图形粘贴在后面。按→和↓方向键，微调复制的图形到适当的位置，填充图形为黑色，效果如图
3-23 所示。

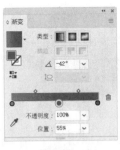

图 3-21

图 3-22

图 3-23

STEP 11 选择"窗口 > 透明度"命令，弹出"透明度"控制面板，将混合模式设置为"叠加"，如图 3-24 所示，效果如图 3-25 所示。

图 3-24

图 3-25

3.1.2 绘制表盘和指针

STEP 1 选择"椭圆"工具 ⬭，按住 Shift 键的同时，在适当的位置绘制一个圆形，效果如图 3-26 所示。

STEP 2 在"渐变"控制面板中，单击"线性渐变"按钮 ▦，在色带上设置三个渐变滑块，分别将渐变滑块的位置设置为 0、55、100，并将 R、G、B 的值分别设置为 0（13、176、255）、55（1、130、251）、100（3、127、235），其他选项的设置如图 3-27 所示；填充图形为渐变色，并设置描边色为无，效果如图 3-28 所示。

旅游出行 App 中
兼职图标设计 2

图 3-26

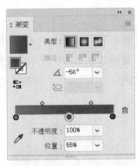

图 3-27

图 3-28

STEP 3 选择"选择"工具 ▶，按 Ctrl+C 组合键，复制圆形，按 Ctrl+B 组合键，将复制的圆形粘贴在后面。按→和↓方向键，微调复制的圆形到适当的位置，填充图形为黑色，效果如图 3-29 所示。在"透明度"控制面板中，将混合模式设置为"叠加"，如图 3-30 所示，效果如图 3-31 所示。

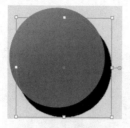
图 3-29

图 3-30

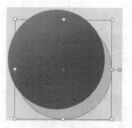
图 3-31

STEP 4 选择"选择"工具 ▶，按住 Shift 键的同时，单击原图形将其选中，如图 3-32 所示。按住 Alt+Shift 组合键的同时，水平向右拖曳图形到适当的位置，复制图形，效果如图 3-33 所示。

图 3-32

图 3-33

STEP 5 选择"椭圆"工具 ⬭，按住 Shift 键的同时，在适当的位置绘制一个圆形，设置描边色为浅紫色（其 R、G、B 的值分别为 216、228、255），填充描边，效果如图 3-34 所示。在属性栏中将"描边粗细"选项设置为 4 pt，按 Enter 键确定操作，效果如图 3-35 所示。

图 3-34

图 3-35

STEP 6 按 Ctrl+C 组合键，复制图形，按 Ctrl+B 组合键，将复制的图形粘贴在后面。按 → 和 ↓ 方向键，微调复制的图形到适当的位置，效果如图 3-36 所示。设置填充色为海蓝色（其 R、G、B 的值分别为 1、104、187），填充图形，效果如图 3-37 所示。在属性栏中将"描边粗细"选项设置为 3pt，按 Enter 键确定操作，效果如图 3-38 所示。

图 3-36

图 3-37

图 3-38

STEP 7 选择"矩形"工具 ▢，在适当的位置绘制一个矩形，如图 3-39 所示。选择"直接选择"工具 ▷，单击选中右上角的锚点，如图 3-40 所示。按 Delete 键将其删除，效果如图 3-41 所示。

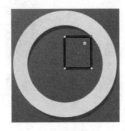

图 3-39　　　　　　　图 3-40　　　　　　　图 3-41

STEP 8 选择"选择"工具 ▶，为取折线，设置描边色为浅紫色（其 R、G、B 的值分别为 216、228、255），填充描边，效果如图 3-42 所示。

STEP 9 选择"窗口 > 描边"命令，弹出"描边"控制面板，单击"端点"选项中的"圆头端点"按钮 ⊂，其他选项的设置如图 3-43 所示；按 Enter 键确定操作，效果如图 3-44 所示。

图 3-42　　　　　　　图 3-43　　　　　　　图 3-44

STEP 10 按 Ctrl+C 组合键，复制折线，按 Ctrl+B 组合键，将复制的折线粘贴在后面。按→和↓方向键，微调复制的折线到适当的位置，效果如图 3-45 所示。设置描边色为海蓝色（其 R、G、B 的值分别为 1、104、187），填充描边，效果如图 3-46 所示。

STEP 11 选择"椭圆"工具 ◯，按住 Shift 键的同时，在适当的位置绘制一个圆形，设置填充色为浅紫色（其 R、G、B 的值分别为 216、228、255），填充图形，并设置描边色为无，效果如图 3-47 所示。

图 3-45　　　　　　　图 3-46　　　　　　　图 3-47

STEP 12 按 Ctrl+C 组合键，复制圆形，按 Ctrl+B 组合键，将复制的圆形粘贴在后面。按→和↓方向键，微调复制的圆形到适当的位置，效果如图 3-48 所示。设置填充色为海蓝色（其 R、G、B 的值分别为 1、104、187），填充图形，效果如图 3-49 所示。旅游出行 App 中兼职图标绘制完成，效果如图 3-50 所示。

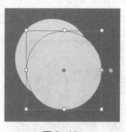
图 3-48

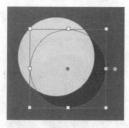
图 3-49

图 3-50

3.2 微拟物相机图标设计

🔍 **案例学习目标**

在 CorelDRAW 中，学习使用多种绘图工具、编辑填充对话框、阴影工具、透明度工具和变换泊坞窗绘制微拟物相机图标。

🔍 **案例知识要点**

在 CorelDRAW 中，使用椭圆形工具、渐变填充工具和变换泊坞窗绘制变焦镜头；使用阴影工具为图形添加阴影效果；使用透明度工具制作叠加效果。微拟物相机图标设计效果如图 3-51 所示。

🔍 **效果所在位置**

资源包 > Ch03 > 效果 > 微拟物相机图标设计.cdr。

图 3-51

CorelDRAW 应用

3.2.1 绘制相机镜头

STEP★1 打开 CorelDRAW X8 软件，按 Ctrl+N 组合键，弹出"创建新文档"对话框，设置宽度为 1024 px，高度为 1024 px，原色模式为 RGB，渲染分辨率为 72 dpi，单击"确定"按钮，新建一个文档。

STEP★2 双击"矩形"工具 □，绘制一个与页面大小相等的矩形，如图 3-52 所示。设置图形颜色的 RGB 值为 111、165、171，填充图形，并去除图形的轮廓线，效果如图 3-53 所示。

STEP★3 选择"椭圆形"工具 ○，按住 Shift+Ctrl 组合键的同时，以当前矩形的中心为中心点绘制一个圆形，效果如图 3-54 所示。

微拟物相机
图标设计 1

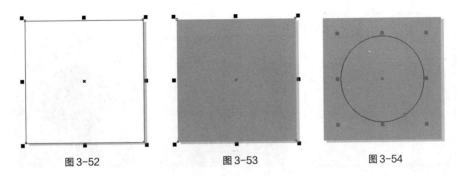

图 3-52 图 3-53 图 3-54

STEP 4 按 F11 键，弹出"编辑填充"对话框，将"起点"颜色的 RGB 值设置为 96、96、96，"终点"颜色的 RGB 值设置为 255、255、255，其他选项的设置如图 3-55 所示。单击"确定"按钮，填充图形，并去除图形的轮廓线，效果如图 3-56 所示。

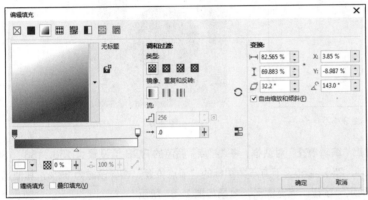

图 3-55 图 3-56

STEP 5 选择"阴影"工具，在圆形中从上向下拖曳鼠标指针，为图形添加阴影效果，在属性栏中的设置如图 3-57 所示；按 Enter 键确定操作，效果如图 3-58 所示。

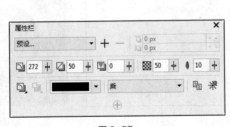

图 3-57 图 3-58

STEP 6 选择"选择"工具，选择渐变圆形，按 Alt+F9 组合键，弹出"变换"泊坞窗，选项的设置如图 3-59 所示。单击"应用"按钮，缩小并复制圆形，效果如图 3-60 所示。设置图形颜色的 RGB 值为 35、19、48，填充图形，效果如图 3-61 所示。

STEP 7 保持图形的选取状态。在"变换"泊坞窗中进行设置，如图 3-62 所示。单击"应用"按钮，缩小并复制圆形，效果如图 3-63 所示。

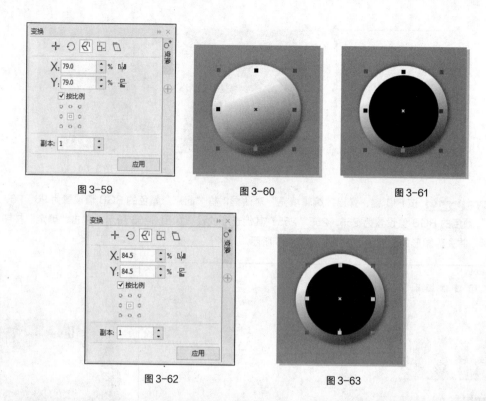

图 3-59　　　　　　图 3-60　　　　　　图 3-61

图 3-62　　　　　　　　图 3-63

STEP 8 按 F11 键，弹出"编辑填充"对话框，将"起点"颜色的 RGB 值设置为 156、156、156，"终点"颜色的 RGB 值设置为 255、255、255，下方三角图标的"节点位置"选项设置为 30%，其他选项的设置如图 3-64 所示。单击"确定"按钮，填充图形，效果如图 3-65 所示。

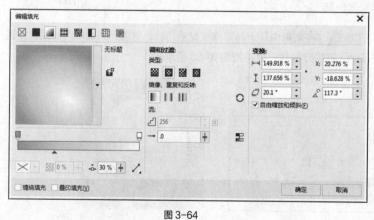

图 3-64　　　　　　　　　　　　　　　　　　　　图 3-65

3.2.2　绘制相机闪光灯

STEP 1 用相同的方法复制其他圆形并填充相应的颜色，效果如图 3-66 所示。选择"椭圆形"工具 ⬭，按住 Ctrl 键的同时，在适当的位置绘制一个圆形，如图 3-67 所示。在"RGB 调色板"中的"20%黑"色块上单击鼠标左键，填充图形，并去除图形的轮廓线，效果如图 3-68 所示。

微拟物相机
图标设计 2

图 3-66

图 3-67

图 3-68

STEP 2 选择"透明度"工具，在属性栏中单击"均匀透明度"按钮，其他选项的设置如图 3-69 所示；按 Enter 键确定操作，效果如图 3-70 所示。

STEP 3 选择"选择"工具，按数字键盘上的+键，复制图形。按住 Shift 键的同时，向内拖曳圆形右上角的控制手柄，等比例缩小圆形，并将其拖曳到适当的位置，效果如图 3-71 所示。

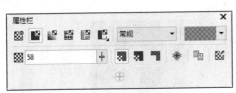

图 3-69

图 3-70

图 3-71

STEP 4 选择"透明度"工具，在属性栏中进行设置，如图 3-72 所示；按 Enter 键确定操作，效果如图 3-73 所示。

STEP 5 选择"椭圆形"工具，按住 Ctrl 键的同时，在适当的位置绘制一个圆形，效果如图 3-74 所示。

图 3-72

图 3-73

图 3-74

STEP 6 按 F11 键，弹出"编辑填充"对话框，单击"渐变填充"按钮，将"起点"颜色的 RGB 值设置为 101、161、168，"终点"颜色的 RGB 值设置为 39、71、74，"起点"颜色的"节点透明度"选项设置为 69%，其他选项的设置如图 3-75 所示。单击"确定"按钮，填充图形，并去除图形的轮廓线，效果如图 3-76 所示。

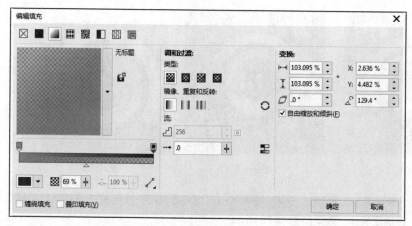

图 3-75

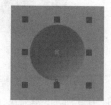

图 3-76

STEP 7 选择"阴影"工具 □，在圆形中从上向下拖曳光标，为图形添加阴影效果，在属性栏中的设置如图 3-77 所示；按 Enter 键确定操作，效果如图 3-78 所示。

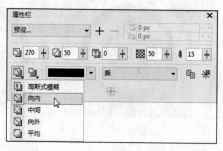

图 3-77

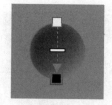

图 3-78

STEP 8 选择"选择"工具 ▶，选择渐变圆形，在"变换"泊坞窗中进行设置，如图 3-79 所示。单击"应用"按钮，缩小并复制圆形，效果如图 3-80 所示。

图 3-79

图 3-80

STEP 9 按 F11 键，弹出"编辑填充"对话框，将"起点"颜色的 RGB 值设置为 35、19、48，"终点"颜色的 RGB 值设置为 140、127、180，下方三角图标的"节点位置"选项设置为 69%，其他选项的设置如图 3-81 所示。单击"确定"按钮，填充图形，效果如图 3-82 所示。

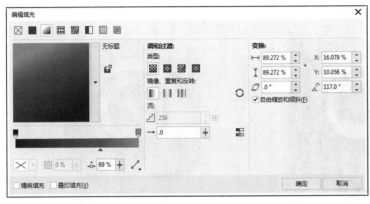

图 3-81

图 3-82

STEP 10 保持图形的选取状态。在"变换"泊坞窗中进行设置，如图 3-83 所示。单击"应用"按钮，缩小并复制圆形，效果如图 3-84 所示。

图 3-83

图 3-84

STEP 11 按 F11 键，弹出"编辑填充"对话框，将"起点"颜色的 RGB 值设置为 18、8、31，"终点"颜色的 RGB 值设置为 171、99、164，下方三角图标的"节点位置"选项设置为 69%，其他选项的设置如图 3-85 所示。单击"确定"按钮，填充图形，如图 3-86 所示。

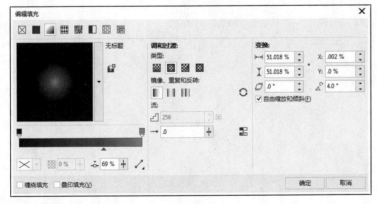

图 3-85

图 3-86

STEP 12 相机图标绘制完成，效果如图 3-87 所示。将图标应用在手机中，会自动应用圆角遮罩，呈现出圆角效果，如图 3-88 所示。

图 3-87

图 3-88

3.3 课后习题——扁平化画板图标设计

🔍 **习题知识要点**

在 Photoshop 中，使用椭圆工具、添加图层样式按钮绘制颜料盘，使用钢笔工具、矩形工具、创建剪贴蒙版命令和投影命令绘制画笔，使用钢笔工具、图层控制面板和渐变工具制作投影。扁平化画板图标设计效果如图 3-89 所示。

🔍 **效果所在位置**

资源包 > Ch03 > 效果 > 扁平化画板图标设计.psd。

图 3-89

扁平化画板图标
设计

Chapter

4

第 4 章
卡片设计

　　卡片，是人们传递信息、交流情感的一种载体。卡片的种类繁多，有邀请卡、祝福卡、生日卡、圣诞卡、新年贺卡等。本章以钻戒巡展邀请函设计为例，讲解邀请函正面、内页的设计方法和制作技巧。

课堂学习目标

● 掌握卡片的设计思路和过程

● 掌握卡片的制作方法和技巧

4.1 钻戒巡展邀请函设计

🔍 案例学习目标

在 Photoshop 中，学习使用参考线分割页面，使用移动工具、图层控制面板、创建剪贴蒙版命令制作邀请函底图，使用渐变工具、多边形套索工具、变换选区命令和变换命令制作邀请函立体效果；在 Illustrator 中，学习使用参考线分割页面，使用绘图工具、文字工具、字符控制面板、倾斜命令、直接选择工具和变换面板添加邀请函封面及内页信息。

🔍 案例知识要点

在 Photoshop 中，使用新建参考线命令建立水平和垂直参考线，使用移动工具、图层控制面板合成邀请函底图，使用多边形套索工具、矩形选框工具绘制选区，使用变换选区命令调整选区大小，使用斜切、扭曲命令、渐变工具和不透明度选项制作邀请函立体效果；在 Illustrator 中，使用置入命令添加素材图片，使用文字工具、字符控制面板、倾斜命令添加并编辑封面名称，使用镜像工具、透明度控制面板、渐变工具制作钻戒倒影效果，使用矩形工具、文字工具、字符控制面板、段落控制面板制作邀请函内页。钻戒巡展邀请函设计效果如图 4-1 所示。

🔍 效果所在位置

资源包 > Ch04 > 效果 > 钻戒巡展邀请函设计 > 钻戒巡展邀请函.ai、钻戒巡展邀请函立体效果.psd。

图 4-1

Photoshop 应用

4.1.1 制作邀请函底图

STEP 1 打开 Photoshop CC 2019 软件，按 Ctrl+N 组合键，弹出"新建文档"对话框，设置宽度为 21.6 厘米，高度为 20.6 厘米，分辨率为 300 像素/英寸，颜色模式为 RGB，背景内容为白色，单击"创建"按钮，新建一个文档。

钻戒巡展邀请函设计 1

STEP 2 选择"视图 > 新建参考线版面"命令，弹出"新建参考线版面"对话框，设置如图 4-2 所示。单击"确定"按钮，完成参考线版面的创建，如图 4-3 所示。

STEP 3 按 Ctrl+O 组合键，打开资源包中的"Ch04 > 素材 > 制作钻戒巡展邀请函 > 01"文件，选择"移动"工具 ⊕，将图片拖曳到图像窗口中适当的位置，效果如图 4-4 所示。在"图层"控制面板中生成新的图层并将其命名为"图片"。

图 4-2

图 4-3

图 4-4

STEP 4 按 Ctrl+O 组合键，打开资源包中的"Ch04 > 素材 > 钻戒巡展邀请函设计 > 02"文件，选择"移动"工具 ⊕ ，将星空图片拖曳到图像窗口中适当的位置，效果如图 4-5 所示。在"图层"控制面板中生成新的图层并将其命名为"星空"。

STEP 5 按 Ctrl+J 组合键，复制"星空"图层，生成新的图层"星空 拷贝"。单击"星空 拷贝"图层左侧的眼睛 ◉ 图标，将"星空 拷贝"图层隐藏。在"图层"控制面板上方，将"星空"图层的"不透明度"选项设置为 78%，如图 4-6 所示，图像效果如图 4-7 所示。

图 4-5

图 4-6

图 4-7

STEP 6 新建图层并将其命名为"色块"，将前景色设置为白色。选择"矩形选框"工具 ▢ ，在图像窗口中绘制矩形选区，按 Alt+Delete 组合键，用前景色填充选区，按 Ctrl+D 组合键，取消选区，效果如图 4-8 所示。选中并显示"星空 拷贝"图层，按住 Alt 键的同时，将鼠标指针放在"星空 拷贝"图层和"色块"图层的中间，鼠标指针变为 ↧▢ 图标，如图 4-9 所示。单击鼠标左键，创建剪贴蒙版，图像效果如图 4-10 所示。

图 4-8

图 4-9

图 4-10

STEP7 按 Ctrl+O 组合键，打开资源包中的"Ch04 > 素材 > 钻戒巡展邀请函设计 > 03"文件，选择"移动"工具 ⊕，将装饰图片拖曳到图像窗口中适当的位置，效果如图 4-11 所示。在"图层"控制面板中生成新的图层并将其命名为"装饰"。

STEP8 按 Ctrl+; 组合键，隐藏参考线。钻戒巡展邀请函底图制作完成，效果如图 4-12 所示。按 Shift+Ctrl+E 组合键，合并可见图层。按 Ctrl+S 组合键，弹出"另存为"对话框，将其命名为"钻戒巡展邀请函底图"，保存为 JPEG 格式，单击"保存"按钮，弹出"JPEG 选项"对话框，单击"确定"按钮，将图像保存。

图 4-11

图 4-12

Illustrator 应用

4.1.2 制作邀请函封面

STEP1 按 Ctrl+N 组合键，弹出"新建文档"对话框，设置文档的宽度为 210 mm，高度为 200 mm，方向为纵向，出血为 3 mm，颜色模式为 CMYK，单击"创建"按钮，新建一个文档。

钻戒巡展邀请函设计 2

STEP2 选择"文件 > 置入"命令，弹出"置入"对话框，选择资源包中的"Ch04 > 效果 > 钻戒巡展邀请函设计 > 钻戒巡展邀请函底图.jpg"文件，单击"置入"按钮，将图片置入页面中。单击属性栏中的"嵌入"按钮，嵌入图片。选择"窗口 > 对齐"命令，弹出"对齐"控制面板，将对齐方式设置为"对齐画板"，如图 4-13 所示。分别单击"水平居中对齐"按钮 ♣ 和"垂直居中对齐"按钮 ♣，图片与页面居中对齐，效果如图 4-14 所示。

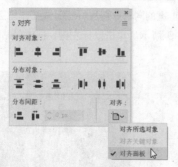

图 4-13

图 4-14

STEP3 按 Ctrl+R 组合键，显示标尺。选择"选择"工具 ▶，在页面中从水平标尺拖曳出一条水平参考线。选择"窗口 > 变换"命令，弹出"变换"控制面板，将"Y"轴选项设置为 100 mm，如图

4-15 所示；按 Enter 键确定操作，效果如图 4-16 所示。

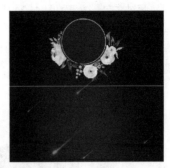

图 4-15　　　　　　　　　　　　　图 4-16

STEP 4 选择"矩形"工具 ▢，在页面上方绘制一个矩形，设置图形填充色为深蓝色（其 CMYK 的值分别为 100、100、56、40），填充图形，并设置描边颜色为无，效果如图 4-17 所示。

STEP 5 选择"选择"工具 ▶，按住 Alt+Shift 组合键的同时，将矩形垂直向下拖曳到适当的位置，复制矩形，效果如图 4-18 所示。

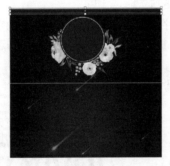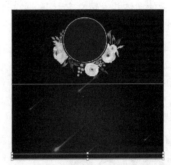

图 4-17　　　　　　　　　　　　　图 4-18

STEP 6 选择"文字"工具 T，在页面中输入需要的文字，选择"选择"工具 ▶，在属性栏中选择合适的字体并设置文字大小，填充文字为白色，效果如图 4-19 所示。

STEP 7 按 Ctrl+T 组合键，弹出"字符"控制面板，将"设置所选字符的字距调整" 选项设置为 25，其他选项的设置如图 4-20 所示；按 Enter 键确定操作，效果如图 4-21 所示。

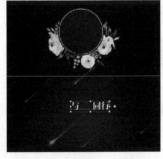

图 4-19　　　　　　　　　　图 4-20　　　　　　　　　　图 4-21

STEP 8 选择"对象 > 变换 > 倾斜"命令，在弹出的"倾斜"对话框中进行设置，如图 4-22

所示。单击"确定"按钮，倾斜文字，效果如图 4-23 所示。用相同的方法输入其他白色文字，设置适当的字体和大小，并倾斜文字，效果如图 4-24 所示。

图 4-22   图 4-23   图 4-24

STEP 9 选择"文字"工具 T，在页面外分别输入需要的文字。选择"选择"工具 ▶，在属性栏中分别选择合适的字体并设置文字大小，效果如图 4-25 所示。

STEP 10 选取文字"邀请函"，选择"字符"控制面板，将"设置所选字符的字距调整" VA 选项设置为-45，其他选项的设置如图 4-26 所示；按 Enter 键确定操作，效果如图 4-27 所示。

邀请函
invitation

图 4-25 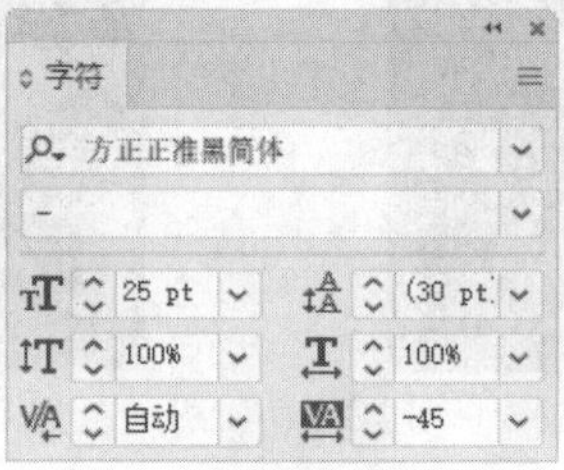   图 4-26    图 4-27

STEP 11 选择"选择"工具 ▶，用框选的方法将输入的文字选中。选择"文字 > 创建轮廓"命令，为文字创建轮廓，效果如图 4-28 所示。按 Shift+Ctrl+G 组合键，取消文字编组。

STEP 12 选择"直接选择"工具 ▷，用框选的方法选取文字"邀"不需要的节点，如图 4-29 所示。按 Delete 键将其删除，如图 4-30 所示。

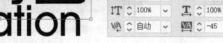

图 4-28    图 4-29    图 4-30

STEP 13 用框选的方法选取文字左侧需要的节点，如图 4-31 所示。按住 Shift 键的同时，水平向右拖曳节点到适当的位置，效果如图 4-32 所示。

STEP 14 用框选的方法选取文字顶端需要的节点，如图 4-33 所示。按住 Shift 键的同时，垂直向上拖曳节点到适当的位置，效果如图 4-34 所示。

STEP 15 选择"删除锚点"工具 ，分别在文字不需要的节点上单击鼠标左键，删除节点，效果如图 4-35 所示。选择"直接选择"工具 ，按住 Shift 键的同时，水平向左拖曳下方控制线到适当的位置，效果如图 4-36 所示。

图 4-31 　　　　　　图 4-32 　　　　　　图 4-33

图 4-34 　　　　　　图 4-35 　　　　　　图 4-36

STEP 16 使用相同的方法分别调整其他文字的节点，效果如图 4-37 所示。选择"选择"工具 ，用框选的方法将所有的文字选中，按 Ctrl+G 组合键，将其编组，将文字拖曳到页面中适当的位置，并填充文字为白色，效果如图 4-38 所示。

STEP 17 选择"文件 > 置入"命令，弹出"置入"对话框，选择资源包中的"Ch04 > 素材 > 钻戒巡展邀请函设计 > 04"文件，单击"置入"按钮，将图片置入页面中，单击属性栏中的"嵌入"按钮，嵌入图片。选择"选择"工具 ，拖曳图片到适当的位置，效果如图 4-39 所示。

图 4-37 　　　　　　　　　图 4-38　　　　　　　　图 4-39

STEP 18 双击"镜像"工具 ，弹出"镜像"对话框，选项的设置如图 4-40 所示。单击"复制"按钮，选择"选择"工具 ，按住 Shift 键的同时，垂直向下拖曳图片到适当的位置，效果如图 4-41 所示。

STEP 19 选择"窗口 > 透明度"命令，弹出"透明度"控制面板，单击"制作蒙版"按钮 制作蒙版 ，图像效果如图 4-42 所示。单击"编辑不透明蒙版"图标，如图 4-43 所示。

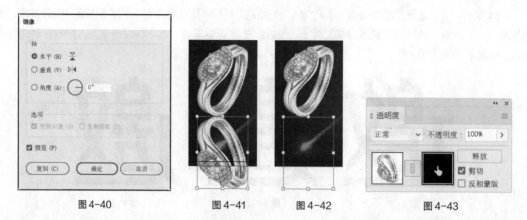

| 图4-40 | 图4-41 | 图4-42 | 图4-43 |

STEP 20 选择"矩形"工具 ，在适当的位置拖曳鼠标绘制一个矩形，效果如图 4-44 所示。双击"渐变"工具 ，弹出"渐变"控制面板，单击"线性渐变"按钮 ，并设置 CMYK 的值分别为 0（0、0、0、0）、86（0、0、0、100），其他选项的设置如图 4-45 所示。在"透明度"控制面板中单击"停止编辑不透明蒙版"图标，其他选项的设置如图 4-46 所示，图像效果如图 4-47 所示。

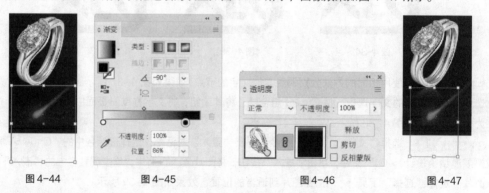

| 图4-44 | 图4-45 | 图4-46 | 图4-47 |

STEP 21 选择"文字"工具 T ，在适当的位置分别输入需要的文字。选择"选择"工具 ，在属性栏中分别选择合适的字体并设置文字大小，填充文字为白色，效果如图 4-48 所示。

STEP 22 选取文字"张大福"，选择"字符"控制面板，将"设置所选字符的字距调整" 选项设置为-100，其他选项的设置如图 4-49 所示；按 Enter 键确定操作，效果如图 4-50 所示。

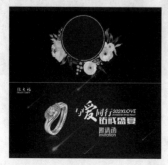

| 图4-48 | 图4-49 | 图4-50 |

STEP 23 选取文字"ZHANG DAFU"，选择"字符"控制面板，将"设置所选字符的字距调整"选项设置为 25，其他选项的设置如图 4-51 所示；按 Enter 键确定操作，效果如图 4-52 所示。

图 4-51　　　　　　　　　　　　　　　　图 4-52

STEP 24 选择"选择"工具，按住 Shift 键的同时，选取需要的文字，如图 4-53 所示。按住 Alt 键的同时，向上拖曳文字到适当的位置，复制文字，效果如图 4-54 所示。

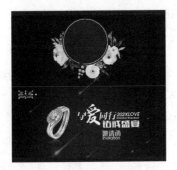

图 4-53　　　　　　　　　　　　　　　　图 4-54

STEP 25 选择"文字"工具，在适当的位置分别输入需要的文字。选择"选择"工具，在属性栏中分别选择合适的字体并设置文字大小，将输入的文字选中，填充为白色，效果如图 4-55 所示。

STEP 26 选择"直线段"工具，按住 Shift 键的同时，在适当的位置绘制一条直线，填充描边色为白色，并在属性栏中将"描边粗细"选项设置为 0.5 pt，按 Enter 键确定操作，效果如图 4-56 所示。

图 4-55　　　　　　　　　　　　　　　　图 4-56

STEP 27 选择"选择"工具，按住 Shift 键的同时，选取需要的文字和直线。在"变换"控制面板中，将"旋转"选项设置为 180°，如图 4-57 所示；按 Enter 键，旋转文字和直线，效果如图 4-58 所示。

STEP 28 选择"选择"工具，按住 Shift 键的同时，选取参考线和需要的文字，如图 4-59

所示。按 Ctrl+C 组合键，复制参考线和文字。

图 4-57 　　　　　　　　　　图 4-58 　　　　　　　　　　图 4-59

4.1.3　制作邀请函内页

STEP↘1 选择"窗口 > 图层"命令，弹出"图层"控制面板，单击面板下方的"创建新图层"按钮 ，得到一个"图层 2"图层。单击"图层 1"图层左侧的眼睛 图标，将"图层 1"图层隐藏，如图 4-60 所示。按 Shift+Ctrl+V 组合键，原位粘贴参考线和文字，如图 4-61 所示。

钻戒巡展邀请函设计 3

图 4-60 　　　　　　　　　　　　　　图 4-61

STEP↘2 选择"矩形"工具 ，绘制一个与页面大小相等的矩形，设置图形填充色为浅蓝色（其 CMYK 的值分别为 15、0、5、0），填充图形，并设置描边色为无，效果如图 4-62 所示。按 Ctrl+Shift+[组合键，将图形置于底层，效果如图 4-63 所示。

STEP↘3 选择"选择"工具 ，按住 Shift 键的同时，将白色文字选中，向右上方拖曳到适当的位置，设置文字填充色为棕色（其 CMYK 的值分别为 0、55、55、50），填充文字，效果如图 4-64 所示。

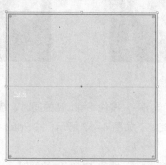

图 4-62 　　　　　　　　　　图 4-63 　　　　　　　　　　图 4-64

STEP 4 选择"文字"工具 T ，在适当的位置输入需要的文字。选择"选择"工具 ▶ ，在属性栏中选择合适的字体并设置文字大小，设置文字填充色为棕色（其 CMYK 的值分别为 0、55、55、50），填充文字，效果如图 4-65 所示。

图 4-65

STEP 5 选择"文字"工具 T ，在适当的位置插入鼠标指针，如图 4-66 所示。多次按空格键并将其选中，如图 4-67 所示。在"字符"控制面板中，单击"下画线"按钮 I ，为空格添加下画线，取消文字选取状态，效果如图 4-68 所示。

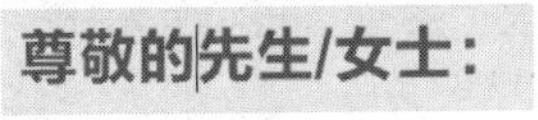

图 4-66

图 4-67

图 4-68

STEP 6 选择"文字"工具 T ，在适当的位置按住鼠标左键不放，拖曳出一个带有选中文本的文本框，如图 4-69 所示。输入需要的文字，选择"选择"工具 ▶ ，在属性栏中选择合适的字体并设置文字大小，效果如图 4-70 所示。

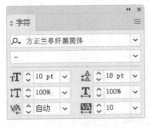

图 4-69

图 4-70

STEP 7 选择"字符"控制面板，将"设置行距" 选项设置为 18 pt，其他选项的设置如图 4-71 所示；按 Enter 键确定操作，效果如图 4-72 所示。

图 4-71

图 4-72

STEP 8 保持文字选取状态，按 Alt+Ctrl+T 组合键，弹出"段落"控制面板，将"首行左缩进" 选项设置为 20 pt，其他选项的设置如图 4-73 所示；按 Enter 键确定操作，效果如图 4-74 所示。

图 4-73

图 4-74

STEP 9 选择"文字"工具 T ，在页面中分别输入需要的文字。选择"选择"工具 ▶ ，在属性栏中分别选择合适的字体并设置文字大小，效果如图 4-75 所示。

STEP 10 选取需要的文字，选择"字符"控制面板，将"设置行距" 选项设置为14 pt，其他选项的设置如图4-76所示；按Enter键确定操作，效果如图4-77所示。

图4-75

图4-76

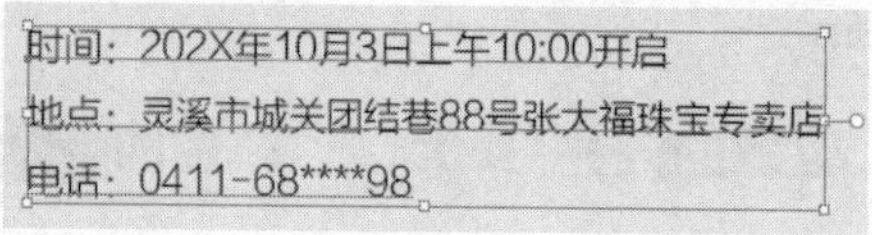

时间：202X年10月3日上午10:00开启
地点：灵溪市城关团结巷88号张大福珠宝专卖店
电话：0411-68****98
图4-77

STEP 11 选择"文字"工具 **T**，选取文字"时间："，在属性栏中选择合适的字体，效果如图4-78所示。使用相同的方法设置其他文字字体，效果如图4-79所示。

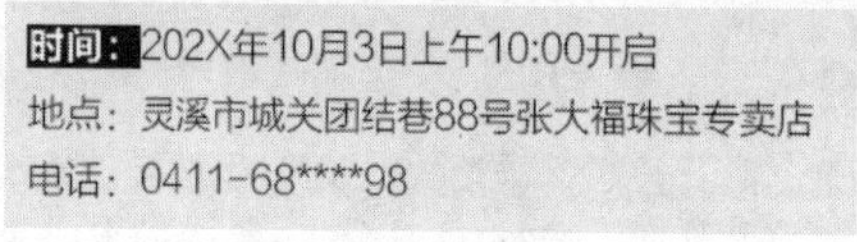

时间：202X年10月3日上午10:00开启
地点：灵溪市城关团结巷88号张大福珠宝专卖店
电话：0411-68****98
图4-78

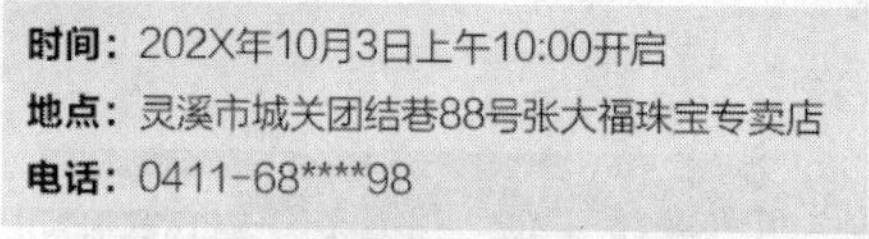

时间：202X年10月3日上午10:00开启
地点：灵溪市城关团结巷88号张大福珠宝专卖店
电话：0411-68****98
图4-79

STEP 12 选择"选择"工具 ▶，选取需要的文字，选择"字符"控制面板，将"设置行距" 选项设置为14 pt，其他选项的设置如图4-80所示；按Enter键确定操作，效果如图4-81所示。

图4-80

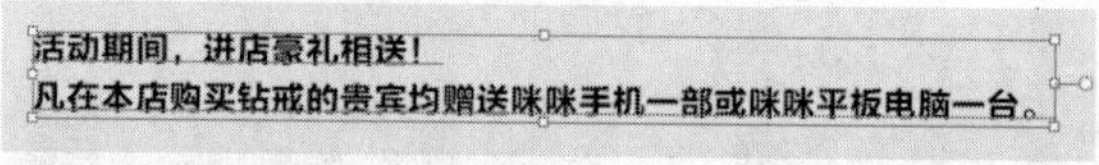

活动期间，进店豪礼相送！
凡在本店购买钻戒的贵宾均赠送咪咪手机一部或咪咪平板电脑一台。
图4-81

STEP 13 选择"选择"工具 ▶，按住Shift键的同时，在右上角选取需要的棕色文字，如图4-82所示。按住Alt键的同时，向右下角拖曳，复制文字，并分别调整其大小和位置，效果如图4-83所示。

图4-82

图4-83

STEP 14 选择"文字"工具 T，在适当的位置输入需要的文字。选择"选择"工具 ▶，在属性栏中选择合适的字体并设置文字大小，设置文字填充色为棕色（其 CMYK 的值分别为 0、55、55、50），填充文字，效果如图 4-84 所示。

STEP 15 选择"直线段"工具 ╱，按住 Shift 键的同时，在适当的位置绘制竖线。在属性栏中将"描边粗细"选项设置为 0.5pt，按 Enter 键确定操作，设置竖线描边色为棕色（其 CMYK 的值分别为 0、55、55、50），填充描边，效果如图 4-85 所示。用相同的方法再绘制一条直线，效果如图 4-86 所示。

图 4-84 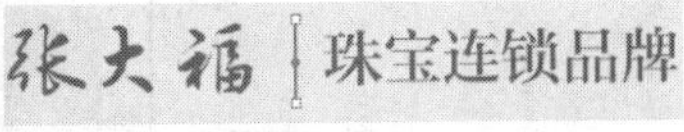　　　　　　　　　　　　　　　　　　　　　　　图 4-85

图 4-86

STEP 16 钻戒巡展邀请函制作完成，效果如图 4-87 所示。按 Ctrl+S 组合键，弹出"存储为"对话框，将其命名为"钻戒巡展邀请函"，保存为 AI 格式，单击"保存"按钮，将文件保存。

图 4-87

STEP 17 选择"文件 > 导出 > 导出为"命令，弹出"导出"对话框，将其命名为"钻戒巡展邀请函内页"，勾选"使用画板"复选框，保存为 JPEG 格式。单击"导出"按钮，弹出"JPEG 选项"对话框，单击"确定"按钮，将图像导出。用相同的方法导出"钻戒巡展邀请函封面"。

Photoshop 应用

4.1.4　制作邀请函立体效果

STEP 1 打开 Photoshop CC 2019 软件，按 Ctrl+N 组合键，新建一个文件，设置宽度为 29 厘米，高度为 21 厘米，分辨率为 300 像素/英寸，颜色模式为 RGB，背景内容为白色，单击"确定"按钮。

钻戒巡展邀请函设计 4

STEP 2 选择"渐变"工具 ▦，单击属性栏中的"点按可编辑渐变"按钮 ▦，弹出"渐变编辑器"对话框，将渐变色设置为从白色到黑色，如图 4-88 所示。单击"确定"按钮，在属性栏中单击"径向渐变"按钮 ▣，在图像窗口中从中心向右侧拖曳鼠标指针填充渐变色，效果如图 4-89 所示。

STEP 3 按 Ctrl+O 组合键，打开资源包中的"Ch04 > 效果 > 钻戒巡展邀请函设计 > 钻戒巡展邀请函内页.jpg"文件，选择"移动"工具 ⊕，将图片拖曳到图像窗口中适当的位置，并调整其大小，如图 4-90 所示。在"图层"控制面板中生成新的图层并将其命名为"内页 1"。

图 4-88

图 4-89

图 4-90

STEP★4 按住 Ctrl 键的同时，单击"内页 1"图层的缩览图，图像周围生成选区，如图 4-91 所示。选择"选择 > 变换选区"命令，在选区周围出现控制手柄，按住 Shift 键的同时，将下边中间的控制手柄向上拖曳到适当的位置，调整选区的大小，按 Enter 键确定操作，如图 4-92 所示。按 Delete 键，删除选区内图像。按 Ctrl+D 组合键，取消选区，效果如图 4-93 所示。

图 4-91

图 4-92

图 4-93

STEP★5 单击"图层"控制面板下方的"添加图层样式"按钮 fx，在弹出的菜单中选择"投影"命令，弹出对话框，选项的设置如图 4-94 所示。单击"确定"按钮，效果如图 4-95 所示。

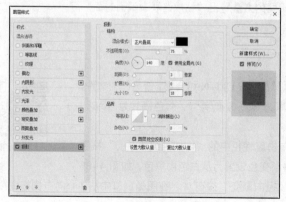

图 4-94

图 4-95

STEP 6 按 Ctrl+O 组合键，打开资源包中的"Ch04 > 效果 > 钻戒巡展邀请函设计 > 钻戒巡展邀请函封面.jpg"文件，选择"移动"工具 ⊕，将图片拖曳到图像窗口中适当的位置，并调整其大小，如图 4-96 所示。在"图层"控制面板中生成新的图层并将其命名为"封面"。按住 Ctrl 键的同时，单击"封面"图层的缩览图，图像周围生成选区，如图 4-97 所示。

| 图 4-96 | 图 4-97 |

STEP 7 选择"选择 > 变换选区"命令，在选区周围出现控制手柄，按住 Shift 键的同时，将下边中间的控制手柄向上拖曳到适当的位置，调整选区的大小，按 Enter 键确定操作，如图 4-98 所示。按 Delete 键，删除选区内图像。按 Ctrl+D 组合键，取消选区，效果如图 4-99 所示。

STEP 8 选择"编辑 > 变换 > 斜切"命令，图像周围出现变换框，调整变换框控制手柄，改变图像的形状，按 Enter 键确定操作，效果如图 4-100 所示。

| 图 4-98 | 图 4-99 | 图 4-100 |

STEP 9 按住 Ctrl 键的同时，单击"图层"控制面板下方的"创建新图层"按钮 ▣，在"封面"图层下方生成新的图层并将其命名为"阴影 1"。选择"多边形套索"工具 ▷，在图像窗口中绘制选区，如图 4-101 所示。

STEP 10 选择"选择 > 修改 > 羽化"命令，弹出"羽化选区"对话框，选项的设置如图 4-102 所示。单击"确定"按钮，羽化选区，效果如图 4-103 所示。

| 图 4-101 | 图 4-102 | 图 4-103 |

STEP 11 将前景色设置为深灰色（其 R、G、B 的值分别为 71、71、71）。按 Alt+Delete 组合键，用前景色填充选区。按 Ctrl+D 组合键，取消选区，效果如图 4-104 所示。

STEP 12 单击"图层"控制面板下方的"创建新的填充或调整图层"按钮，在弹出的菜单中选择"色阶"命令，在"图层"控制面板中生成"色阶 1"图层，同时弹出"色阶"面板，单击"此调整影响下面所有图层"按钮 使其显示为"此调整剪切到此图层"按钮，其他选项的设置如图 4-105 所示；按 Enter 键确定操作，效果如图 4-106 所示。

 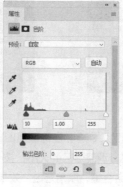 

图 4-104　　　　　　　　图 4-105　　　　　　　　图 4-106

STEP 13 选中"封面"图层。选择"钻戒巡展邀请函内文"文件，选择"移动"工具，将图片拖曳到图像窗口中适当的位置，并调整其大小，如图 4-107 所示。在"图层"控制面板中生成新的图层并将其命名为"内页 2"。

STEP 14 选择"矩形选框"工具，在图像窗口中绘制矩形选区，如图 4-108 所示。按 Ctrl+X 组合键，剪切选区中的图像。

图 4-107　　　　　　　　　　　　　图 4-108

STEP 15 新建图层并将其命名为"内页 3"。按 Shift+Ctrl+V 组合键，原位粘贴剪切的图像。单击"内页 3"图层左侧的眼睛图标，将"内页 3"图层隐藏，并选中"内页 2"图层，如图 4-109 所示。选择"编辑 > 变换 > 扭曲"命令，图像周围出现变换框，调整变换框控制手柄，改变图像的形状，按 Enter 键确定操作，效果如图 4-110 所示。

STEP 16 选中并显示"内页 3"图层。选择"编辑 > 变换 > 扭曲"命令，图像周围出现变换框，调整变换框控制手柄，改变图像的形状，按 Enter 键确定操作，效果如图 4-111 所示。

图 4-109

图 4-110

图 4-111

STEP 17 新建图层并将其命名为"阴影 2"。选择"多边形套索"工具 ，在图像窗口中绘制选区，如图 4-112 所示。选择"选择 > 修改 > 羽化"命令，弹出"羽化选区"对话框，选项的设置如图 4-113 所示。单击"确定"按钮，羽化选区。微调选区到适当的位置，效果如图 4-114 所示。

图 4-112

图 4-113

图 4-114

STEP 18 按 Alt+Delete 组合键，用前景色填充选区。按 Ctrl+D 组合键，取消选区，效果如图 4-115 所示。将"阴影 2"图层拖曳到"内页 2"图层的下方，如图 4-116 所示，效果如图 4-117 所示。

图 4-115

图 4-116

图 4-117

STEP 19 新建图层并将其命名为"高光"。按住 Ctrl 键的同时，单击"内页 3"图层的图层缩览图，在图像窗口中生成选区，如图 4-118 所示。

STEP 20 选择"渐变"工具 ，单击属性栏中的"点按可编辑渐变"按钮 ，弹出"渐变编辑器"对话框，将渐变色设置为从浅灰色（其 R、G、B 的值分别为 165、165、165）到白色，如图 4-119 所示。单击"确定"按钮，在选区中从下方至上方拖曳鼠标指针填充渐变色，按 Ctrl+D 组合键，取消选区，效果如图 4-120 所示。

图 4-118　　　　　　　　　　图 4-119　　　　　　　　　　图 4-120

STEP 21　在"图层"控制面板中，将"高光"图层的"不透明度"选项设置为 30%，如图 4-121 所示，图像效果如图 4-122 所示。钻戒巡展邀请函立体效果制作完成。

图 4-121　　　　　　　　　　　　图 4-122

STEP 22　按 Ctrl+S 组合键，弹出"另存为"对话框，将其命名为"钻戒巡展邀请函立体效果"，保存为 PSD 格式，单击"保存"按钮，弹出"Photoshop 格式选项"对话框，单击"确定"按钮，将图像保存。

4.2　课后习题——生日贺卡设计

(+) 习题知识要点

在 Photoshop 中，使用椭圆工具与定义图案命令定义图案，使用图案填充命令填充定义的图案；在 CorelDRAW 中，使用贝塞尔工具、轮廓笔工具和填充工具绘制装饰图形，使用导入命令导入图片，使用阴影工具为图片添加阴影效果，使用文本工具、旋转角度命令和立体化工具添加并编辑主题文字，使用贝塞尔工具、星形工具和文本工具绘制彩旗，使用多种绘图工具、变形工具和填充工具绘制花朵，使用文本工具、文本属性命令制作内页文字。生日贺卡最终的效果如图 4-123 所示。

(+) 效果所在位置

资源包 > Ch04 > 效果 > 生日贺卡设计 > 生日贺卡.cdr。

图 4-123

生日贺卡设计 1

生日贺卡设计 2

生日贺卡设计 3

生日贺卡设计 4

生日贺卡设计 5

生日贺卡设计 6

Chapter

5

第 5 章
Banner 设计

Banner 设计主要是以形象鲜明的表达方式体现最核心的情感思想或宣传主题，它可以作为网页的横幅广告，也可以作为游行旗帜，还可以作为报纸、杂志上的大标题。本章以化妆品类 App 主页 Banner、生活家电类 App 主页 Banner 设计为例，讲解 Banner 的设计方法和制作技巧。

课堂学习目标

- 掌握 Banner 的设计思路和过程

- 掌握 Banner 的制作方法和技巧

5.1 化妆品类 App 主页 Banner 设计

案例学习目标

在 Photoshop 中，学习使用图层控制面板、画笔工具、创建新的填充或调整图层按钮制作 Banner 底图；在 CorelDRAW 中，学习使用多种绘图工具、透明度工具、文本工具、插入字符命令和轮廓笔工具添加产品名称及介绍信息。

案例知识要点

在 Photoshop 中，使用添加图层蒙版按钮、画笔工具为产品图片添加高光，使用曲线命令、色阶命令调整图片颜色；在 CorelDRAW 中，使用矩形工具、透明度工具制作半透明效果，使用文本工具、插入字符泊坞窗和填充工具添加产品名称和介绍文字，使用手绘工具、轮廓笔对话框制作装饰线条。化妆品类 App 主页 Banner 设计效果如图 5-1 所示。

效果所在位置

资源包 > Ch05 > 效果 > 化妆品类 App 主页 Banner 设计 > 化妆品类 App 主页 Banner.cdr。

图 5-1

Photoshop 应用

5.1.1 合成背景图像

STEP　1 打开 Photoshop CC 2019 软件，按 Ctrl+O 组合键，打开资源包中的"Ch05 > 素材 > 化妆品类 App 主页 Banner 设计 > 01、02"文件，如图 5-2 所示。选择"移动"工具 ，将"02"图片拖曳到"01"图像窗口中适当的位置，效果如图 5-3 所示。在"图层"控制面板中生成新的图层并将其命名为"防晒乳"。

化妆品类 App 主页
Banner 设计 1

（a）

（b）

图 5-2

图 5-3

STEP 2 单击"图层"控制面板下方的"添加图层蒙版"按钮 ▣，为"防晒乳"图层添加图层蒙版，如图 5-4 所示。将前景色设置为黑色，选择"画笔"工具 ✐，在属性栏中单击"画笔预设"选项右侧的按钮 ∨，在弹出的画笔面板中选择需要的画笔形状，如图 5-5 所示；在图像窗口中进行涂抹，擦除不需要的部分，效果如图 5-6 所示。

| 图 5-4 | 图 5-5 | 图 5-6 |

STEP 3 单击"图层"控制面板下方的"创建新的填充或调整图层"按钮 ◕，在弹出的菜单中选择"曲线"命令，在"图层"控制面板中生成"曲线 1"图层，同时弹出"曲线"面板，在曲线上单击鼠标左键添加控制点，将"输入"选项设置为 68，"输出"选项设置为 70，如图 5-7 所示；在曲线上再次单击鼠标左键添加控制点，将"输入"选项设置为 111，"输出"选项设置为 144，单击"此调整影响下面所有图层"按钮 ⇥▢，使其显示为"此调整剪切到此图层"按钮 ⇥▢，如图 5-8 所示；按 Enter 键确定操作，图像效果如图 5-9 所示。

| 图 5-7 | 图 5-8 | 图 5-9 |

STEP 4 单击"图层"控制面板下方的"创建新的填充或调整图层"按钮 ◕，在弹出的菜单中选择"色阶"命令，在"图层"控制面板中生成"色阶 1"图层，同时弹出"色阶"面板，单击"此调整影响下面所有图层"按钮 ⇥▢，使其显示为"此调整剪切到此图层"按钮 ⇥▢，其他选项的设置如图 5-10 所示；按 Enter 键确定操作，图像效果如图 5-11 所示。

STEP 5 按 Ctrl+O 组合键，打开资源包中的"Ch05 > 素材 > 化妆品类 App 主页 Banner 设计 > 03、04"文件，选择"移动"工具 ✛，分别将图片拖曳到图像窗口中适当的位置，效果如图 5-12 所示。在"图层"控制面板中分别生成新的图层并将其命名为"贝壳"和"高光"。

图 5-10

图 5-11

图 5-12

STEP 6 在 "图层" 控制面板上方，将 "高光" 图层的混合模式选项设置为 "柔光"，如图 5-13 所示，图像效果如图 5-14 所示。

图 5-13

图 5-14

STEP 7 按 Shift+Ctrl+E 组合键，合并可见图层。按 Ctrl+S 组合键，弹出 "另存为" 对话框，将其命名为 "化妆品类 App 主页 Banner 底图"，保存为 JPEG 格式，单击 "保存" 按钮，弹出 "JPEG 选项" 对话框，单击 "确定" 按钮，将图像保存。

CorelDRAW 应用

5.1.2　添加产品介绍文字

STEP 1 打开 CorelDRAW X8 软件，按 Ctrl+N 组合键，弹出 "创建新文档" 对话框，设置宽度为 1920 px，高度为 700 px，原色模式为 RGB，渲染分辨率为 72 dpi，单击 "确定" 按钮，新建一个文档。

STEP 2 按 Ctrl+I 组合键，弹出 "导入" 对话框，选择资源包中的 "Ch05 > 效

化妆品类 App 主页
Banner 设计 2

果 > 化妆品类 App 主页 Banner 设计 > 化妆品类 App 主页 Banner 底图.jpg" 文件，单击"导入"按钮，在页面中单击导入图片，如图 5-15 所示。按 P 键，图片在页面中居中对齐，效果如图 5-16 所示。

图 5-15

图 5-16

STEP 3 选择"矩形"工具 ▢，在页面中绘制一个矩形，填充图形为白色，并去除图形的轮廓线，效果如图 5-17 所示。选择"透明度"工具 ▨，在属性栏中单击"均匀透明度"按钮 ▣，其他选项的设置如图 5-18 所示；按 Enter 键确定操作，透明效果如图 5-19 所示。

图 5-17

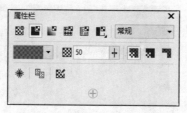
图 5-18

图 5-19

STEP 4 选择"文本"工具 字，在适当的位置输入需要的文字。选择"选择"工具 ▸，在属性栏中分别选择合适的字体并设置文字大小，效果如图 5-20 所示。将输入的文字选中，设置文字颜色的 RGB 值为 0、96、141，填充文字，效果如图 5-21 所示。

图 5-20

图 5-21

STEP 5 选择"文本"工具**字**，选取文字"防晒乳"，设置文字颜色的 RGB 值为 255、102、0，填充文字，效果如图 5-22 所示。

STEP 6 选择"文本"工具**字**，在适当的位置输入需要的文字。选择"选择"工具**▶**，在属性栏中分别选择合适的字体并设置文字大小，效果如图 5-23 所示。将输入的文字选中，设置文字颜色的 RGB 值为 0、96、141，填充文字，效果如图 5-24 所示。

图 5-22

图 5-23

图 5-24

STEP 7 选择"文本"工具**字**，在文字"离"右侧单击插入鼠标指针，如图 5-25 所示。选择"文本 > 插入字符"命令，弹出"插入字符"泊坞窗，在泊坞窗中进行设置并选择需要的字符，如图 5-26 所示。在选中的字符上双击鼠标左键，插入字符，效果如图 5-27 所示。

图 5-25

图 5-26

图 5-27

STEP 8 用相同的方法在适当的位置插入其他字符，效果如图 5-28 所示。选择"形状"工具**⟨⟩**，向右拖曳文字下方的**⫼**图标，调整文字的间距，效果如图 5-29 所示。

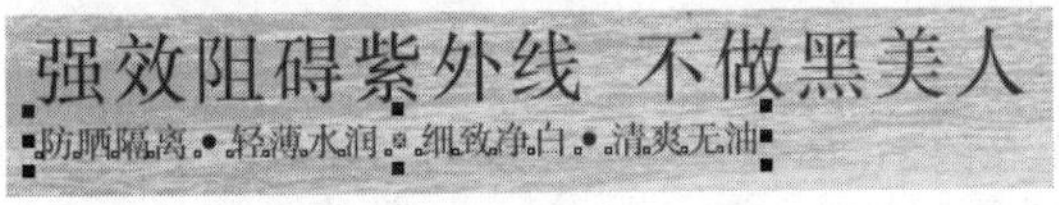

图 5-28

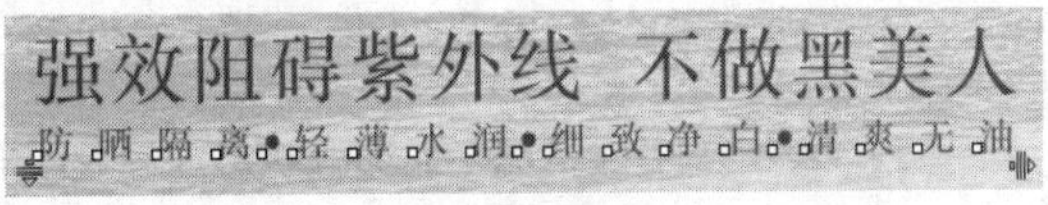

图 5-29

STEP 9 选择"手绘"工具**✏**，按住 Ctrl 键的同时，在适当的位置绘制一条直线，效果如图 5-30 所示。按 F12 键，弹出"轮廓笔"对话框，在"颜色"选项中设置轮廓线颜色的 RGB 值为 0、96、141，其他选项的设置如图 5-31 所示。单击"确定"按钮，效果如图 5-32 所示。

STEP 10 按数字键盘上的+键，复制直线。选择"选择"工具**▶**，按住 Shift 键的同时，垂直向下拖曳复制的直线到适当的位置，效果如图 5-33 所示。

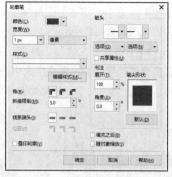

图 5-30   图 5-31

图 5-32   图 5-33

STEP 11 选择"矩形"工具 ▢，在适当的位置绘制一个矩形，如图 5-34 所示。在属性栏中将"转角半径"选项均设置为 10 px，按 Enter 键确定操作，效果如图 5-35 所示。

图 5-34   图 5-35

STEP 12 保持图形的选取状态。设置图形颜色的 RGB 值为 255、191、0，填充图形，并去除图形的轮廓线，效果如图 5-36 所示。按数字键盘上的+键，复制图形。选择"选择"工具 ▶，向左拖曳图形右侧中间的控制手柄到适当的位置，并调整其大小，效果如图 5-37 所示。

图 5-36   图 5-37

STEP 13 保持图形的选取状态。设置图形颜色的 RGB 值为 0、96、141，填充图形，效果如图 5-38 所示。选择"文本"工具 字，在适当的位置分别输入需要的文字。选择"选择"工具 ▶，在属性栏中分别选择合适的字体并设置文字大小，效果如图 5-39 所示。

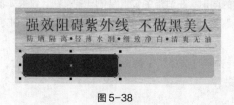

图 5-38   图 5-39

STEP 14 选取文字"满……20 元",填充文字为白色,效果如图 5-40 所示。选取文字"买……一瓶",设置文字颜色的 RGB 值为 0、96、141,填充文字,效果如图 5-41 所示。

图 5-40　　　　　　　　　　　　　　　图 5-41

STEP 15 化妆品类 App 主页 Banner 制作完成,效果如图 5-42 所示。

图 5-42

5.2 生活家电类 App 主页 Banner 设计

案例学习目标

在 Photoshop 中,学习使用图层控制面板、创建新的填充或调整图层按钮、椭圆工具、模糊滤镜命令制作 Banner 底图;在 Illustrator 中,学习使用文字工具、绘图工具和填充工具添加产品名称和价格信息。

案例知识要点

在 Photoshop 中,使用移动工具添加产品图片,使用椭圆工具、高斯模糊命令为空调扇添加阴影效果,使用色阶命令调整图片颜色;在 Illustrator 中,使用圆角矩形工具、文字工具和填充工具添加产品品牌及相关功能。生活家电类 App 主页 Banner 设计效果如图 5-43 所示。

效果所在位置

资源包 > Ch05 > 效果 > 生活家电类 App 主页 Banner 设计 > 生活家电类 App 主页 Banner.ai。

图 5-43

Photoshop 应用

5.2.1 制作 Banner 底图

STEP 1 打开 Photoshop CC 2019 软件，按 Ctrl+N 组合键，弹出"新建文档"对话框，设置宽度为 1920 像素，高度为 800 像素，分辨率为 72 像素/英寸，颜色模式为 RGB，背景内容为白色，单击"创建"按钮，新建一个文档。

生活家电类 App 主页 Banner 设计 1

STEP 2 按 Ctrl+O 组合键，打开资源包中的"Ch05 > 素材 > 生活家电类 App 主页 Banner 设计 > 01、02"文件，选择"移动"工具 ↔，分别将图片拖曳到新建图像窗口中适当的位置，效果如图 5-44 所示。在"图层"控制面板中分别生成新的图层并将其命名为"底图"和"空调扇"，如图 5-45 所示。

STEP 3 选择"椭圆"工具 ⬭，在属性栏的"选择工具模式"选项中选择"形状"，将"填充"颜色设置为深灰色（其 R、G、B 的值分别为 31、31、31），"描边"颜色设置为无，按住 Shift 键的同时，在图像窗口中绘制一个圆形，效果如图 5-46 所示。在"图层"控制面板中生成新的形状图层并将其命名为"投影"。

图 5-44   图 5-45   图 5-46

STEP 4 选择"滤镜 > 模糊 > 高斯模糊"命令，弹出提示对话框，如图 5-47 所示。单击"转换为智能对象"按钮，弹出"高斯模糊"对话框，选项的设置如图 5-48 所示。单击"确定"按钮，效果如图 5-49 所示。

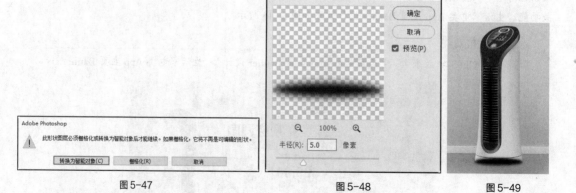

图 5-47   图 5-48   图 5-49

STEP 5 在"图层"控制面板中，将"投影"图层拖曳到"空调扇"图层的下方，如图 5-50 所示，图像效果如图 5-51 所示。

图 5-50

图 5-51

STEP 6 单击"图层"控制面板下方的"创建新的填充或调整图层"按钮 ，在弹出的菜单中选择"色阶"命令，在"图层"控制面板中生成"色阶 1"图层，同时弹出"色阶"面板，单击"此调整影响下面所有图层"按钮 ，使其显示为"此调整剪切到此图层"按钮 ，其他选项的设置如图 5-52 所示；按 Enter 键确定操作，图像效果如图 5-53 所示。

图 5-52

图 5-53

STEP 7 按 Ctrl+O 组合键，打开资源包中的"Ch05 > 素材 > 生活家电类 App 主页 Banner 设计 > 03"文件，选择"移动"工具 ，将图片拖曳到新建图像窗口中适当的位置，效果如图 5-54 所示。在"图层"控制面板中生成新的图层并将其命名为"树叶"。生活家电类 App 主页 Banner 底图制作完成。

图 5-54

STEP 8 按 Shift+Ctrl+E 组合键，合并可见图层。按 Ctrl+S 组合键，弹出"另存为"对话框，将其命名为"生活家电类 App 主页 Banner 底图"，保存为 JPEG 格式，单击"保存"按钮，弹出"JPEG 选项"对话框，单击"确定"按钮，将图像保存。

Illustrator 应用

5.2.2　添加产品名称和功能介绍

STEP 1 打开 Illustrator CC 2019 软件，按 Ctrl+N 组合键，弹出"新建文档"
对话框，设置宽度为 1920 px，高度为 900 px，取向为横向，颜色模式为 RGB，单击"创
建"按钮，新建一个文档。

生活家电类 App 主
页 Banner 设计 2

STEP 2 选择"文件 > 置入"命令，弹出"置入"对话框，选择资源包中的
"Ch05 > 效果 > 生活家电类 App 主页 Banner 设计 > 生活家电类 App 主页 Banner
底图.jpg"文件，单击"置入"按钮，在页面中单击置入图片，单击属性栏中的"嵌入"按钮，嵌入图片。
选择"选择"工具 ▶，拖曳图片到适当的位置，效果如图 5-55 所示。按 Ctrl+2 组合键，锁定所选对象。

图 5-55

STEP 3 选择"文字"工具 T，在页面中分别输入需要的文字。选择"选择"工具 ▶，在属性
栏中分别选择合适的字体并设置文字大小，效果如图 5-56 所示。

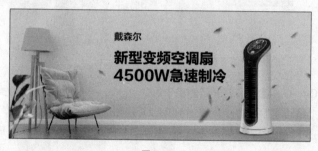

图 5-56

STEP 4 选择"文字"工具 T，选取文字"4500W 急速制冷"，在属性栏中选择合适的字体并
设置文字大小，效果如图 5-57 所示。

图 5-57

STEP 5 选择"选择"工具 ▶，选取文字，设置填充色为海蓝色（其 R、G、B 的值分别为 2、112、157），填充文字，效果如图 5-58 所示。

图 5-58

STEP 6 选择"圆角矩形"工具 ▢，在页面中单击鼠标左键，弹出"圆角矩形"对话框，选项的设置如图 5-59 所示。单击"确定"按钮，出现一个圆角矩形。选择"选择"工具 ▶，拖曳圆角矩形到适当的位置，设置填充色为红色（其 R、G、B 的值分别为 246、63、0），填充图形，并设置描边色为无，效果如图 5-60 所示。

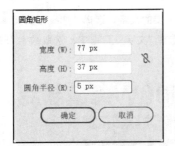

图 5-59

图 5-60

STEP 7 选择"文字"工具 T，在适当的位置输入需要的文字。选择"选择"工具 ▶，在属性栏中选择合适的字体并设置文字大小，填充文字为白色，效果如图 5-61 所示。按住 Shift 键的同时，单击下方圆角矩形将其选中，如图 5-62 所示。

图 5-61

图 5-62

STEP 8 使用"选择"工具 ▶，按住 Alt+Shift 组合键的同时，水平向右拖曳图形和文字到适当的位置，复制图形和文字，效果如图 5-63 所示。连续两次按 Ctrl+D 组合键，复制出两个图形和文字，效果如图 5-64 所示。

图 5-63

图 5-64

STEP⟋9 选择"文字"工具 **T**，选取并重新输入需要的文字，如图 5-65 所示。用相同的方法分别重新输入其他文字，效果如图 5-66 所示。

图 5-65

图 5-66

STEP⟋10 选择"文字"工具 **T**，在适当的位置输入需要的文字。选择"选择"工具 ▶，在属性栏中选择合适的字体并设置文字大小，效果如图 5-67 所示。选择"文字"工具 **T**，选取数字"599.00"，在属性栏中选择合适的字体并设置文字大小，效果如图 5-68 所示。

图 5-67

图 5-68

STEP⟋11 生活家电类 App 主页 Banner 制作完成，效果如图 5-69 所示。

图 5-69

5.3 课后习题——电商类网站 Banner 设计

 习题知识要点

在 Photoshop 中，使用矩形工具、钢笔工具绘制装饰图形，使用透视变换命令、投影命令制作广告牌，

使用色阶命令调整图片颜色；在 CorelDRAW 中，使用导入命令导入广告底图，使用文本工具、拆分命令和填充工具添加并编辑广告标题，使用文本工具、调和工具添加抢购信息。电商类网站 Banner 设计效果如图 5-70 所示。

效果所在位置

资源包 > Ch05 > 效果 > 电商类网站 Banner 设计 > 电商类网站 Banner.cdr。

图 5-70

电商类网站 Banner 设计 1

电商类网站 Banner 设计 2

Photoshop+Illustrator
+
CorelDRAW+InDesign

Chapter

6

第 6 章
宣传单设计

宣传单是直销广告的一种，对宣传活动和促销商品有重要的作用。宣传单通过派送、邮递等形式，可以有效地将信息传达给目标受众。众多的企业和商家都希望通过宣传单来宣传自己的产品，传播自己的文化。本章以汉堡宣传单设计为例，讲解宣传单的设计方法和制作技巧。

课堂学习目标

- 掌握宣传单的设计思路和过程

- 掌握宣传单的制作方法和技巧

?

⊕ 案例学习目标

在 Photoshop 中，学习使用图层控制面板、图层样式命令、调整图层命令和画笔工具制作宣传单正、背面底图；在 CorelDRAW 中，学习使用多种绘图工具、移除前面对象按钮、水平翻转按钮、形状工具、使文本适合路径命令制作标志，使用文本工具、制表位命令和文本属性泊坞窗添加相关信息。

⊕ 案例知识要点

在 Photoshop 中，使用图层混合模式选项制作图片叠加效果，使用斜面和浮雕命令为图片添加立体效果，使用色相/饱和度命令、色阶命令调整图片颜色；在 CorelDRAW 中，使用文本工具、阴影工具和旋转角度选项制作标题文字，使用星形工具、椭圆工具、矩形工具、水平翻转按钮和手绘工具制作标志，使用椭圆工具、使文本适合路径命令制作路径文字，使用文本工具、制表位命令添加其他相关信息。汉堡宣传单设计效果如图 6-1 所示。

⊕ 效果所在位置

资源包 > Ch06 > 效果 > 汉堡宣传单设计 > 汉堡宣传单.cdr。

图 6-1

Photoshop 应用

6.1.1 制作宣传单正面底图

STEP▲1 打开 Photoshop CC 2019 软件，按 Ctrl+O 组合键，打开资源包中的"Ch06 > 素材 > 汉堡宣传单设计 > 01、02"文件，如图 6-2 所示。选择"移动"工具 ⊕，将"02"图片拖曳到"01"图像窗口中适当的位置，效果如图 6-3 所示。在"图层"控制面板中生成新的图层并将其命名为"烟"。

汉堡宣传单设计 1

STEP▲2 按 Ctrl+O 组合键，打开资源包中的"Ch06 > 素材 > 汉堡宣传单设计 > 03"文件，选择"移动"工具 ⊕，将洋葱图片拖曳到图像窗口中适当的位置，效果如图 6-4 所示。在"图层"控制面板中生成新的图层并将其命名为"洋葱片"。

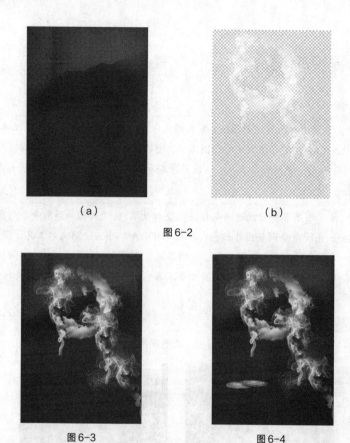

（a） （b）

图6-2

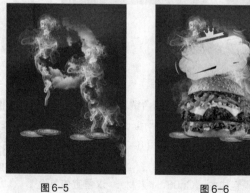

图6-3 图6-4

STEP 3 选择"移动"工具 ，按住 Alt 键的同时，拖曳洋葱图片到适当的位置，复制图片，效果如图 6-5 所示。

STEP 4 按 Ctrl+O 组合键，打开资源包中的"Ch06 > 素材 > 汉堡宣传单设计 > 04、05、06"文件，选择"移动"工具 ，分别将图片拖曳到图像窗口中适当的位置，效果如图 6-6 所示。在"图层"控制面板中分别生成新的图层并将其命名为"白色框""白雾""汉堡"，如图 6-7 所示。

图6-5 图6-6 图6-7

STEP 5 单击"图层"控制面板下方的"添加图层样式"按钮 ，在弹出的菜单中选择"斜面和浮雕"命令，在弹出的对话框中进行设置，如图 6-8 所示。单击"确定"按钮，效果如图 6-9 所示。

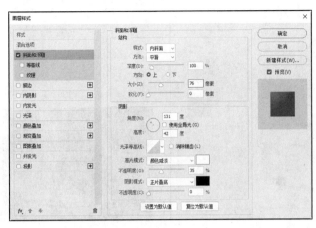

图 6-8

图 6-9

STEP ⤷6 单击"图层"控制面板下方的"创建新的填充或调整图层"按钮 ◎，在弹出的菜单中选择"色相/饱和度"命令，在"图层"控制面板中生成"色相/饱和度 1"图层，同时弹出"色相/饱和度"面板，单击"此调整影响下面所有图层"按钮 ⤵□，使其显示为"此调整剪切到此图层"按钮 ⤶□，其他选项的设置如图 6-10 所示；按 Enter 键确定操作，图像效果如图 6-11 所示。

STEP ⤷7 按 Ctrl+O 组合键，打开资源包中的"Ch06 > 素材 > 汉堡宣传单设计 > 07"文件，选择"移动"工具 ⊕，将西红柿图片拖曳到图像窗口中适当的位置，效果如图 6-12 所示。在"图层"控制面板中生成新的图层并将其命名为"柿子"。

图 6-10

图 6-11

图 6-12

STEP ⤷8 单击"图层"控制面板下方的"添加图层样式"按钮 *fx*，在弹出的菜单中选择"斜面和浮雕"命令，在弹出的对话框中进行设置，如图 6-13 所示。单击"确定"按钮，效果如图 6-14 所示。

STEP ⤷9 选择"移动"工具 ⊕，按住 Alt 键的同时，拖曳西红柿图片到适当的位置，复制图片，并调整图片大小，效果如图 6-15 所示。用相同的方法再复制一组图片，并调整其大小，效果如图 6-16 所示。

STEP ⤷10 按 Ctrl+O 组合键，打开资源包中的"Ch06 > 素材 > 汉堡宣传单设计 > 08"文件，选择"移动"工具 ⊕，将装饰图片拖曳到图像窗口中适当的位置，效果如图 6-17 所示。在"图层"控制面板中生成新的图层并将其命名为"装饰点"。

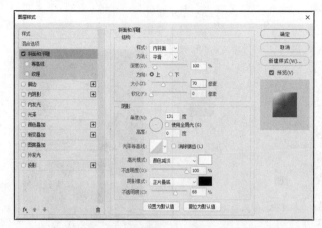

图6-13

图6-14

图6-15

图6-16

图6-17

STEP 11 在"图层"控制面板上方，将"装饰点"图层的混合模式选项设置为"变亮"，如图6-18所示，图像效果如图6-19所示。

图6-18

图6-19

STEP 12 按Ctrl+O组合键，打开资源包中的"Ch06 > 素材 > 汉堡宣传单设计 > 09、10"文件，选择"移动"工具 ⊕ ，分别将图片拖曳到图像窗口中适当的位置，效果如图6-20所示。在"图层"控制面板中生成新的图层并将其命名为"绿叶"和"火焰"。

STEP 13 在"图层"控制面板上方，将"火焰"图层的混合模式选项设置为"变亮"，如图6-21所示，图像效果如图6-22所示。

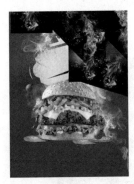

图 6-20 图 6-21 图 6-22

STEP 14 单击"图层"控制面板下方的"创建新的填充或调整图层"按钮 ，在弹出的菜单中选择"色阶"命令，在"图层"控制面板中生成"色阶 1"图层，同时在弹出的"色阶"面板中进行设置，如图 6-23 所示；按 Enter 键确定操作，图像效果如图 6-24 所示。

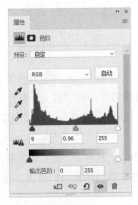

图 6-23 图 6-24

STEP 15 新建图层并将其命名为"暗影"，将前景色设置为黑色。选择"画笔"工具 ，在属性栏中单击"画笔预设"选项右侧的按钮 ，弹出画笔选择面板，在面板中选择需要的画笔形状，如图 6-25 所示。在属性栏中将"不透明度"选项设置为 84%，"流量"选项设置为 85%，在图像窗口中拖曳鼠标进行涂抹，效果如图 6-26 所示。

图 6-25 图 6-26

STEP▲16 在"图层"控制面板中，将"暗影"图层拖曳到"洋葱片"图层的下方，如图 6-27
所示，图像效果如图 6-28 所示。

图6-27

图6-28

STEP▲17 按 Shift+Ctrl+E 组合键，合并可见图层。按 Ctrl+S 组合键，弹出"另存为"对话框，
将其命名为"汉堡宣传单正面底图"，保存为 JPEG 格式，单击"保存"按钮，弹出"JPEG 选项"对话框，
单击"确定"按钮，将图像保存。

6.1.2　制作宣传单背面底图

STEP▲1 按 Ctrl+O 组合键，打开资源包中的"Ch06 > 素材 > 汉堡宣传单设
计 > 11"文件，如图 6-29 所示。选择"矩形"工具 □，在属性栏中将"填充"颜色设
置为黑色、"描边"设置为无，在图像窗口中绘制一个矩形，如图 6-30 所示。在"图层"
控制面板中生成新的形状图层"矩形 1"。

汉堡宣传单设计 2

STEP▲2 按 Ctrl+O 组合键，打开资源包中的"Ch06 > 素材 > 汉堡宣传单设
计 > 12"文件，选择"移动"工具 ⊕，将黑板图片拖曳到图像窗口中适当的位置，效果如图 6-31 所示。
在"图层"控制面板中生成新的图层并将其命名为"黑板"。

图6-29

图6-30

图6-31

STEP▲3 单击"图层"控制面板下方的"添加图层样式"按钮 fx，在弹出的菜单中选择"内阴影"
命令，在弹出的对话框中进行设置，如图 6-32 所示。单击"确定"按钮，效果如图 6-33 所示。

STEP▲4 按 Ctrl+O 组合键，打开资源包中的"Ch06 > 素材 > 汉堡宣传单设计 > 13、14、15、
16"文件，选择"移动"工具 ⊕，分别将图片拖曳到图像窗口中适当的位置，效果如图 6-34 所示。在"图
层"控制面板中分别生成新的图层并将其命名为"装饰框""绿叶""烟雾""装饰点"。

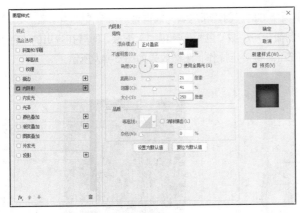

图 6-32

图 6-33

STEP 5 在"图层"控制面板上方,将"装饰点"图层的混合模式选项设置为"变亮",如图 6-35 所示,图像效果如图 6-36 所示。

图 6-34

图 6-35

图 6-36

STEP 6 按 Ctrl+O 组合键,打开资源包中的"Ch06 > 素材 > 汉堡宣传单设计 > 17、18"文件,选择"移动"工具 ⊕,,分别将图片拖曳到图像窗口中适当的位置,效果如图 6-37 所示。在"图层"控制面板中生成新的图层并将其命名为"汉堡""火焰"。

STEP 7 在"图层"控制面板上方,将"火焰"图层的混合模式选项设置为"变亮",如图 6-38 所示,图像效果如图 6-39 所示。

图 6-37

图 6-38

图 6-39

STEP⬆8 单击"图层"控制面板下方的"创建新的填充或调整图层"按钮 ◉ ，在弹出的菜单中选择"色相/饱和度"命令，在"图层"控制面板中生成"色相/饱和度 1"图层，同时在弹出的"色相/饱和度"面板中进行设置，如图 6-40 所示；按 Enter 键确定操作，图像效果如图 6-41 所示。

图 6-40   图 6-41

STEP⬆9 按 Shift+Ctrl+E 组合键，合并可见图层。按 Ctrl+S 组合键，弹出"另存为"对话框，将其命名为"汉堡宣传单背面底图"，保存为 JPEG 格式，单击"保存"按钮，弹出"JPEG 选项"对话框，单击"确定"按钮，将图像保存。

CorelDRAW 应用

6.1.3 导入底图并制作标题文字

STEP⬆1 打开 CorelDRAW X8 软件，按 Ctrl+N 组合键，弹出"创建新文档"对话框，设置宽度为 210 mm、高度为 285 mm、原色模式为 CMYK、渲染分辨率为 300 dpi，单击"确定"按钮，新建一个文档。选择"视图 > 页 > 出血"命令，显示出血线。

汉堡宣传单设计 3

STEP⬆2 按 Ctrl+I 组合键，弹出"导入"对话框，选择资源包中的"Ch06 > 效果 > 汉堡宣传单设计 > 汉堡宣传单正面底图.jpg"文件，单击"导入"按钮，在页面中单击导入图片，如图 6-42 所示。按 P 键，图片在页面中居中对齐，效果如图 6-43 所示。

图 6-42   图 6-43

STEP⬆3 选择"文本"工具 字，在页面中分别输入需要的文字，选择"选择"工具 ▸，在属性栏中分别选取适当的字体并设置文字大小，效果如图 6-44 所示。按住 Shift 键的同时，选取需要的文字，按 Ctrl+G 组合键，将其群组，效果如图 6-45 所示。

图 6-44

图 6-45

STEP　4 选择"阴影"工具 ，在文字对象中由上至下拖曳鼠标指针，为图片添加阴影效果，在属性栏中的设置如图 6-46 所示；按 Enter 键确定操作，效果如图 6-47 所示。

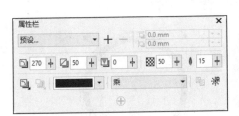

图 6-46

图 6-47

STEP　5 选择"选择"工具 ，用圈选的方法将所有的文字选中，在属性栏中的"旋转角度" 框中设置数值为 15，按 Enter 键确定操作，效果如图 6-48 所示。

图 6-48

6.1.4　制作标志图形

STEP　1 选择"矩形"工具 ，在适当的位置绘制一个矩形，填充图形为白色，并去除图形的轮廓线，效果如图 6-49 所示。

STEP　2 选择"星形"工具 ，在属性栏中的设置如图 6-50 所示。按住 Ctrl 键的同时，在适当的位置绘制一个星形，如图 6-51 所示。

汉堡宣传单设计 4

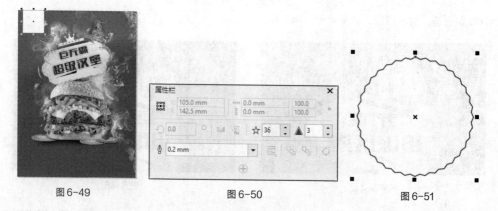

图6-49　　　　　　　　　　　　　图6-50　　　　　　　　　　　　　图6-51

STEP 3 选择"选择"工具 ，按数字键盘上的+键，复制星形。按住Shift键的同时，向内拖曳星形右上角的控制手柄到适当的位置，调整其大小。填充图形为黑色，效果如图6-52所示。

STEP 4 选择"椭圆形"工具 ，按住Ctrl键的同时，在适当的位置绘制一个圆形，如图6-53所示。用圈选的方法将所绘制的图形选中，按Ctrl+G组合键，将其群组。

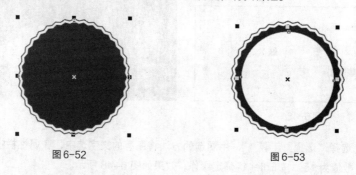

图6-52　　　　　　　　　　　　　图6-53

STEP 5 选择"矩形"工具 ，在适当的位置绘制一个矩形，如图6-54所示。在"CMYK调色板"中的"红"色块上单击鼠标左键，填充图形，效果如图6-55所示。

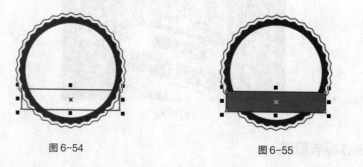

图6-54　　　　　　　　　　　　　图6-55

STEP 6 选择"矩形"工具 ，在适当的位置绘制一个矩形，如图6-56所示。按Ctrl+Q组合键，将矩形转换为曲线。

STEP 7 选择"形状"工具 ，在矩形左边中间位置双击鼠标左键添加一个节点，如图6-57所示。向右拖曳节点到适当的位置，如图6-58所示。

STEP 8 选择"选择"工具 ，在"CMYK调色板"中的"红"色块上单击鼠标左键，填充图形，效果如图6-59所示。

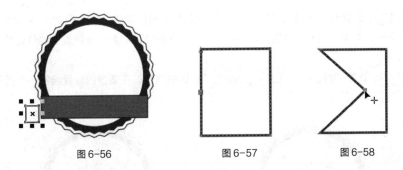

图 6-56　　　　　图 6-57　　　　　图 6-58

STEP 9 按数字键盘上的+键，复制图形。按住 Shift 键的同时，水平向右侧拖曳复制的图形到适当的位置，效果如图 6-60 所示。

图 6-59　　　　　　　　　图 6-60

STEP 10 单击属性栏中的"水平镜像"按钮，镜像图形，效果如图 6-61 所示。选择"矩形"工具，在适当的位置绘制一个矩形，如图 6-62 所示。

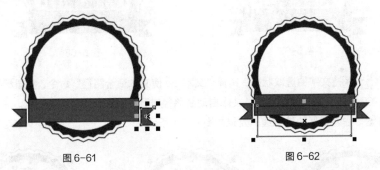

图 6-61　　　　　　　　　图 6-62

STEP 11 选择"选择"工具，按住 Shift 键的同时，选取下方需要的图形，如图 6-63 所示。单击属性栏中的"移除前面对象"按钮，将多个图形剪切为一个图形，效果如图 6-64 所示。

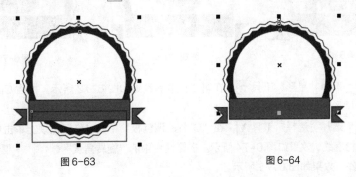

图 6-63　　　　　　　　　图 6-64

STEP 12 按 Ctrl+I 组合键，弹出"导入"对话框，选择资源包中的"Ch06 > 素材 > 汉堡宣传单设计 > 19"文件，单击"导入"按钮，在页面中单击导入图片，将其拖曳到适当的位置并调整大小，效果如图 6-65 所示。

STEP 13 选择"椭圆形"工具 ◯，按住 Ctrl 键的同时，在适当的位置绘制一个圆形，效果如图 6-66 所示。

图 6-65　　　　　　　　　　　　图 6-66

STEP 14 选择"文本"工具 字，在页面中输入需要的文字。选择"选择"工具 ▶，在属性栏中选取适当的字体并设置文字大小，效果如图 6-67 所示。在"CMYK 调色板"中的"红"色块上单击鼠标左键，填充文字，效果如图 6-68 所示。

图 6-67　　　　　　　　　　　　图 6-68

STEP 15 保持文字的选取状态，选择"文本 > 使文本适合路径"命令，将鼠标指针置于圆形轮廓线上，如图 6-69 所示。单击鼠标左键，文本自动绕路径排列，效果如图 6-70 所示。在"无填充"按钮 ⊠ 上单击鼠标右键，去除圆形的轮廓线，效果如图 6-71 所示。

图 6-69　　　　　　　图 6-70　　　　　　　图 6-71

STEP 16 选择"星形"工具 ☆，在属性栏中的设置如图 6-72 所示。按住 Ctrl 键的同时，在适当的位置绘制一个星形，如图 6-73 所示。

STEP 17 选择"选择"工具 ▶，在"CMYK 调色板"中的"红"色块上单击鼠标左键，填充图形，并去除图形的轮廓线，效果如图 6-74 所示。在属性栏中的"旋转角度" ⟲ 0.0 ° 框中设置数值为 18，按 Enter 键确定操作，效果如图 6-75 所示。

图 6-72   图 6-73

图 6-74   图 6-75

STEP 18 选择"选择"工具 ⬉，按数字键盘上的+键，复制星形。向下方拖曳复制的星形到适当的位置，效果如图 6-76 所示。在属性栏中的"旋转角度" ↻ 0.0 ° 框中设置数值为 28，按 Enter 键确定操作，效果如图 6-77 所示。

图 6-76   图 6-77

STEP 19 用相同的方法再复制一个星形，并旋转到适当的角度，效果如图 6-78 所示。选择"选择"工具 ⬉，用圈选的方法将所绘制的星形中。按 Ctrl+G 组合键，将其群组，如图 6-79 所示。

图 6-78   图 6-79

STEP 20 按数字键盘上的+键，复制群组图形。按住 Shift 键的同时，水平向右侧拖曳复制的图形到适当的位置，效果如图 6-80 所示。单击属性栏中的"水平镜像"按钮 ⬛，镜像图形，效果如图 6-81 所示。

STEP 21 选择"文本"工具 字，在适当的位置输入需要的文字。选择"选择"工具 ⬉，在属性栏中选取适当的字体并设置文字大小，效果如图 6-82 所示。

图 6-80　　　　　　　　　　　　图 6-81

STEP 22 选取文字"优味汉堡店"，填充为白色，效果如图 6-83 所示。选取数字"1990"，在"CMYK 调色板"中的"红"色块上单击鼠标左键，填充文字，效果如图 6-84 所示。

图 6-82　　　　　　　　　　图 6-83　　　　　　　　　　图 6-84

STEP 23 选择"手绘"工具，按住 Ctrl 键的同时，在适当的位置绘制一条直线，如图 6-85 所示。选择"选择"工具，按数字键盘上的+键，复制直线。按住 Shift 键的同时，水平向右侧拖曳复制的直线到适当的位置，效果如图 6-86 所示。

图 6-85　　　　　　　　　　　　　　图 6-86

STEP 24 选择"文本"工具，在页面下方分别输入需要的文字。选择"选择"工具，在属性栏中分别选取适当的字体并设置文字大小，填充文字为白色，效果如图 6-87 所示。

STEP 25 选择"选择"工具，用圈选的方法将输入的文字选中。按 Ctrl+Shift+A 组合键，弹出"对齐与分布"泊坞窗，单击"水平居中对齐"按钮，如图 6-88 所示，文字对齐效果如图 6-89 所示。

图 6-87　　　　　　　　　　　图 6-88

STEP 26 选择"选择"工具 ， 按住 Shift 键的同时，选取需要的图形和文字，如图 6-90 所示。
按 Ctrl+C 组合键，复制图形和文字。

图 6-89

图 6-90

6.1.5　插入页面并添加相关信息

STEP 1 选择"布局 > 插入页面"命令，弹出"插入页面"对话框，选项的设
置如图 6-91 所示。单击"确定"按钮，插入页面。

STEP 2 按 Ctrl+I 组合键，弹出"导入"对话框，选择资源包中的"Ch06 > 效
果 > 汉堡宣传单设计 > 汉堡宣传单背面底图.jpg"文件，单击"导入"按钮，在页面中
单击导入图片。按 P 键，图片在页面中居中对齐，效果如图 6-92 所示。

汉堡宣传单设计 5

图 6-91

图 6-92

STEP 3 按 Ctrl+V 组合键，粘贴图形和文字，如图 6-93 所示。用圈选的方法将下方的文字选中，
向左拖曳文字到适当的位置，效果如图 6-94 所示。

图 6-93

图 6-94

STEP 4 选择"文本"工具 **字**，在适当的位置拖曳出一个文本框，如图 6-95 所示。选择"选择"工具 ，在属性栏中选取适当的字体并设置文字大小，在文本框内输入需要的文字，填充文字为白色，效果如图 6-96 所示。

图 6-95 图 6-96

STEP 5 保持文本的选取状态。选择"文本 > 文本属性"命令，在弹出的"文本属性"泊坞窗中进行设置，如图 6-97 所示；按 Enter 键确定操作，效果如图 6-98 所示。

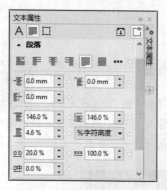

图 6-97 图 6-98

STEP 6 选择"文本"工具 **字**，在页面下方分别输入需要的文字。选择"选择"工具 ，在属性栏中分别选取适当的字体并设置文字大小，填充文字为白色，效果如图 6-99 所示。用相同的方法输入其他文字，效果如图 6-100 所示。

图 6-99 图 6-100

STEP 7 选择"文本"工具 **字**，在适当的位置拖曳出一个文本框，如图 6-101 所示。选择"选择"工具 ，在属性栏中选取适当的字体并设置文字大小，在文本框内输入需要的文字，效果如图 6-102 所示。

STEP 8 保持文本的选取状态。选择"文本属性"泊坞窗，选项的设置如图 6-103 所示；按 Enter

键确定操作，效果如图 6-104 所示。

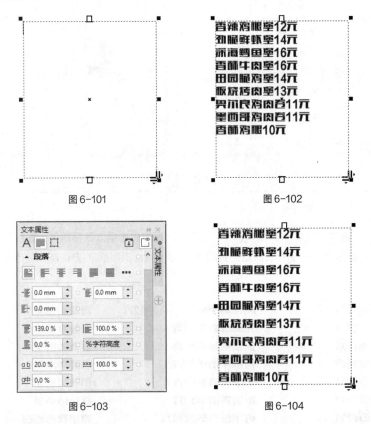

图 6-101　　　　　　　　　　　　　　图 6-102

图 6-103　　　　　　　　　　　　　　图 6-104

STEP 9 选择"文本 > 制表位"命令，弹出"制表位设置"对话框，如图 6-105 所示。单击对话框左下角的"全部移除"按钮，清空所有的制表符位置点，如图 6-106 所示。

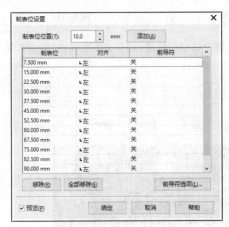

图 6-105

图 6-106

STEP 10 在对话框中的"制表位位置"选项中输入数值 75，单击右侧的"添加"按钮，添加 1 个位置点，如图 6-107 所示。单击"对齐"下的按钮，选择"右"对齐，如图 6-108 所示。设置完成后，单击"确定"按钮。

图 6-107

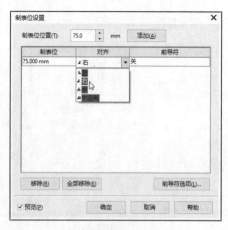
图 6-108

STEP 11 选择"文本"工具字，在"堡"文字后方单击插入鼠标指针，如图 6-109 所示。按一下 Tab 键，鼠标指针跳到下一个制表位处，如图 6-110 所示。用相同的方法制作其他文字，如图 6-111 所示。

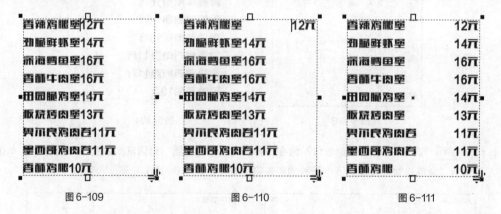

图 6-109　　　　　　　　　图 6-110　　　　　　　　　图 6-111

STEP 12 选择"选择"工具，拖曳文字到页面中适当的位置，调整文字为白色，效果如图 6-112 所示。用相同的方法添加其他相关信息，效果如图 6-113 所示。

图 6-112

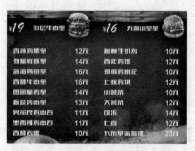
图 6-113

STEP　13 汉堡宣传单制作完成，效果如图 6-114 所示。按 Ctrl+S 组合键，弹出"保存绘图"对话框，将制作好的图像命名为"汉堡宣传单"，保存为 CDR 格式，单击"保存"按钮，将图像保存。

图 6-114

6.2 课后习题——旅游宣传单设计

习题知识要点

在 Photoshop 中，使用添加图层蒙版按钮和画笔工具制作图片渐隐效果，使用照片滤镜命令、色阶命令、曲线命令和自然饱和度命令调整图片的色调；在 Illustrator 中，使用文字工具、字符控制面板和填充工具添加宣传语及相关信息，使用钢笔工具、直接选择工具和建立剪切蒙版命令制作图片的剪切蒙版，使用置入命令和透明度面板制作半透明效果，使用椭圆工具、圆角矩形工具、矩形工具、缩放命令和路径查找器面板制作装饰图形和图标，使用投影命令为图形添加投影效果，使用文字工具、制表符命令添加介绍性文字。旅游宣传单设计效果如图 6-115 所示。

效果所在位置

资源包 > Ch06 > 效果 > 旅游宣传单设计 > 旅游宣传单.ai。

图 6-115

旅游宣传单设计 1　　旅游宣传单设计 2　　旅游宣传单设计 3

旅游宣传单设计 4　　　　旅游宣传单设计 5

旅游宣传单设计 6　　　　旅游宣传单设计 7

Chapter

7

第 7 章
广告设计

广告形式多样，主要通过电视、刊物和霓虹灯等媒介在城市中进行发布，是城市商业发展的写照。广告是重要的宣传媒体之一，具有实效性强、受众广泛、宣传力度大的特点。好的广告要有很强的视觉冲击力，能抓住观众的视线。本章以汽车广告设计为例，讲解广告的设计方法和制作技巧。

课堂学习目标

● 掌握广告的设计思路和过程

● 掌握广告的制作方法和技巧

7.1　汽车广告设计

案例学习目标

在 Photoshop 中，学习使用图层控制面板、画笔工具、钢笔工具和多种滤镜命令制作广告背景；在 Illustrator 中，学习使用文字工具添加需要的文字，使用绘图工具、文字工具制作标志，使用置入命令、剪贴蒙版命令添加并编辑图片。

案例知识要点

在 Photoshop 中，使用添加图层蒙版按钮、画笔工具制作图片渐隐效果，使用多边形套索工具、高斯模糊命令制作汽车阴影，使用钢笔工具、动感模糊命令为车圈添加模糊效果，使用镜头光晕命令制作光晕效果；使用文字工具、字符控制面板添加广告语及相关信息，使用置入命令、矩形工具和剪贴蒙版命令制作图片的剪贴蒙版效果，使用椭圆工具、缩放命令、路径查找器控制面板、文字工具、星形工具、倾斜命令和渐变工具制作汽车标志。汽车广告设计效果如图 7-1 所示。

效果所在位置

资源包 > Ch07 > 效果 > 汽车广告设计 > 房地产广告.ai。

图 7-1

Photoshop 应用

7.1.1　制作广告底图

STEP⤶1 打开 Photoshop CC 2019 软件，按 Ctrl+N 组合键，弹出"新建文档"对话框，设置宽度为 70.6 厘米，高度为 50.6 厘米，分辨率为 150 像素/英寸，颜色模式为 RGB，背景内容为白色，单击"创建"按钮，新建一个文档。

STEP⤶2 按 Ctrl+O 组合键，打开资源包中的"Ch07 > 素材 > 汽车广告设计 > 01、02"文件，如图 7-2 所示。选择"移动"工具 ⊕，将"02"图片拖曳到"01"图像窗口中适当的位置，并调整其大小，效果如图 7-3 所示。在"图层"控制面板中生成新的图层并将其命名为"图片 1"。

汽车广告设计 1

（a）

（b）

图7-2

STEP 3 单击"图层"控制面板下方的"添加图层蒙版"按钮 ▢，为"图片1"图层添加图层蒙版，如图7-4所示。将前景色设置为黑色，选择"画笔"工具 ✎，在属性栏中单击"画笔预设"选项右侧的按钮 ∨，在弹出的画笔面板中选择需要的画笔形状，如图7-5所示。在图像窗口中进行涂抹，擦除不需要的部分，效果如图7-6所示。

图7-3

图7-4

图7-5

STEP 4 按Ctrl+O组合键，打开资源包中的"Ch07 > 素材 > 汽车广告设计 > 03"文件，选择"移动"工具 ✛，将汽车图片拖曳到图像窗口中适当的位置，效果如图7-7所示。在"图层"控制面板中生成新的图层并将其命名为"汽车"。

图7-6

图7-7

STEP 5 新建图层并将其命名为"投影"。选择"多边形套索"工具 ⋈，在图像窗口中绘制选区，如图7-8所示。按Alt+Delete组合键，用前景色填充选区。按Ctrl+D组合键，取消选区，效果如图 7-9 所示。

图 7-8

图 7-9

STEP 6 选择"滤镜 > 模糊 > 高斯模糊"命令，在弹出的对话框中进行设置，如图 7-10 所示。单击"确定"按钮，效果如图 7-11 所示。

图 7-10

图 7-11

STEP 7 在"图层"控制面板中，将"投影"图层拖曳到"汽车"图层的下方，如图 7-12 所示，图像效果如图 7-13 所示。

图 7-12

图 7-13

STEP 8 选中"汽车"图层。选择"钢笔"工具，在属性栏的"选择工具模式"选项中选择"路径"，在图像窗口中绘制路径，如图 7-14 所示。按 Ctrl+Enter 组合键，将路径转换为选区，如图 7-15 所示。

图 7-14 图 7-15

STEP⤵9 按 Ctrl+J 组合键，复制选区中的图像，生成新的图层并将其命名为"车圈 1"，如图 7-16 所示。选择"滤镜 > 模糊 > 动感模糊"命令，在弹出的对话框中进行设置，如图 7-17 所示。单击"确定"按钮，效果如图 7-18 所示。

图 7-16 图 7-17 图 7-18

STEP⤵10 使用相同方法制作"车圈 2"，效果如图 7-19 所示。按 Ctrl+O 组合键，打开资源包中的"Ch07 > 素材 > 汽车广告设计 > 04"文件，选择"移动"工具 ⤧，将沙子图片拖曳到图像窗口中适当的位置，效果如图 7-20 所示。在"图层"控制面板中生成新的图层并将其命名为"沙子"。

图 7-19 图 7-20

STEP⤵11 单击"图层"控制面板下方的"添加图层蒙版"按钮 ⬚，为"沙子"图层添加图层蒙版，如图 7-21 所示。选择"画笔"工具 ✐，按] 键，适当调整画笔笔尖大小，在图像窗口中进行涂抹，擦除不需要的部分，效果如图 7-22 所示。

图 7-21

图 7-22

STEP 12　单击"图层"控制面板下方的"创建新的填充或调整图层"按钮 ，在弹出的菜单中选择"色彩平衡"命令，在"图层"控制面板中生成"色彩平衡 1"图层，同时弹出"色彩平衡"面板，单击"此调整影响下面所有图层"按钮 ，使其显示为"此调整剪切到此图层"按钮 ，其他选项的设置如图 7-23 所示；按 Enter 键确定操作，图像效果如图 7-24 所示。

图 7-23

图 7-24

STEP 13　在"图层"控制面板上方，将"色彩平衡 1"图层的混合模式选项设置为"柔光"、"不透明度"选项设置为 50%，如图 7-25 所示，图像效果如图 7-26 所示。

图 7-25

图 7-26

STEP 14　单击"色彩平衡 1"图层的蒙版缩览图，选择"画笔"工具 ，按 [键，适当调整画笔笔尖大小，在属性栏中将"流量"选项设置为 50%，在图像窗口中进行涂抹，擦除不需要的部分，效果如图 7-27 所示。

STEP 15　单击"图层"控制面板下方的"创建新的填充或调整图层"按钮 ，在弹出的菜单中选择"色相/饱和度"命令，在"图层"控制面板中生成"色相/饱和度 1"图层，同时弹出"色相/饱和度"

面板，单击"此调整影响下面所有图层"按钮 ⏏, 使其显示为"此调整剪切到此图层"按钮 ⏏, 其他选项的设置如图 7-28 所示；按 Enter 键确定操作，图像效果如图 7-29 所示。

图 7-27　　　　　　　　　　　図 7-28　　　　　　　　　　　图 7-29

STEP 16 按 Ctrl+O 组合键，打开资源包中的"Ch07 > 素材 > 汽车广告设计 > 05"文件，选择"移动"工具 ⊕, 将碎石图片拖曳到图像窗口中适当的位置，效果如图 7-30 所示。在"图层"控制面板中生成新的图层并将其命名为"碎石"。

STEP 17 在"图层"控制面板上方，将"碎石"图层的混合模式选项设置为"滤色"，如图 7-31 所示，图像效果如图 7-32 所示。

图 7-30　　　　　　　　　　　图 7-31　　　　　　　　　　　图 7-32

STEP 18 选择"滤镜 > 渲染 > 镜头光晕"命令，弹出"镜头光晕"对话框，在预览区设置光源，其他选项的设置如图 7-33 所示。单击"确定"按钮，效果如图 7-34 所示。至此，汽车广告底图制作完成。

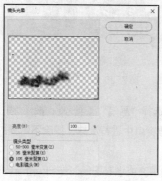 

图 7-33　　　　　　　　　　　图 7-34

STEP 19 按 Shift+Ctrl+E 组合键，合并可见图层。按 Ctrl+S 组合键，弹出"另存为"对话框，将其命名为"汽车广告底图"，保存为 JPEG 格式，单击"保存"按钮，弹出"JPEG 选项"对话框，单击"确定"按钮，将图像保存。

Illustrator 应用

7.1.2 添加广告信息

STEP 1 打开 Illustrator CC 2019 软件，按 Ctrl+N 组合键，弹出"新建文档"对话框，设置宽度为 700 mm，高度为 500 mm，方向为横向，出血为 3 mm，颜色模式为 CMYK，单击"创建"按钮，新建一个文档。

汽车广告设计 2

STEP 2 选择"文件 > 置入"命令，弹出"置入"对话框，选择资源包中的"Ch07 > 效果 > 汽车广告设计 > 汽车广告底图.jpg"文件，单击"置入"按钮，将图片置入页面中。在属性栏中单击"嵌入"按钮，嵌入图片。选择"窗口 > 对齐"命令，弹出"对齐"控制面板，将对齐方式设置为"对齐画板"，如图 7-35 所示。分别单击"水平居中对齐"按钮 ▲ 和"垂直居中对齐"按钮 ▮ ，图片与页面居中对齐，效果如图 7-36 所示。

图 7-35

图 7-36

STEP 3 选择"文字"工具 T ，在页面中分别输入需要的文字。选择"选择"工具 ▶ ，在属性栏中分别选择合适的字体并设置文字大小，效果如图 7-37 所示。选取文字"生活。"，设置文字填充色为红色（其 CMYK 的值分别为 0、100、100、20），填充文字，效果如图 7-38 所示。

图 7-37

图 7-38

STEP 4 选择"选择"工具 ▶ ，按住 Shift 键的同时，选取需要的文字，如图 7-39 所示。在"对齐"控制面板中将对齐方式设置为"对齐所选对象"，单击"水平左对齐"按钮 ▮ ，如图 7-40 所示。对齐文字，效果如图 7-41 所示。

图 7-39　　　　　　　　　图 7-40　　　　　　　　　

图 7-41

STEP⤴5 选择"文字"工具 **T**，在适当的位置分别输入需要的文字。选择"选择"工具 ►，在属性栏中分别选择合适的字体并设置文字大小，效果如图 7-42 所示。选取文字"首付 3.99 万起"，设置文字填充色为红色（其 CMYK 的值分别为 0、100、100、20），填充文字，效果如图 7-43 所示。

图 7-42　　　　　　　　　　　　　图 7-43

STEP⤴6 选择"直线段"工具 ／，在文字左侧绘制一条竖线，设置描边为黑色，并在属性栏中将"描边粗细"选项设置为 2 pt，按 Enter 键确定操作，效果如图 7-44 所示。

STEP⤴7 选择"文字"工具 **T**，在适当的位置输入需要的文字。选择"选择"工具 ►，在属性栏中选择合适的字体并设置文字大小，效果如图 7-45 所示。

图 7-44　　　　　　　　　　　　　图 7-45

STEP⤴8 按 Ctrl+T 组合键，弹出"字符"控制面板，将"设置行距"选项 设置为 35 pt，如图 7-46 所示；按 Enter 键确定操作，效果如图 7-47 所示。

图 7-46　　　　　　　　　　　　　图 7-47

STEP⤴9 选择"文字"工具 **T**，选取文字"强劲动力："，设置文字填充色为红色（其 CMYK 的值分别为 0、100、100、20），填充文字，效果如图 7-48 所示。用相同的方法填充其他文字为红色，效果如图 7-49 所示。

图 7-48　　　　　　　　　　　　　图 7-49

7.1.3 添加功能介绍及电话

STEP 1 选择"矩形"工具 ▢，按住 Shift 键的同时，在适当的位置绘制一个正方形，如图 7-50 所示。选择"选择"工具 ▸，按住 Alt+Shift 组合键的同时，将其水平向右拖曳到适当的位置，如图 7-51 所示。按住 Ctrl 键的同时，连续点按 D 键，按需要再复制出多个正方形，效果如图 7-52 所示。

汽车广告设计 3

图 7-50

图 7-51

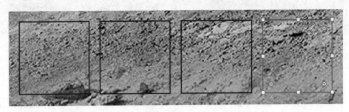

图 7-52

STEP 2 选择"文件 > 置入"命令，弹出"置入"对话框，选择资源包中的"Ch07 > 素材 > 汽车广告设计 > 06"文件，单击"置入"按钮，将图片置入页面中。在属性栏中单击"嵌入"按钮，嵌入图片。选择"选择"工具 ▸，将其拖曳到适当的位置并调整其大小，效果如图 7-53 所示。按多次 Ctrl+[组合键，将图片后移到适当的位置，如图 7-54 所示。

图 7-53

图 7-54

STEP 3 选择"选择"工具 ▶，按住 Shift 键的同时，将图片与上方的图形选中，如图 7-55 所示。选择"对象 > 剪贴蒙版 > 建立"命令，制作出蒙版效果，如图 7-56 所示。

图 7-55   图 7-56

STEP 4 选择"文字"工具 T，在页面中适当的位置输入需要的文字。选择"选择"工具 ▶，在属性栏中选择合适的字体并设置文字大小，效果如图 7-57 所示。用相同的方法置入其他图片并制作剪贴蒙版，在图片下方分别添加适当的文字，效果如图 7-58 所示。

图 7-57   图 7-58

STEP 5 选择"矩形"工具 ▢，在适当的位置绘制一个矩形，设置填充色为灰色（其 CMYK 的值分别为 0、0、0、10），填充图形，并设置描边色为无，效果如图 7-59 所示。

图 7-59

STEP 6 选择"文字"工具 T，在适当的位置分别输入需要的文字。选择"选择"工具 ▶，在属性栏中分别选择合适的字体并设置文字大小，效果如图 7-60 所示。

图 7-60

7.1.4 制作汽车标志

STEP 1 选择"椭圆"工具 ⬭，按住 Shift 键的同时，在页面外绘制一个圆形，如图 7-61 所示。

STEP 2 双击"渐变"工具 ▣，弹出"渐变"控制面板，单击"径向渐变"按钮 ▣，在色带上设置三个渐变滑块，分别将渐变滑块的位置设置为 0、84、100，并设置

汽车广告设计 4

CMYK 的值分别为 0（0、50、100、0）、84（15、80、100、0）、100（19、88、100、20），其他选项的设置如图 7-62 所示。图形被填充为渐变色，效果如图 7-63 所示。

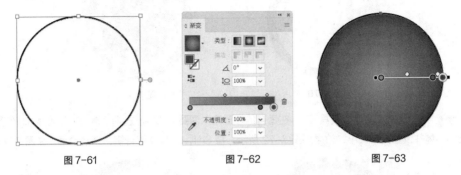

图 7-61　　　　　　　　　　　图 7-62　　　　　　　　　　　图 7-63

STEP 3 使用"渐变"工具 ![渐变工具]，将鼠标指针放置在渐变的起点处，指针变为 ![图标] 图标，如图 7-64 所示。单击并按住鼠标左键，拖曳起点到适当的位置，松开鼠标后，调整渐变色，效果如图 7-65 所示。选择"选择"工具 ![选择工具]，设置描边色为无，效果如图 7-66 所示。

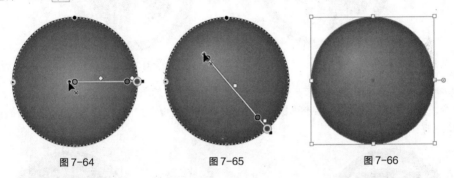

图 7-64　　　　　　　　　　　图 7-65　　　　　　　　　　　图 7-66

STEP 4 选择"对象 > 变换 > 缩放"命令，在弹出的"比例缩放"对话框中进行设置，如图 7-67 所示。单击"复制"按钮，复制一个圆形，填充图形为白色，效果如图 7-68 所示。按 Ctrl+D 组合键，再复制出一个圆形，如图 7-69 所示。

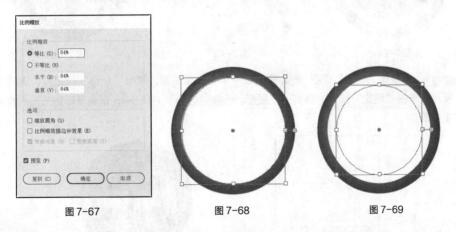

图 7-67　　　　　　　　　　　图 7-68　　　　　　　　　　　图 7-69

STEP 5 选择"选择"工具 ![选择工具]，按住 Shift 键的同时，将两个白色圆形选中，如图 7-70 所示。选择"对象 > 复合路径 > 建立"命令，创建复合路径，效果如图 7-71 所示。

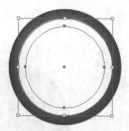
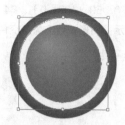

图 7-70   图 7-71

STEP 6 选择"文字"工具 **T**，在适当的位置输入需要的文字。选择"选择"工具 ▶，在属性栏中选择合适的字体并设置文字大小，效果如图 7-72 所示。按 Shift+Ctrl+O 组合键，创建轮廓，如图 7-73 所示。

图 7-72   图 7-73

STEP 7 按住 Shift 键的同时，将文字与白色圆环选中，如图 7-74 所示。选择"窗口 > 路径查找器"命令，弹出"路径查找器"控制面板，单击"联集"按钮 ■，如图 7-75 所示。生成新的对象，效果如图 7-76 所示。

图 7-74   图 7-75   图 7-76

STEP 8 选择"星形"工具 ☆，在页面中单击鼠标左键，弹出"星形"对话框，选项的设置如图 7-77 所示。单击"确定"按钮，得到一个星形。选择"选择"工具 ▶，拖曳星形到适当的位置，效果如图 7-78 所示。

图 7-77   图 7-78

STEP 9 选择"对象 > 变换 > 倾斜"命令，在弹出的"倾斜"对话框中进行设置，如图 7–79 所示。单击"确定"按钮，效果如图 7–80 所示。

图 7–79

图 7–80

STEP 10 选择"选择"工具 ▶，按住 Alt 键的同时，向右上方拖曳星形到适当的位置，复制星形，并调整其大小，效果如图 7–81 所示。用相同的方法再复制两个星形，并分别调整其大小与位置，效果如图 7–82 所示。

图 7–81

图 7–82

STEP 11 选择"选择"工具 ▶，按住 Shift 键的同时，依次将需要的图形选中，按 Ctrl+G 组合键，将其编组，如图 7–83 所示。按 Ctrl+C 组合键，复制图形，按 Ctrl+F 组合键，将复制的图形粘贴在前面。向左上方微调复制的图形到适当的位置，效果如图 7–84 所示。

图 7–83

图 7–84

STEP 12 在"渐变"控制面板中，单击"线性渐变"按钮 ▦，将渐变色设置为从白色到浅灰色（0、0、0、30），其他选项的设置如图 7–85 所示。图形被填充为渐变色，效果如图 7–86 所示。

STEP 13 选择"文字"工具 T，在标志右侧分别输入需要的文字。选择"选择"工具 ▶，在属性栏中分别选择合适的字体并设置文字大小，效果如图 7–87 所示。

图 7-85　　　　　图 7-86　　　　　图 7-87

STEP 14 选取文字"雪弗克"，在"字符"控制面板中，将"设置所选字符的字距调整"选项设置为 380，其他选项的设置如图 7-88 所示；按 Enter 键确定操作，效果如图 7-89 所示。

图 7-88　　　　　　　　　　　　图 7-89

STEP 15 选取文字"SNOWFALK"，在"字符"控制面板中，将"水平缩放"选项设置为 175%，如图 7-90 所示；按 Enter 键确定操作，效果如图 7-91 所示。

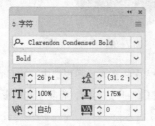

图 7-90　　　　　　　　　　　　图 7-91

STEP 16 用框选的方法将图形和文字选中，并将其拖曳到页面中适当的位置，如图 7-92 所示。汽车广告制作完成，效果如图 7-93 所示。

图 7-92　　　　　　　　　　　　图 7-93

STEP 17 按 Ctrl+S 组合键，弹出"存储为"对话框，将其命名为"汽车广告"，保存文件为 AI 格式，单击"保存"按钮，将文件保存。

7.2 课后习题——房地产广告设计

习题知识要点

在 Photoshop 中，使用图层控制面板、画笔工具和渐变工具制作图片叠加效果，使用色相/饱和度命令、色阶命令、渐变映射命令和照片滤镜命令调整图片的色调，使用垂直翻转命令翻转图片；在 Illustrator 中，使用置入命令置入素材图片，使用文字工具、字符控制面板和填充工具添加并编辑内容信息，使用钢笔工具绘制装饰图形，使用直线段工具、描边控制面板绘制并编辑直线，使用镜像工具镜像图形，使用插入字形命令添加需要的字形。房地产广告设计效果如图 7-94 所示。

效果所在位置

资源包 > Ch07 > 效果 > 房地产广告设计 > 房地产广告.ai。

图 7-94

房地产广告设计 1

房地产广告设计 2

房地产广告设计 3

Photoshop+Illustrator
+
CorelDRAW+InDesign

Chapter

8

第 8 章
海报设计

　　海报又称为"招贴"或"宣传画"，是广告艺术中的一种大众化载体。海报具有尺寸大、远视性强、艺术性高的特点，因此它在宣传媒介中占有重要的位置。本章以酒吧海报设计为例，讲解海报的设计方法和制作技巧。

课堂学习目标

● 掌握海报的设计思路和过程

● 掌握海报的制作方法和技巧

8.1　酒吧海报设计

案例学习目标

在 Photoshop 中，学习使用新建参考线命令添加参考线，使用图层控制面板、渐变工具、水平翻转命令和样式控制面板制作酒吧海报；在 CorelDRAW 中，使用文本工具、形状工具、绘图工具和合并按钮制作酒吧标志。

案例知识要点

在 Photoshop 中，使用添加图层蒙版按钮、渐变工具、图层混合模式选项为图片添加合成效果，使用样式控制面板为文字添加立体效果，使用色彩平衡命令、亮度/对比度命令调整图片色调；在 CorelDRAW 中，使用文本工具、形状工具添加并编辑文字，使用矩形工具、删除节点按钮、椭圆工具、合并命令和填充工具制作酒吧标志。酒吧海报设计效果如图 8-1 所示。

效果所在位置

资源包 > Ch08 > 效果 > 酒吧海报设计 > 酒吧海报.cdr。

图 8-1

CorelDRAW 应用

8.1.1　制作酒吧标志

STEP⬆️1 打开 CorelDRAW X8 软件，按 Ctrl+N 组合键，新建一个 A4 页面。单击属性栏中的"横向"按钮 ▢ ，显示为横向页面。

STEP⬆️2 选择"文本"工具 字，在页面中输入需要的文字。选择"选择"工具 ▸ ，在属性栏中选取适当的字体并设置文字大小，效果如图 8-2 所示。按 Ctrl+Q 组合键，将文字转换为曲线，效果如图 8-3 所示。

酒吧海报设计 1

图 8-2 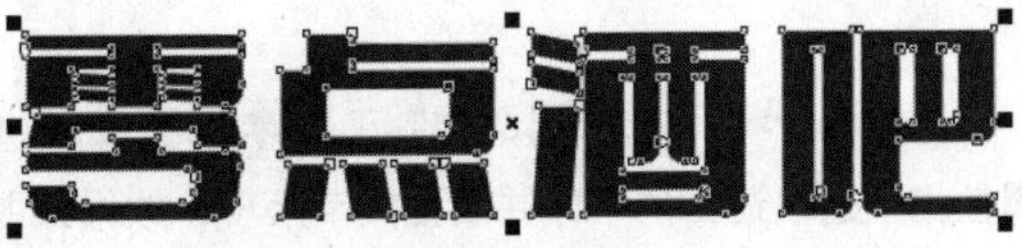　　　　　　　　　　　　　　　图 8-3

STEP 3 选择"形状"工具，按住 Shift 键的同时，选取文字"零"下方需要的节点，如图 8-4 所示。垂直向下拖曳选中节点到适当的位置，效果如图 8-5 所示。

STEP 4 在属性栏中单击"转换为线条"按钮，将曲线段转换为直线，效果如图 8-6 所示。使用"形状"工具，在不需要的节点上分别双击鼠标左键，删除节点，效果如图 8-7 所示。

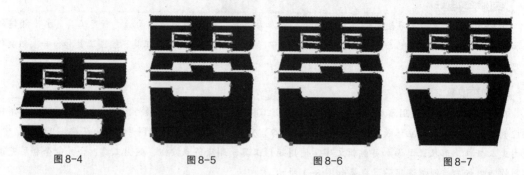

图 8-4　　　　　　　图 8-5　　　　　　　图 8-6　　　　　　　图 8-7

STEP 5 使用"形状"工具，用圈选的方法选取文字需要的节点，如图 8-8 所示。垂直向下拖曳选中节点到适当的位置，效果如图 8-9 所示。

STEP 6 使用"形状"工具，按住 Ctrl 键的同时，选取文字需要的节点，如图 8-10 所示。垂直向下拖曳选中节点到适当的位置，效果如图 8-11 所示。

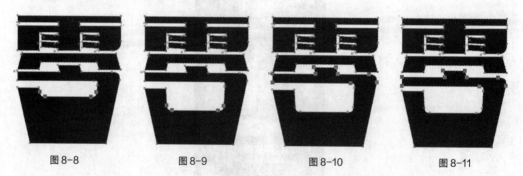

图 8-8　　　　　　　图 8-9　　　　　　　图 8-10　　　　　　　图 8-11

STEP 7 使用相同的方法分别调整其他文字下方的节点，效果如图 8-12 所示。选择"文件 > 导出"命令，弹出"导出"对话框，将其命名为"文字"，保存为 PNG 格式。单击"导出"按钮，弹出"导出到 PNG"对话框，单击"确定"按钮，导出为 PNG 格式。

图 8-12

STEP 8 选择"文本"工具，在适当的位置分别输入需要的文字。选择"选择"工具，在属性栏中选取适当的字体并设置文字大小，效果如图 8-13 所示。选择"矩形"工具，在适当的位置分别绘制两个矩形，如图 8-14 所示。

图 8-13

图 8-14

STEP 9 使用"矩形"工具□，按住 Ctrl 键的同时，在适当的位置绘制一个正方形，如图 8-15 所示。在属性栏中的"旋转角度"○0.0 °框中设置数值为 45，按 Enter 键确定操作，效果如图 8-16 所示。

图 8-15　　　　　　　　　　　　　　　　图 8-16

STEP 10 按 Ctrl+Q 组合键，将矩形转换为曲线。选择"形状"工具，选取需要的节点，如图 8-17 所示。单击属性栏中的"删除节点"按钮，删除节点，改变形状，如图 8-18 所示。

图 8-17　　　　　　　　　　　　　　　　图 8-18

STEP 11 选择"选择"工具，按数字键盘上的+键，复制图形。调整图形大小和位置，效果如图 8-19 所示。在"CMYK 调色板"中的"青"色块上单击鼠标左键，填充图形，在"无填充"按钮⊠上单击鼠标右键，去除图形的轮廓线，效果如图 8-20 所示。

图 8-19

图 8-20

STEP 12 选择"选择"工具 ▶ ，按住 Shift 键的同时，依次单击选取下方需要的图形，如图 8-21 所示。单击属性栏中的"合并"按钮 ，合并图形，效果如图 8-22 所示。设置图形颜色的 CMYK 值为 40、0、0、0，填充图形，并去除图形的轮廓线，效果如图 8-23 所示。

图 8-21   图 8-22

图 8-23

STEP 13 选择"椭圆形"工具 ○ ，按住 Ctrl 键的同时，在适当的位置绘制一个圆形，填充图形为白色，并去除图形的轮廓线，效果如图 8-24 所示。

STEP 14 选择"选择"工具 ▶ ，按数字键盘上的+键，复制圆形。向右侧拖曳复制的圆形到适当的位置，并调整其大小，效果如图 8-25 所示。

图 8-24   图 8-25

STEP 15 选择"选择"工具 ▶ ，按数字键盘上的+键，复制圆形。向左侧拖曳复制的圆形到适当的位置，并调整其大小。在"CMYK 调色板"中的"黄"色块上单击鼠标左键，填充图形，效果如图 8-26 所示。按 Shift+PageDown 组合键，将图形置于底层，效果如图 8-27 所示。

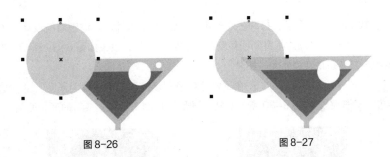

图 8-26   图 8-27

STEP 16 选择"选择"工具 ，用圈选的方法选取需要的文字，如图 8-28 所示。填充文字为白色，效果如图 8-29 所示。至此，酒吧标志制作完成。

图 8-28   图 8-29

STEP 17 选择"文件 > 导出"命令，弹出"导出"对话框，将其命名为"酒吧标志"，保存为PNG 格式。单击"导出"按钮，弹出"导出到 PNG"对话框，单击"确定"按钮，导出为 PNG 格式。

Photoshop 应用

8.1.2 添加并编辑图片

STEP 1 打开 Photoshop CC 2019 软件，按 Ctrl+N 组合键，弹出"新建文档"对话框，设置宽度为 10.8 厘米，高度为 15.8 厘米，分辨率为 300 像素/英寸，颜色模式为 RGB，背景内容为白色，单击"创建"按钮，新建一个文档。

酒吧海报设计 2

STEP 2 选择"视图 > 新建参考线版面"命令，弹出"新建参考线版面"对话框，选项的设置如图 8-30 所示。单击"确定"按钮，完成版面参考线的创建，如图 8-31所示。

图 8-30

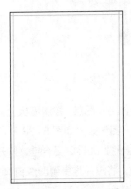

图 8-31

STEP 3 按 Ctrl+O 组合键，打开资源包中的"Ch08 > 素材 > 酒吧海报设计 > 01、02"文件，选择"移动"工具 ，分别将图片拖曳到图像窗口中适当的位置，效果如图 8-32 所示。在"图层"控制面板中分别生成新的图层并将其命名为"图片""人物"。

STEP 4 选择"矩形"工具 ，在属性栏中将"填充"颜色设置为黑色、"描边"设置为无，在图像窗口中绘制一个矩形，如图 8-33 所示。在"图层"控制面板中生成新的形状图层"矩形 1"。

图 8-32 图 8-33

STEP 5 单击"图层"控制面板下方的"添加图层蒙版"按钮 ，为"矩形 1"图层添加图层蒙版，如图 8-34 所示。

STEP 6 选择"渐变"工具 ，单击属性栏中的"点按可编辑渐变"按钮 ，弹出"渐变编辑器"对话框，将渐变色设置为从黑色到白色，单击"确定"按钮。在图像窗口中拖曳鼠标指针填充渐变色，松开鼠标左键，效果如图 8-35 所示。

STEP 7 按 Ctrl+O 组合键，打开资源包中的"Ch08 > 素材 > 酒吧海报设计 > 03"文件，选择"移动"工具 ，将图片拖曳到图像窗口中适当的位置，效果如图 8-36 所示。在"图层"控制面板中生成新的图层并将其命名为"装饰光"。

图 8-34 图 8-35 图 8-36

STEP 8 在"图层"控制面板上方，将"装饰光"图层的混合模式选项设置为"线性减淡（添加）"，如图 8-37 所示，图像效果如图 8-38 所示。

STEP 9 按 Ctrl+O 组合键，打开资源包中的"Ch08 > 素材 > 酒吧海报设计 > 04"文件，选择"移动"工具 ，将图片拖曳到图像窗口中适当的位置，效果如图 8-39 所示。在"图层"控制面板中生成新的图层并将其命名为"瓶子"。

图 8-37

图 8-38

图 8-39

STEP 10 按 Ctrl+J 组合键，复制"瓶子"图层，生成新的图层"瓶子 拷贝"。按 Ctrl+T 组合键，在图像周围出现变换框，单击鼠标右键，在弹出的菜单中选择"水平翻转"命令，水平翻转图像，按 Enter 键确定操作。选择"移动"工具 ⊕，向右拖曳图片到适当的位置，效果如图 8-40 所示。

STEP 11 按 Ctrl+O 组合键，打开资源包中的"Ch08 > 素材 > 酒吧海报设计 > 05"文件，选择"移动"工具 ⊕，将图片拖曳到图像窗口中适当的位置，效果如图 8-41 所示。在"图层"控制面板中生成新的图层并将其命名为"牌子"。

STEP 12 将前景色设置为白色。选择"横排文字"工具 T，在适当的位置分别输入需要的文字并进行选取，在属性栏中分别选择合适的字体并设置大小，设置文本颜色为白色，效果如图 8-42 所示。在"图层"控制面板中分别生成新的文字图层。

图 8-40

图 8-41

图 8-42

STEP 13 选择"直线"工具 ✓，在属性栏的"选择工具模式"选项中选择"形状"，将"填充"颜色设置为白色、"粗细"选项设置为 5 像素，按住 Shift 键的同时，在图像窗口中绘制一条竖线，效果如图 8-43 所示。在"图层"控制面板中生成新的形状图层"形状 1"。

STEP 14 选择"移动"工具 ⊕，按住 Alt+Shift 组合键的同时，水平向右拖曳竖线到适当的位置，复制竖线，效果如图 8-44 所示。

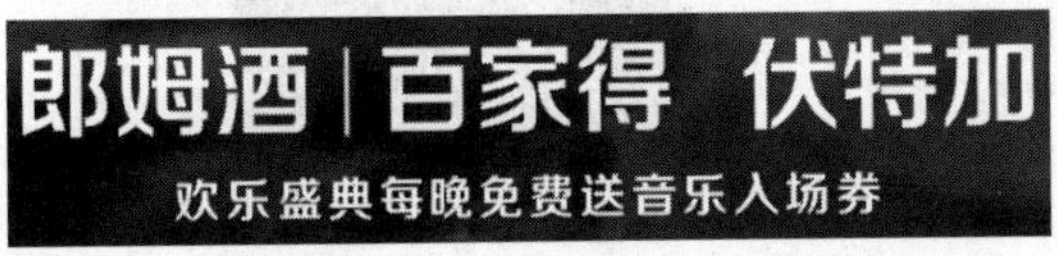

郎姆酒｜百家得　伏特加
欢乐盛典每晚免费送音乐入场券

图 8-43

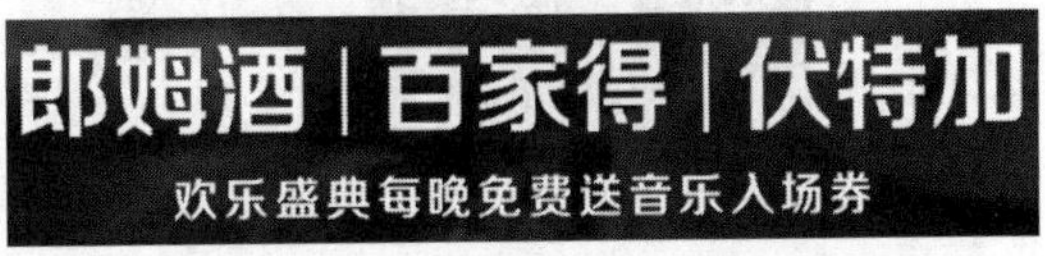

郎姆酒｜百家得｜伏特加
欢乐盛典每晚免费送音乐入场券

图 8-44

8.1.3 添加并编辑主题文字

STEP 1 按 Ctrl+O 组合键，打开资源包中的"Ch08 > 素材 > 酒吧海报设计 > 06"文件，选择"移动"工具 ⊕，将图片拖曳到图像窗口中适当的位置，效果如图 8-45 所示。在"图层"控制面板中生成新的图层并将其命名为"冰块"。

STEP 2 选择"文件 > 置入嵌入对象"命令，弹出"置入嵌入的对象"对话框，选择资源包中的"Ch08 > 效果 > 酒吧海报设计 > 文字.png"文件，单击"置入"按钮，将图片置入图像窗口中，拖曳到适当的位置，并将其旋转到适当的角度，按 Enter 键确定操作，效果如图 8-46 所示。在"图层"控制面板中生成新的图层并将其命名为"文字"。

酒吧海报设计 3

STEP 3 选择"窗口 > 样式"命令，弹出"样式"控制面板，单击面板右上方的按钮 ☰，在弹出的菜单中选择"文字效果 2"命令，弹出提示对话框，单击"追加"按钮。在面板中单击"双重青绿色边框"样式，如图 8-47 所示，文字效果如图 8-48 所示。

图 8-45　　　　　　图 8-46　　　　　　图 8-47　　　　　　图 8-48

STEP 4 按 Ctrl+O 组合键，打开资源包中的"Ch08 > 素材 > 酒吧海报设计 > 07"文件，选择"移动"工具 ⊕，将图片拖曳到图像窗口中适当的位置，效果如图 8-49 所示。在"图层"控制面板中生成新的图层并将其命名为"光 1"。

STEP 5 在"图层"控制面板上方，将"光 1"图层的混合模式选项设置为"强光"，如图 8-50 所示，图像效果如图 8-51 所示。

图 8-49　　　　　　　　图 8-50　　　　　　　　图 8-51

STEP 6 按 Ctrl+O 组合键，打开资源包中的"Ch08 > 素材 > 酒吧海报设计 > 08"文件，选择"移动"工具 ⊕，将图片拖曳到图像窗口中适当的位置，效果如图 8-52 所示。在"图层"控制面板中生成新的图层并将其命名为"光 2"。在"图层"控制面板上方，将"光 2"图层的混合模式选项设置为"亮光"，如图 8-53 所示，图像效果如图 8-54 所示。

图 8-52　　　　　　　　　　　　图 8-53　　　　　　　　　　　　图 8-54

STEP 7 单击"图层"控制面板下方的"创建新的填充或调整图层"按钮 ，在弹出的菜单中选择"色彩平衡"命令，在"图层"控制面板中生成"色彩平衡 1"图层，同时弹出"色彩平衡"面板，选项的设置如图 8-55 所示；单击"色调"选项右侧的按钮，在弹出的菜单中选择"阴影"，切换到相应的面板中进行设置，如图 8-56 所示；单击"色调"选项右侧的按钮，在弹出的菜单中选择"高光"，切换到相应的面板中进行设置，如图 8-57 所示；按 Enter 键确定操作，图像效果如图 8-58 所示。

图 8-55　　　　　　　　　　　　图 8-56　　　　　　　　　　　　图 8-57

STEP 8 在"图层"控制面板上方，将"色彩平衡 1"图层的"不透明度"选项设置为 77%，如图 8-59 所示，图像效果如图 8-60 所示。

图 8-58　　　　　　　　　　　　图 8-59　　　　　　　　　　　　图 8-60

STEP 9 单击"图层"控制面板下方的"创建新的填充或调整图层"按钮 ，在弹出的菜单中选择"亮度/对比度"命令，在"图层"控制面板中生成"亮度/对比度 1"图层，同时在弹出的"亮度/对比度"面板中进行设置，如图 8-61 所示；按 Enter 键确定操作，图像效果如图 8-62 所示。

图 8-61

图 8-62

STEP 10 在"图层"控制面板上方，将"亮度/对比度 1"图层的"不透明度"选项设置为 69%，如图 8-63 所示，图像效果如图 8-64 所示。

图 8-63

图 8-64

STEP 11 选择"文件 > 置入嵌入对象"命令，弹出"置入嵌入的对象"对话框，选择资源包中的"Ch08 > 效果 > 酒吧海报设计 > 酒吧标志.png"文件，单击"置入"按钮，将图片置入图像窗口中，拖曳到适当的位置，并调整其大小，按 Enter 键确定操作，效果如图 8-65 所示。在"图层"控制面板中生成新的图层并将其命名为"酒吧标志"。酒吧海报制作完成，如图 8-66 所示。

图 8-65

图 8-66

STEP 12 按 Ctrl+S 组合键，弹出"另存为"对话框，将其命名为"酒吧海报"，保存为 PSD 格式，单击"保存"按钮，弹出"Photoshop 格式选项"对话框，单击"确定"按钮，将图像保存。

8.2　课后习题——茶艺海报设计

习题知识要点

　　在 Photoshop 中，使用添加图层蒙版按钮、画笔工具和渐变工具制作图片渐隐效果，使用图层混合模式选项、不透明度选项制作图片叠加效果，使用色阶命令和曲线命令调整图片的颜色，使用颜色叠加命令为图片叠加颜色；在 CorelDRAW 中，使用导入命令、置于图文框内部命令添加宣传语，使用插入字符命令插入需要的字符图形，使用贝塞尔工具、移除前面对象按钮、合并按钮、椭圆形工具、文本工具和使文本适合路径命令添加展览标志图形，使用文本工具、文本属性面板添加介绍性文字及活动信息。茶艺海报设计效果如图 8-67 所示。

效果所在位置

　　资源包 > Ch08 > 效果 > 茶艺海报设计 > 茶艺海报.cdr。

图 8-67

茶艺海报设计 1

茶艺海报设计 2

茶艺海报设计 3

茶艺海报设计 4

茶艺海报设计 5

Photoshop+Illustrator
+
CorelDRAW+InDesign

Chapter

9

第 9 章
包装设计

包装代表着一款商品的品牌形象，可以起到保护、美化商品及传达商品信息的作用。好的包装可以让商品在同类产品中脱颖而出，吸引消费者的注意力并引发其购买行为；好的包装更可以极大地提高商品的价值，提升企业的形象。本章以土豆片包装为例，讲解包装的设计方法和制作技巧。

课堂学习目标

- 掌握包装的设计思路和过程
- 掌握包装的制作方法和技巧

9.1 土豆片包装设计

🔍 **案例学习目标**

在 Photoshop 中，学习使用滤镜库命令、图层蒙版和图层的混合模式制作包装背景图，使用编辑图片命令制作立体效果；在 Illustrator 中，学习使用绘图工具、剪切蒙版命令、效果命令制作添加图片和相关底图，并使用文字工具添加包装内容及相关信息。

🔍 **案例知识要点**

在 Photoshop 中，使用矩形工具和渐变工具制作背景效果，使用艺术效果滤镜命令、图层的混合模式和不透明度选项制作图片融合效果，使用椭圆工具和高斯模糊命令制作高光，使用钢笔工具、渐变工具和图层样式命令制作背面效果，使用色相/饱和度命令、色阶命令调整图片颜色；在 Illustrator 中，使用矩形工具和建立剪切蒙版命令添加食物图片，使用文字工具、钢笔工具、变形命令和高斯模糊命令制作文字效果，使用纹理化命令制作标志底图，使用矩形网格工具、文字工具和字符面板添加说明表格和文字。土豆片包装设计效果如图 9-1 所示。

🔍 **效果所在位置**

资源包 > Ch09 > 效果 > 土豆片包装设计 > 土豆片包装展开图.ai、土豆片包装立体展示图.psd。

图 9-1

Photoshop 应用

9.1.1 制作包装正面背景图

STEP 1 按 Ctrl+N 组合键，弹出"新建文档"对话框，设置宽度为 20 厘米，高度为 25 厘米，分辨率为 300 像素/英寸，颜色模式为 RGB，背景内容为白色，单击"创建"按钮，新建一个文档。

土豆片包装设计 1

STEP 2 单击"图层"控制面板下方的"创建新组"按钮 ▢，生成新的图层组并将其命名为"正面"。新建图层并将其命名为"浅绿"，将前景色设置为浅绿色（其 R、G、B 的值分别为 161、215、47）。按 Alt + Delete 组合键，用前景色填充"浅绿"图层，如图 9-2 所示，图像效果如图 9-3 所示。

STEP 3 新建图层并将其命名为"翠绿"，将前景色设置为翠绿色（其 R、G、B 的值分别为 79、198、0）。选择"矩形"工具 ▢，在属性栏的"选择工具模式"选项中选择"像素"，在图像窗口中的适当位置拖曳鼠标绘制图形，效果如图 9-4 所示。

图9-2

图9-3

图9-4

STEP4 单击"图层"控制面板下方的"添加图层蒙版"按钮 ▢ ，为"翠绿"图层添加图层蒙版，如图9-5所示。选择"渐变"工具 ▣ ，单击属性栏中的"点按可编辑渐变"按钮 ▭ ∨ ，弹出"渐变编辑器"对话框，将渐变色设置为从黑色到白色，单击"确定"按钮。在图像窗口中由上向下拖曳鼠标填充渐变色，效果如图9-6所示。

STEP5 按Ctrl+O组合键，打开资源包中的"Ch09 > 素材 > 土豆片包装设计 > 01"文件，选择"移动"工具 ⊕ ，将图片拖曳到图像窗口中适当的位置，效果如图9-7所示。在"图层"控制面板中生成新的图层并将其命名为"土豆"。

图9-5

图9-6

图9-7

STEP6 选择"滤镜 > 滤镜库"命令，在弹出的对话框中进行设置，如图9-8所示。单击"确定"按钮，效果如图9-9所示。

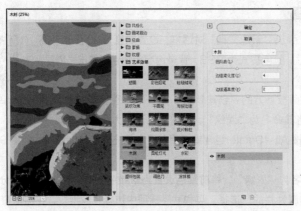
图9-8

图9-9

STEP 7 单击"图层"控制面板下方的"添加图层蒙版"按钮 ⬚，为"土豆"图层添加图层蒙版。选择"渐变"工具 ▮，在图像窗口中由上向下拖曳鼠标填充渐变色，效果如图 9-10 所示。

STEP 8 在"图层"控制面板上方，将"土豆"图层的混合模式选项设置为"明度"、"不透明度"选项设置为 30%，如图 9-11 所示，效果如图 9-12 所示。

图 9-10　　　　　　　　　　图 9-11　　　　　　　　　　图 9-12

STEP 9 按 Ctrl+O 组合键，打开资源包中的"Ch09 > 素材 > 土豆片包装设计 > 02"文件，选择"移动"工具 ✛，将图片拖曳到图像窗口中适当的位置，效果如图 9-13 所示。在"图层"控制面板中生成新的图层并将其命名为"云"。

STEP 10 单击"图层"控制面板下方的"添加图层蒙版"按钮 ⬚，为"云"图层添加图层蒙版，如图 9-14 所示。选择"渐变"工具 ▮，在图片上由上向下拖曳鼠标填充渐变色，效果如图 9-15 所示。

图 9-13　　　　　　　　　　图 9-14　　　　　　　　　　图 9-15

STEP 11 在"图层"控制面板上方，将"云"图层的混合模式选项设置为"明度"，"不透明度"选项设置为 60%，如图 9-16 所示，效果如图 9-17 所示。

图 9-16　　　　　　　　　　图 9-17

STEP 12 按 Ctrl + O 组合键，打开资源包中的"Ch09 > 素材 > 土豆片包装设计 > 03"文件，选择"移动"工具 ⊕，将图片拖曳到图像窗口中适当的位置，效果如图 9-18 所示。在"图层"控制面板中生成新的图层并将其命名为"田园"。

STEP 13 单击"图层"控制面板下方的"添加图层蒙版"按钮 ▫，为"田园"图层添加图层蒙版，将前景色设置为黑色。选择"画笔"工具 ✎，在属性栏中单击"画笔预设"选项右侧的按钮 ⌄，弹出画笔选择面板，选择需要的画笔形状，如图 9-19 所示。在图像窗口中进行涂抹，擦除不需要的图像，效果如图 9-20 所示。

图 9-18　　　　　　　　　图 9-19　　　　　　　　　图 9-20

STEP 14 新建图层并将其命名为"高光"，将前景色设置为黄色（其 R、G、B 的值分别为 255、253、195）。选择"椭圆"工具 ○，在属性栏的"选择工具模式"选项中选择"像素"，在图像窗口中的适当位置拖曳鼠标绘制图形，效果如图 9-21 所示。

STEP 15 选择"滤镜 > 模糊 > 高斯模糊"命令，在弹出的对话框中进行设置，如图 9-22 所示。单击"确定"按钮，效果如图 9-23 所示。

图 9-21　　　　　　　　　图 9-22　　　　　　　　　图 9-23

STEP 16 单击"正面"图层组左侧的三角形图标 ⌄，将"正面"图层组中的图层隐藏。按 Ctrl+S 组合键，弹出"另存为"对话框，将制作好的图像命名为"土豆片包装正面背景图"，保存为 JPEG 格式。单击"保存"按钮，弹出"JPEG 选项"对话框，再单击"确定"按钮，将图像保存。

9.1.2　制作包装背面背景图

STEP 1 新建图层组并将其命名为"背面"。在"正面"图层组中，按住 Ctrl 键的同时，将需要的图层选中，如图 9-24 所示。将其拖曳到控制面板下方的"创建新图层"按钮 ▫ 上进行复制，生成新的拷贝图层，如图 9-25 所示。将复制的图层拖曳到"背面"图层组中，如图 9-26 所示，效果如图 9-27 所示。

土豆片包装设计 2

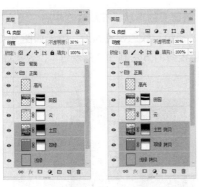

图 9-24　　　　　　图 9-25　　　　　　图 9-26　　　　　　图 9-27

STEP 2 选择"钢笔"工具 ，在属性栏的"选择工具模式"选项中选择"形状"，将"填充"颜色设置为深蓝色（其 R、G、B 的值分别为 1、14、92），"描边"颜色设置为无，在图像窗口中绘制需要的形状，效果如图 9-28 所示。在"图层"控制面板中生成新的形状图层"形状 1"。

STEP 3 单击"图层"控制面板下方的"添加图层样式"按钮 ，在弹出的菜单中选择"渐变叠加"命令，弹出对话框，单击"渐变"选项右侧的"点按可编辑渐变"按钮，弹出"渐变编辑器"对话框，在"位置"选项中分别输入 0、51、100 三个位置点，分别设置三个位置点颜色的 R、G、B 值，其中 0 位置点对应（161、215、47）；51 位置点对应（137、202、0）；100 位置点对应（234、237、255），如图 9-29 所示。单击"确定"按钮，返回到"渐变叠加"对话框中，其他选项的设置如图 9-30所示。单击"确定"按钮，效果如图 9-31 所示。

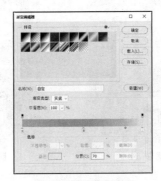

图 9-28　　　　　　　　　　　　　　图 9-29

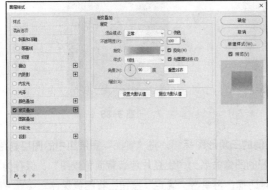

图 9-30　　　　　　　　　　　　图 9-31

STEP 4 选择"钢笔"工具 ，在图像窗口中绘制需要的形状，在属性栏中将"填充"颜色设置为浅绿色（其R、G、B的值分别为161、215、47），"描边"颜色设置为无，效果如图9-32所示。在"图层"控制面板中生成新的形状图层"形状2"。使用相同的方法制作"形状3"，效果如图9-33所示。

图9-32　　　　　　　　　　　　图9-33

STEP 5 在"正面"图层组中，按住Ctrl键的同时，将需要的图层选中，如图9-34所示。将其拖曳到"图层"控制面板下方的"创建新图层"按钮 上进行复制，生成新的拷贝图层，如图9-35所示。将复制的图层拖曳到"背面"图层组中，如图9-36所示。在图像窗口中调整其大小和位置，效果如图9-37所示。保持"图层"的选取状态，单击鼠标右键，在弹出的菜单中选择"创建剪贴蒙版"命令，为选中的图层创建剪贴蒙版，效果如图9-38所示。

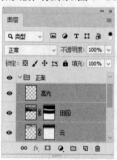

图9-34　　　　　　　　图9-35　　　　　　　　图9-36

图9-37　　　　　　　　图9-38

STEP 6 单击"背面"图层组左侧的三角形图标 ，将"背面"图层组中的图层隐藏。按Ctrl+S组合键，弹出"另存为"对话框，将制作好的图像命名为"土豆片包装背面背景图"，保存为JPEG格式。单击"保存"按钮，弹出"JPEG选项"对话框，再单击"确定"按钮，将图像保存。

Illustrator 应用

9.1.3 制作包装正面展开图

STEP 1 打开 Illustrator CC 2019 软件，按 Ctrl+N 组合键，弹出"新建文档"
对话框，设置宽度为 500 mm，高度为 300mm，取向为横向，颜色模式为 CMYK，单击
"创建"按钮，新建一个文档。

土豆片包装设计 3

STEP 2 选择"文件 > 置入"命令，弹出"置入"对话框，选择资源包中的"Ch09
> 效果 > 土豆片包装设计 > 土豆片包装正面背景图.jpg"文件，单击"置入"按钮，将
图片置入页面中。在属性中单击"嵌入"按钮，嵌入图片。选择"选择"工具 ▶，拖曳图片到适当的位置，
效果如图 9-39 所示。

STEP 3 选择"矩形"工具 ▢，在页面中绘制一个矩形，如图 9-40 所示。设置图形填充色为浅
绿色（其 CMYK 的值分别为 45、5、100、0），填充图形，并设置描边色为无，如图 9-41 所示。

图 9-39

图 9-40

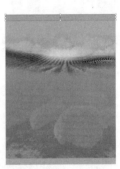
图 9-41

STEP 4 选择"多边形"工具 ⬡，在页面中单击鼠标左键，弹出"多边形"对话框，选项的设
置如图 9-42 所示。单击"确定"按钮，得到一个三角形，如图 9-43 所示。

图 9-42

图 9-43

STEP 5 选择"选择"工具 ▶，按住 Alt+Shift 组合键的同时，水平向右拖曳三角形到适当的位
置，复制三角形，如图 9-44 所示。连续按 Ctrl+D 组合键，复制出多个三角形，效果如图 9-45 所示。

图 9-44

图 9-45

STEP 6 用框选的方法将三角形全部选中，按 Ctrl+G 组合键，将其编组，如图 9-46 所示。选择"直线段"工具 ✎，按住 Shift 键的同时，在页面中绘制一条直线，设置描边色为灰色（其 CMYK 的值分别为 0、0、0、15），填充描边。在属性栏中将"描边粗细"选项设置为 2 pt，按 Enter 键确定操作，效果如图 9-47 所示。

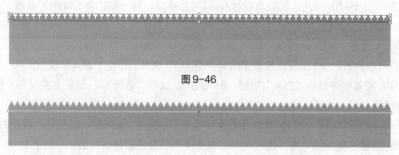

图 9-46

图 9-47

STEP 7 选择"选择"工具 ▶，按住 Alt+Shift 组合键的同时，垂直向下拖曳直线到适当的位置，复制直线，如图 9-48 所示。按 Ctrl+D 组合键，再复制一条直线，效果如图 9-49 所示。

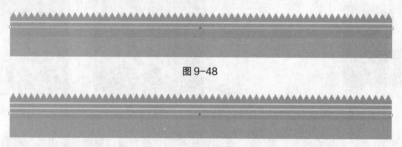

图 9-48

图 9-49

STEP 8 选择"选择"工具 ▶，按住 Shift 键的同时，将需要的图形选中，按 Ctrl+G 组合键，将其编组，效果如图 9-50 所示。双击"镜像"工具 ▷◁，弹出"镜像"对话框，选项的设置如图 9-51 所示。单击"复制"按钮，镜像并复制图形，效果如图 9-52 所示。

STEP 9 选择"选择"工具 ▶，按住 Shift 键的同时，垂直向下拖曳复制的图形到适当的位置，取消选取状态，效果如图 9-53 所示。

图 9-50

图 9-51

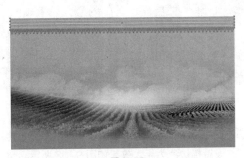
图 9-52

图 9-53

9.1.4　制作产品名称

STEP 1 选择"文件 > 置入"命令，弹出"置入"对话框，选择资源包中的"Ch09 > 素材 > 土豆片包装设计 > 04"文件，单击"置入"按钮，将文字置入页面中。选择"选择"工具 ▶，拖曳文字到适当的位置，并调整其大小，效果如图 9-54 所示。

土豆片包装设计 4

STEP 2 设置文字填充色为红色（其 CMYK 的值分别为 0、100、100、30），填充文字；设置描边色为白色，在属性栏中将"描边粗细"选项设置为 3 pt，按 Enter 键确定操作，效果如图 9-55 所示。用相同的方法置入其他文字，并填充相应的颜色，效果如图 9-56 所示。

图 9-54

图 9-55

图 9-56

STEP 3 选择"选择"工具 ▶，按住 Shift 键的同时，选取需要的文字，按 Ctrl+G 组合键，将选取的文字编组，效果如图 9-57 所示。

STEP 4 按 Ctrl+C 组合键，将选取的文字复制，按 Ctrl+F 组合键，将复制的文字粘贴在前面。将文字填充色和描边色均设置为白色，在属性栏中将"描边粗细"选项设置为 5 pt，按 Enter 键确定操作，效果如图 9-58 所示。

图 9-57

图 9-58

STEP 5 选择"效果 > 模糊 > 高斯模糊"命令，在弹出的对话框中进行设置，如图 9-59 所示。单击"确定"按钮，效果如图 9-60 所示。按 Ctrl+ [组合键，将图形后移一层，效果如图 9-61 所示。

图9-59 图9-60 图9-61

STEP 6 选择"钢笔"工具，在页面中绘制一个不规则图形，设置图形填充色为红色（其 CMYK 的值分别为 0、100、100、0），填充图形，并设置描边色为无，效果如图 9-62 所示。

STEP 7 选择"文字"工具 T，在适当的位置输入需要的文字。选择"选择"工具，在属性栏中选择合适的字体并设置文字大小。将输入的文字选中，填充文字为白色，效果如图 9-63 所示。

STEP 8 选择"选择"工具，按住 Shift 键的同时，选取需要的图形和文字，按 Ctrl+G 组合键，将选取的文字编组，效果如图 9-64 所示。

图9-62 图9-63 图9-64

STEP 9 选择"文字"工具 T，在适当的位置输入需要的文字。选择"选择"工具，在属性栏中选择合适的字体并设置文字大小，设置文字填充色为橘黄色（其 CMYK 的值分别为 0、35、100、0），填充文字，效果如图 9-65 所示。

STEP 10 选择"效果 > 变形 > 上升"命令，在弹出的对话框中进行设置，如图 9-66 所示。单击"确定"按钮，效果如图 9-67 所示。

图9-65 图9-66 图9-67

STEP 11 选择"对象 > 扩展外观"命令，效果如图 9-68 所示。按 Ctrl+C 组合键，将选取的文字复制，按 Ctrl+F 组合键，将复制的文字粘贴在前面。设置文字描边色为白色，在属性栏中将"描边粗细"选项设置为 5 pt，按 Enter 键确定操作，效果如图 9-69 所示。

STEP 12 选择"效果 > 模糊 > 高斯模糊"命令，在弹出的对话框中进行设置，如图 9-70 所示。单击"确定"按钮，效果如图 9-71 所示。按 Ctrl+[组合键，将图形后移一层，效果如图 9-72 所示。

图 9-68　　　　　　　　图 9-69

图 9-70　　　　　　图 9-71　　　　　　图 9-72

9.1.5　制作标志及其他相关信息

STEP 1　选择"矩形"工具 ▢，在页面中绘制一个矩形，设置图形填充色为灰色（其 CMYK 的值分别为 10、10、5、40），填充图形，并设置描边色为无，效果如图 9-73 所示。选择"直接选择"工具 ▷，选取右下角的节点，向上拖曳到适当的位置，效果如图 9-74 所示。

土豆片包装设计 5

图 9-73　　　　　　　　图 9-74

STEP 2　选择"效果 > 纹理 > 纹理化"命令，在弹出的对话框中进行设置，如图 9-75 所示。单击"确定"按钮，效果如图 9-76 所示。

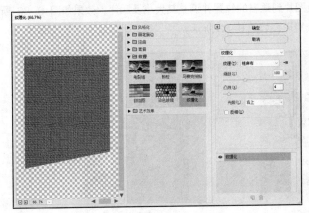

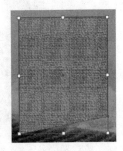

图 9-75　　　　　　　　图 9-76

STEP 3 选择"文件 > 置入"命令，弹出"置入"对话框，选择资源包中的"Ch09 > 素材 > 土豆片包装设计 > 07"文件，单击"置入"按钮，将图片置入页面中，在属性栏中单击"嵌入"按钮，嵌入图片。选择"选择"工具 ▶，拖曳图片到适当的位置并调整其大小，效果如图 9-77 所示。

STEP 4 选择"文字"工具 T，在适当的位置分别输入需要的文字。选择"选择"工具 ▶，在属性栏中分别选择合适的字体并设置文字大小，效果如图 9-78 所示。

图 9-77

图 9-78

STEP 5 选择"选择"工具 ▶，按住 Shift 键的同时，将输入的文字选中，如图 9-79 所示。双击"旋转"工具 ↻，弹出"旋转"对话框，选项的设置如图 9-80 所示。单击"确定"按钮，效果如图 9-81 所示。

图 9-79

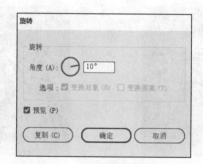
图 9-80

图 9-81

STEP 6 选择"文件 > 置入"命令，弹出"置入"对话框，分别选择资源包中的"Ch09 > 素材 > 土豆片包装设计 > 08、09、10、11"文件，单击"置入"按钮，分别将图片置入页面中。在属性栏中单击"嵌入"按钮，嵌入图片。拖曳图片到适当的位置并调整其大小及顺序，效果如图 9-82 所示。选择"矩形"工具 ▢，在页面中绘制一个矩形，如图 9-83 所示。

图 9-82

图 9-83

STEP 7 选择"选择"工具 ▶，按住 Shift 键的同时，选中矩形和需要的图形，如图 9-84 所示。按 Ctrl+7 组合键，建立剪切蒙版，效果如图 9-85 所示。

STEP 8 选择"文字"工具 T，在适当的位置分别输入需要的文字。选择"选择"工具 ▶，在属性栏中选择合适的字体并设置文字大小，填充文字为白色，效果如图 9-86 所示。选择"文字"工具 T，选取数字"95"，在属性栏中设置文字大小，效果如图 9-87 所示。

　　图 9-84　　　　　　　图 9-85　　　　　　　图 9-86　　　　　　　　图 9-87

9.1.6　制作包装背面展开图

STEP 1 选择"文件 > 置入"命令，弹出"置入"对话框，选择资源包中的"Ch09 > 效果 > 土豆片包装设计 > 土豆片包装背面背景图.jpg"文件，单击"置入"按钮，将图片置入页面中。在属性栏中单击"嵌入"按钮，嵌入图片。选择"选择"工具 ▶，拖曳图片到适当的位置，效果如图 9-88 所示。选择"选择"工具 ▶，按住 Shift 键的同时，选取需要的图形，如图 9-89 所示。

土豆片包装设计 6

　　　　　图 9-88　　　　　　　　　　　　　　　　图 9-89

STEP 2 按住 Alt+Shift 组合键的同时，水平向右拖曳图形到适当的位置，复制图形，如图 9-90 所示。使用相同的方法复制其他文字和图形，拖曳到适当的位置并调整其大小，效果如图 9-91 所示。

　　　　图 9-90　　　　　　　　　　　　　　　　图 9-91

STEP 3 选择"矩形"工具 ，在页面中绘制一个矩形，填充图形为白色，并设置描边色为褐色（其 CMYK 的值分别为 0、55、100、50），填充描边，在属性栏中将"描边粗细"选项设置为 4pt，按 Enter 键确定操作，效果如图 9-92 所示。

STEP 4 选择"文字"工具 ，在适当的位置分别输入需要的文字。选择"选择"工具 ，在属性栏中分别选择合适的字体并设置文字大小，效果如图 9-93 所示。选择"矩形网格"工具 ，在页面中单击鼠标左键，弹出"矩形网格工具选项"对话框，选项的设置如图 9-94 所示。单击"确定"按钮，得到一个矩形网格，如图 9-95 所示。

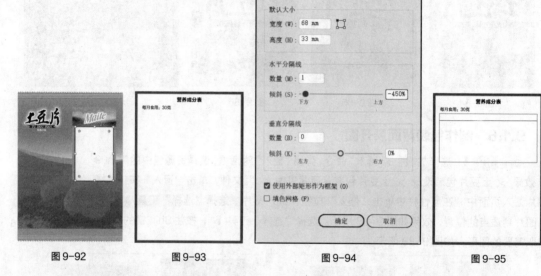

图 9-92   图 9-93   图 9-94   图 9-95

STEP 5 选择"文字"工具 ，在适当的位置分别输入需要的文字。选择"选择"工具 ，在属性栏中分别选择合适的字体并设置文字大小，效果如图 9-96 所示。用相同的方法添加其他文字，效果如图 9-97 所示。选择需要的文字，如图 9-98 所示。在属性栏中单击"右对齐"按钮 ，并微调文字到适当的位置，效果如图 9-99 所示。

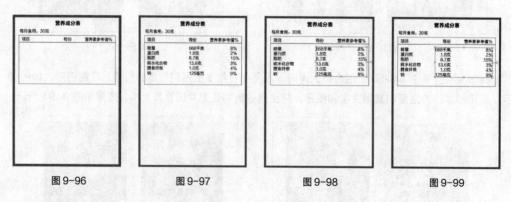

图 9-96   图 9-97   图 9-98   图 9-99

STEP 6 选择"选择"工具 ，按住 Shift 键的同时，将需要的文字选中，如图 9-100 所示。按 Ctrl+T 组合键，弹出"字符"控制面板，将"设置行距"选项 设置为 12 pt，如图 9-101 所示；按 Enter 键确定操作，效果如图 9-102 所示。

图 9-100　　　　　　　　　图 9-101　　　　　　　　　图 9-102

STEP 7　选择"文字"工具 T，在适当的位置输入需要的文字。选择"选择"工具 ▶，在属性栏中选择合适的字体并设置文字大小。按住 Shift 键的同时，将需要的文字选中，如图 9-103 所示。在"字符"控制面板中将"设置行距"选项 ⇵A 设置为 10 pt，如图 9-104 所示；按 Enter 键确定操作，效果如图 9-105 所示。

图 9-103　　　　　　　　　图 9-104　　　　　　　　　图 9-105

STEP 8　选择"矩形"工具 □，在页面中绘制一个矩形，设置图形填充色为灰色（其 CMYK 的值分别为 10、10、5、40），填充图形，并设置描边色为无，如图 9-106 所示。选择"直接选择"工具 ▷，分别选取需要的节点并将其拖曳到适当的位置，效果如图 9-107 所示。

图 9-106　　　　　　　　　　　　　图 9-107

STEP 9　选择"效果 > 纹理 > 纹理化"命令，在弹出的对话框中进行设置，如图 9-108 所示。单击"确定"按钮，效果如图 9-109 所示。

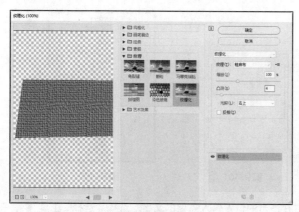

图 9-108 　　　　　　　　　　　　图 9-109

STEP ↘10 选择"文字"工具 T，在适当的位置分别输入需要的文字。选择"选择"工具 ▶，在属性栏中分别选择合适的字体并设置文字大小，效果如图 9-110 所示。按住 Shift 键的同时，将图形与文字选中，并调整到适当的角度，效果如图 9-111 所示。

图 9-110 　　　　　　　　　　　　图 9-111

STEP ↘11 选择"文件 > 置入"命令，弹出"置入"对话框，分别选择资源包中的"Ch09 > 素材 > 土豆片包装设计 > 07~10"文件，单击"置入"按钮，分别将图片置入页面中。在属性栏中单击"嵌入"按钮，嵌入图片。选择"选择"工具 ▶，分别拖曳图片到适当的位置并调整其大小和顺序，效果如图 9-112 所示。

STEP ↘12 选择"矩形"工具 ▢，在页面中绘制一个矩形，如图 9-113 所示。选择"选择"工具 ▶，按住 Shift 键的同时，选中矩形和图片，如图 9-114 所示。按 Ctrl+7 组合键，建立剪切蒙版，效果如图 9-115 所示。

图 9-112 　　　　图 9-113 　　　　图 9-114 　　　　图 9-115

STEP 13 选择"文字"工具 $\boxed{T}$ ，在适当的位置输入需要的文字。选择"选择"工具 $\blacktriangleright$ ，在属性栏中分别选择合适的字体并设置文字大小，填充文字为白色，效果如图 9-116 所示。将文字调整到适当的角度，效果如图 9-117 所示。

图 9-116　　　　　　　　　　图 9-117

9.1.7　预留条码位置

STEP 1 选择"矩形"工具 $\boxed{\ }$ ，在页面中绘制一个矩形，填充图形为白色，并设置描边色为无，如图 9-118 所示。选择"文件 > 置入"命令，弹出"置入"对话框，选择资源包中的"Ch09 > 素材 > 土豆片包装设计 > 01"文件，单击"置入"按钮，将图片置入页面中。在属性栏中单击"嵌入"按钮，嵌入图片。选择"选择"工具 $\blacktriangleright$ ，拖曳图片到适当的位置并调整其大小，效果如图 9-119 所示。

土豆片包装设计 7

图 9-118　　　　　　　　　　图 9-119

STEP 2 选择"矩形"工具 $\boxed{\ }$ ，在页面中绘制一个矩形，如图 9-120 所示。选择"选择"工具 $\blacktriangleright$ ，按住 Shift 键的同时，选中矩形和图片，如图 9-121 所示。按 Ctrl+7 组合键，建立剪切蒙版，如图 9-122 所示。

图 9-120　　　　　　　图 9-121　　　　　　　图 9-122

STEP 3 选择"选择"工具 ▶，按住 Shift 键的同时，将矩形与图片选中，并调整到适当角度，效果如图 9-123 所示。

STEP 4 选择"文字"工具 T，在适当的位置输入需要的文字。选择"选择"工具 ▶，在属性栏中选择合适的字体并设置文字大小，设置文字填充色为红色（其 CMYK 的值分别为 0、100、100、20），填充文字，效果如图 9-124 所示。

图 9-123　　　　　　　　　　　图 9-124

STEP 5 按 Ctrl+C 组合键，复制图形，按 Ctrl+F 组合键，将复制的图形原位粘贴。按 Shift+Ctrl+O 组合键，创建文字轮廓，如图 9-125 所示。将文字填充色和描边色均设置为白色，在属性栏中将"描边粗细"选项设置为 5 pt；按 Enter 键确定操作，效果如图 9-126 所示。

STEP 6 选择"效果 > 模糊 > 高斯模糊"命令，在弹出的对话框中进行设置，如图 9-127 所示。单击"确定"按钮，效果如图 9-128 所示。按 Ctrl+[组合键，将图形后移一层，效果如图 9-129 所示。将图形和文字选中，并调整到适当的角度，效果如图 9-130 所示。

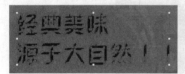

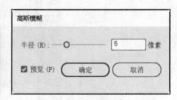

图 9-125　　　　　　　　　　　图 9-126　　　　　　　　　　　图 9-127

图 9-128　　　　　　　　　　　图 9-129　　　　　　　　　　　图 9-130

STEP 7 选择"矩形"工具 ▢，在适当的位置绘制一个矩形，填充图形为白色，并设置描边色为无，效果如图 9-131 所示。

STEP 8 选择"文字"工具 T，在适当的位置输入需要的文字。选择"选择"工具 ▶，在属性栏中选择合适的字体并设置文字大小，效果如图 9-132 所示。

图 9-131　　　　　　　　　　　　　　　　图 9-132

STEP 9 土豆片包装展开图制作完成，效果如图 9-133 所示。按 Ctrl+S 组合键，弹出"存储为"
对话框，将其命名为"土豆片包装展开图"，保存为 AI 格式，单击"保存"按钮，将文件保存。

图 9-133

Photoshop 应用

9.1.8　制作土豆片包装立体效果

STEP 1 按 Ctrl+N 组合键，弹出"新建文档"对话框，设置宽度为 20 厘米，高
度为 26.5 厘米，分辨率为 300 像素/英寸，颜色模式为 RGB，背景内容为透明，单击"创
建"按钮，新建一个文档。

STEP 2 将前景色设置为浅绿色（其 R、G、B 的值分别为 161、215、47）。　土豆片包装设计 8
选择"钢笔"工具 ，在属性栏的"选择工具模式"选项中选择"路径"，在图像窗口
中分别绘制需要的路径，如图 9-134 所示。按 Ctrl+Enter 组合键，将路径转换为选区。按 Alt+Delete 组合
键，用前景色填充选区，按 Ctrl+D 组合键，取消选区，效果如图 9-135 所示。

图 9-134　　　　　　　　　　　　　　图 9-135

STEP 3 按 Ctrl+O 组合键，打开资源包中的"Ch09 > 效果 > 土豆片包装设计 > 土豆片包装展开图.ai"文件，选择"矩形选框"工具，在图像窗口中绘制出需要的选区，如图 9-136 所示。

STEP 4 选择"移动"工具，将选区中的图像拖曳到新建的图像窗口中，在"图层"控制面板中生成新的图层并将其命名为"正面"，效果如图 9-137 所示。

图 9-136　　　　　　　　　　　　　　　　　　　　图 9-137

STEP 5 选择"滤镜 > 液化"命令，弹出"液化"对话框，选择"向前变形"工具，按] 键，适当调整画笔大小，在预览图中向前或向后推拉，将图片变形，如图 9-138 所示。单击"确定"按钮，效果如图 9-139 所示。

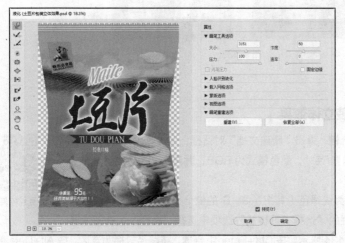

图 9-138　　　　　　　　　　　　　　　　　　　　图 9-139

STEP 6 按 Ctrl+Alt+G 组合键，为"正面"图层创建剪贴蒙版，图像效果如图 9-140 所示。按 Ctrl+O 组合键，打开资源包中的"Ch09 > 素材 > 土豆片包装设计 > 12"文件，选择"移动"工具，将图片拖曳到图像窗口中适当的位置，效果如图 9-141 所示，在"图层"控制面板中生成新的图层并将其命名为"阴影与高光"。

STEP 7 在"图层"控制面板中，按住 Alt 键的同时，将光标放在"正面"图层和"阴影与高光"图层的中间，光标变为图标，单击鼠标左键创建剪贴蒙版，效果如图 9-142 所示。

STEP 8 新建图层并将其命名为"线条"，将前景色设置为灰色（其 R、G、B 的值分别为 85、95、103）。选择"直线"工具，在属性栏的"选择工具模式"选项中选择"像素"，将"粗细"选项设置为 10px，按住 Shift 键的同时，在适当的位置拖曳鼠标绘制多条直线，效果如图 9-143 所示。

图 9-140

图 9-141

图 9-142

图 9-143

STEP 9 按 Ctrl+Alt+Shift+E 组合键，将每个图层中的图像复制并合并到一个新的图层中，并将其命名为"正面"，如图 9-144 所示。在"土豆片包装展开图"文件中，选择"矩形选框"工具 ⬚ ，在图像窗口中绘制出需要的选区，如图 9-145 所示。选择"移动"工具 ✛ ，将选区中的图像拖曳到新建的图像窗口中，在"图层"控制面板中生成新的图层并将其命名为"背面"，效果如图 9-146 所示。

图 9-144

图 9-145

图 9-146

STEP 10 在"图层"控制面板中，拖曳"背面"图层到"阴影与高光"图层的下方，如图 9-147 所示。单击最上面"正面"图层左侧的眼睛图标 👁 ，将"正面"图层隐藏，如图 9-148 所示。

图 9-147

图 9-148

STEP 11 选择"滤镜 > 液化"命令，弹出"液化"对话框，选择"向前变形"工具 👆 ，按] 键，适当调整画笔大小，在预览图中向前或向后推拉，将图片变形，如图 9-149 所示。单击"确定"按钮，效果如图 9-150 所示。

STEP 12 选择"线条"图层，按 Ctrl+Alt+Shift+E 组合键，将每个图层中的图像复制并合并到一个新的图层中，命名为"背面"，如图 9-151 所示，效果如图 9-152 所示。至此，土豆片包装立体效果绘制完成。

图 9-149

图 9-150

图 9-151

图 9-152

STEP 13 按 Ctrl+S 组合键，弹出"另存为"对话框，将制作好的图像命名为"土豆片包装立体效果"，保存为 PSD 格式，单击"保存"按钮，弹出"Photoshop 格式选项"对话框，单击"确定"按钮，将图像保存。

9.1.9 制作土豆片包装立体展示图

STEP 1 按 Ctrl + O 组合键，打开资源包中的"Ch09 > 素材 > 土豆片包装设计 > 13"文件，如图 9-153 所示。选择"矩形"工具 ▢，在属性栏中将"填充"颜色设置为黑色、"描边"颜色设置为无，在图像窗口中绘制一个矩形，如图 9-154 所示。在"图层"控制面板中生成新的形状图层"矩形 1"。

土豆片包装设计 9

图 9-153

图 9-154

STEP 2 在"图层"控制面板上方，将"矩形 1"图层的"填充"选项设置为 5%，如图 9-155 所示，图像效果如图 9-156 所示。

STEP 3 选择"土豆片包装立体效果"文件。选中"正面"图层，选择"移动"工具 ⊕，将图片拖曳到图像窗口中适当的位置，并调整其大小，效果如图 9-157 所示。

图 9-155

图 9-156

图 9-157

STEP 4 单击"图层"控制面板下方的"添加图层样式"按钮 fx，在弹出的菜单中选择"投影"命令，在弹出的对话框中进行设置，如图 9-158 所示。单击"确定"按钮，效果如图 9-159 所示。

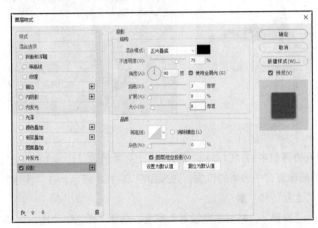

图 9-158

图 9-159

STEP 5 选择"土豆片包装立体效果"文件。选中"背面"图层，选择"移动"工具 ⊕，将图片拖曳到图像窗口中适当的位置，并调整其大小，效果如图 9-160 所示。

STEP 6 在"正面"图层上单击鼠标右键，在弹出的菜单中选择"拷贝图层样式"命令。在"背面"图层上单击鼠标右键，在弹出的菜单中选择"粘贴图层样式"命令，效果如图 9-161 所示。

图 9-160

图 9-161

STEP 7 单击"图层"控制面板下方的"创建新的填充或调整图层"按钮 ，在弹出的菜单中选择"色相/饱和度"命令，在"图层"控制面板中生成"色相/饱和度 1"图层，同时在弹出的"色相/饱和度"面板中进行设置，如图 9-162 所示；按 Enter 键确定操作，图像效果如图 9-163 所示。

STEP 8 单击"图层"控制面板下方的"创建新的填充或调整图层"按钮 ，在弹出的菜单中选择"色阶"命令，在"图层"控制面板中生成"色阶 1"图层，同时在弹出的"色阶"面板中进行设置，如图 9-164 所示；按 Enter 键确定操作，图像效果如图 9-165 所示。

图 9-162

图 9-163

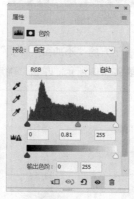

图 9-164

图 9-165

STEP 9 按 Ctrl+O 组合键，打开资源包中的"Ch09 > 素材 > 土豆片包装设计 > 06、08"文件，选择"移动"工具 ，将图片拖曳到图像窗口中适当的位置，效果如图 9-166 所示。在"图层"控制面板中分别生成新的图层并将其命名为"土豆"和"薯片"。

STEP 10 新建图层并将其命名为"投影"，将前景色设置为黑色。选择"画笔"工具 ，在属性栏中单击"画笔"选项右侧的按钮 ，弹出画笔选择面板，在面板中选择需要的画笔形状，如图 9-167 所示。在属性栏中将"不透明度"选项设置为 84%，"流量"选项设置为 85%，在图像窗口中拖曳鼠标进行涂抹，效果如图 9-168 所示。

图 9-166

图 9-167

图 9-168

STEP 11 在"图层"控制面板中,将"投影"图层拖曳到"土豆"图层的下方,如图 9-169 所示,图像效果如图 9-170 所示。至此,土豆片包装立体展示图制作完成。

图 9-169

图 9-170

STEP 12 按 Ctrl+S 组合键,弹出"另存为"对话框,将制作好的图像命名为"土豆片包装立体展示图",保存为 PSD 格式。单击"保存"按钮,弹出"Photoshop 格式选项"对话框,单击"确定"按钮,将图像保存。

9.2 课后习题——比萨包装设计

习题知识要点

在 Photoshop 中,使用添加图层蒙版按钮和画笔工具制作背景效果,使用添加图层样式按钮和创建新的填充或调整图层命令制作比萨封面效果,使用变换命令制作比萨立体包装效果;在 CorelDRAW 中,使用矩形工具、椭圆形工具、钢笔工具、形状工具、贝塞尔工具和合并命令绘制比萨包装盒展开图,使用图框精确剪裁命令添加产品图片,使用文本工具、封套工具制作文字效果,使用描摹位图命令和移除前面对象命令制作产品名称。比萨包装设计效果如图 9-171 所示。

效果所在位置

资源包 > Ch09 > 效果 > 比萨包装设计 > 比萨包装展开图.cdr、比萨包装立体效果.psd。

图 9-171

比萨包装设计 1 　　比萨包装设计 2

比萨包装设计 3 　　比萨包装设计 4 　　比萨包装设计 5

Chapter

10

第 10 章
画册设计

画册可以起到有效宣传企业及其产品的作用，能够提高企业的知名度和产品的认知度。本章通过房地产画册的封面及内页设计流程，介绍如何把握整体风格、制定设计细节，详细讲解画册设计的设计方法和制作技巧。

课堂学习目标

● 掌握画册的设计思路和过程

● 掌握画册的制作方法和技巧

10.1 房地产画册设计

⊕ 案例学习目标

　　在 Illustrator 中，学习使用路径查找器命令、填充工具、文字工具和图形的绘制工具制作房地产画册封面；在 InDesign 中，学习使用置入命令、页码和章节选项命令、文字工具、段落样式面板、贴入内部命令和图形的绘制工具制作房地产画册内页。

⊕ 案例知识要点

　　在 Illustrator 中，使用文字工具、直接选择工具、矩形工具和路径查找器控制面板制作画册标题文字，使用矩形工具、路径查找器控制面板制作楼层缩影，使用矩形工具、椭圆工具、文字工具添加地标及相关信息；在 InDesign 中，使用页码和章节选项命令更改起始页码，使用置入命令、选择工具添加并裁剪图片，使用矩形工具和贴入内部命令制作图片剪切效果，使用矩形工具、渐变色板工具制作图像渐变效果，使用文字工具和段落样式面板添加标题及段落文字。房地产画册封面、内页设计效果如图 10-1 所示。

⊕ 效果所在位置

　　资源包 > Ch10 > 效果 > 房地产画册设计 > 房地产画册封面.ai、房地产画册内页.indd。

图 10-1

Illustrator 应用

10.1.1　制作标题文字

房地产画册设计 1

STEP 1 打开 Illustrator CC 2019 软件，按 Ctrl+N 组合键，弹出"新建文档"对话框，设置宽度为 500 mm，高度为 250 mm，方向为横向，出血为 3 mm，颜色模式为 CMYK，单击"创建"按钮，新建一个文档。

STEP 2 按 Ctrl+R 组合键，显示标尺。选择"选择"工具 ▶，在页面中拖曳一条垂直参考线。选择"窗口 > 变换"命令，弹出"变换"面板，将"X"轴选项设置为 250 mm，如图 10-2 所示；按 Enter 键确定操作，效果如图 10-3 所示。

图 10-2

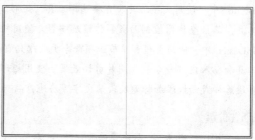

图 10-3

STEP 3 选择"文件 > 置入"命令，弹出"置入"对话框，选择资源包中的"Ch10 > 素材 > 房地产画册设计 > 01"文件，单击"置入"按钮，将图片置入页面中。在属性栏中单击"嵌入"按钮，嵌入图片。选择"窗口 > 对齐"命令，弹出"对齐"控制面板，将对齐方式设置为"对齐画板"，如图 10-4 所示。分别单击"水平居中对齐"按钮 ♣ 和"垂直居中对齐"按钮 ♣，图片与页面居中对齐，效果如图 10-5 所示。用框选的方法将图片和参考线选中，按 Ctrl+2 组合键，锁定所选对象。

图 10-4

图 10-5

STEP 4 选择"文字"工具 T，在页面外输入需要的文字。选择"选择"工具 ▶，在属性栏中选择合适的字体并设置文字大小，效果如图 10-6 所示。按 Shift+Ctrl+O 组合键，将文字转换为轮廓，效果如图 10-7 所示。按 Shift+Ctrl+G 组合键，取消文字编组。

图 10-6

图 10-7

Chapter 10

STEP5 选择"矩形"工具▣，按住 Shift 键的同时，绘制一个矩形，填充图形为黑色，并设置描边色为无，效果如图 10-8 所示。选择"选择"工具▶，按住 Shift 键的同时，选取需要的文字和图形，如图 10-9 所示。

图 10-8　　　　　　　　　　　　　　　　　　　　　　图 10-9

STEP6 选择"窗口 > 路径查找器"命令，弹出"路径查找器"控制面板，单击"减去顶层"按钮▣，如图 10-10 所示。生成一个新的对象，效果如图 10-11 所示。

图 10-10　　　　　　　　　　　　　　　　　　图 10-11

STEP7 选择"直接选择"工具▷，选取需要的节点，将其拖曳到适当的位置，如图 10-12 所示。使用上述方法制作其他文字，效果如图 10-13 所示。

图 10-12　　　　　　　　　　　　　　　　　　图 10-13

STEP8 选择"选择"工具▶，选取需要的文字，按 Ctrl+G 组合键，将文字编组，并将其拖曳到页面中适当的位置，效果如图 10-14 所示。设置文字填充色为深蓝色（其 CMYK 的值分别为 100、89、57、15），填充文字，效果如图 10-15 所示。

图 10-14

图 10-15

STEP9 选择"文字"工具T，在适当的位置输入需要的文字。选择"选择"工具▶，在属性栏中选择合适的字体并设置文字大小，效果如图 10-16 所示。按 Ctrl+T 组合键，弹出"字符"控制面板，将"设置所选字符的字距调整"选项 VA 设置为 1140，其他选项的设置如图 10-17 所示；按 Enter 键确定操作，效果如图 10-18 所示。

图 10-16   图 10-17   图 10-18

10.1.2 添加装饰图形

STEP 1 选择"直线"工具 ，按住 Shift 键的同时，在适当的位置绘制一条竖线，在属性栏中将"描边粗细"选项设置为 0.75 pt，按 Enter 键确定操作，效果如图 10-19 所示。

房地产画册设计 2

STEP 2 选择"选择"工具 ，按住 Alt+Shift 组合键的同时，水平向右拖曳直线到适当的位置，复制竖线，如图 10-20 所示。按 Ctrl+D 组合键，再次复制竖线，效果如图 10-21 所示。

图 10-19   图 10-20   图 10-21

STEP 3 选择"选择"工具 ，按住 Shift 键的同时，选取三条直线，按住 Alt+Shift 组合键的同时，水平向右拖曳直线到适当的位置，复制竖线，如图 10-22 所示。

上｜层｜人｜生　　欧｜式｜建｜筑

图 10-22

STEP 4 选择"矩形"工具 ，在页面外绘制一个矩形，填充图形为黑色，并设置描边色为无，效果如图 10-23 所示。再次绘制一个矩形，如图 10-24 所示。使用相同的方法再绘制多个矩形，效果如图 10-25 所示。

图 10-23   图 10-24

图 10-25

STEP 5 选择"选择"工具 ，使用圈选的方法将刚绘制的矩形选中。在"路径查找器"控制面板中，单击"减去顶层"按钮 ，如图 10-26 所示。生成一个新的对象，效果如图 10-27 所示。

图 10-26

图 10-27

STEP 6 选择"矩形"工具 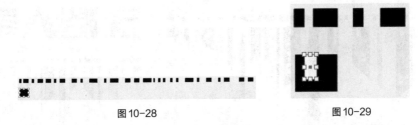，在适当的位置绘制一个矩形，填充图形为黑色，并设置描边色为无，效果如图 10-28 所示。再次绘制一个矩形，填充图形为白色，并设置描边色为无，如图 10-29 所示。

图 10-28

图 10-29

STEP 7 选择"选择"工具 ▶，按住 Shift 键的同时，单击黑色矩形，将其选中，如图 10-30 所示。在"路径查找器"控制面板中，单击"减去顶层"按钮 ，如图 10-31 所示。生成一个新的对象，效果如图 10-32 所示。

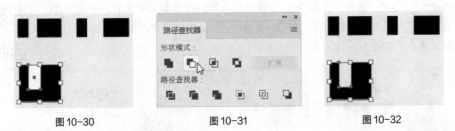

图 10-30   图 10-31   图 10-32

STEP 8 选择"矩形"工具 ，在适当的位置分别绘制多个矩形，并填充相应的颜色，效果如图 10-33 所示。选择"直接选择"工具 ▷，选取需要的节点，将其拖曳到适当的位置，效果如图 10-34 所示。

图 10-33   图 10-34

STEP 9 选择"选择"工具 ▶，使用圈选的方法选取需要的图形，如图 10-35 所示。在"路径查找器"控制面板中，单击"减去顶层"按钮 ，生成新的对象，效果如图 10-36 所示。使用上述方法制作如图 10-37 所示的效果。

图 10-35　　　　图 10-36　　　　　　　　图 10-37

STEP 10 选择"选择"工具 ，用圈选的方法将所绘制的图形选中，按 Ctrl+G 组合键，将其编组，如图 10-38 所示。将图形拖曳到页面中适当的位置，并调整其大小，设置图形填充色为深蓝色（其 CMYK 的值分别为 100、89、57、15），填充图形，效果如图 10-39 所示。

图 10-38　　　　　　　　　　　　　　　　图 10-39

10.1.3　绘制地标

STEP 1 选择"选择"工具 ，用圈选的方法将图形和文字选中，按 Ctrl+G 组合键，将其编组，如图 10-40 所示。按住 Alt 键的同时，向左拖曳图形到适当的位置，复制并调整其大小，如图 10-41 所示。

房地产画册设计 3

图 10-40　　　　　　　　　　图 10-41

STEP 2 选择"矩形"工具 ，在适当的位置绘制一个矩形，设置图形填充色为深蓝色（其 CMYK 的值分别为 100、89、57、15），填充图形，并设置描边色为无，效果如图 10-42 所示。

STEP 3 选择"选择"工具 ，按住 Alt+Shift 组合键的同时，垂直向下拖曳矩形到适当的位置，复制矩形，如图 10-43 所示。使用相同的方法再次复制矩形，如图 10-44 所示。

STEP 4 选择"椭圆"工具 ，按住 Shift 键的同时，在适当的位置绘制一个圆形，设置图形填充色为深蓝色（其 CMYK 的值分别为 100、89、57、15），填充图形，并设置描边色为无，效果如图 10-45 所示。选择"选择"工具 ，按住 Alt+Shift 组合键的同时，水平向右拖曳圆形到适当的位置，复制圆形，如图 10-46 所示。使用相同的方法再复制其他圆形，如图 10-47 所示。

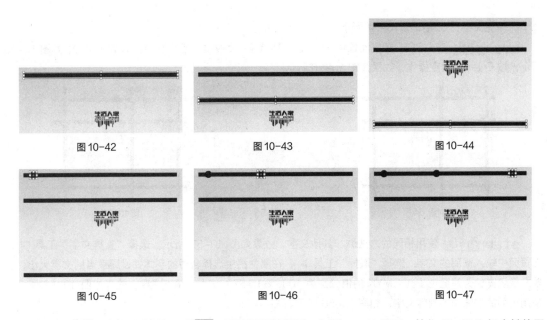

图 10-42   图 10-43   图 10-44

图 10-45   图 10-46   图 10-47

STEP 5 选择"选择"工具 ▶，选取需要的图形，如图 10-48 所示。按住 Alt+Shift 组合键的同时，垂直向下拖曳圆形到适当的位置，复制圆形，如图 10-49 所示。使用相同的方法再复制其他圆形，如图 10-50 所示。

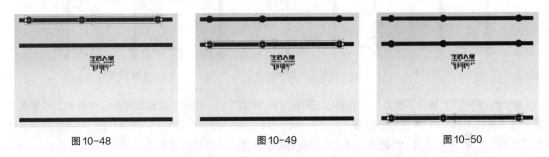

图 10-48   图 10-49   图 10-50

STEP 6 选择"矩形"工具 ▢，在适当的位置绘制一个矩形，设置图形填充色为深蓝色（其 CMYK 的值分别为 100、89、57、15），填充图形，并设置描边色为无，效果如图 10-51 所示。

STEP 7 选择"选择"工具 ▶，按住 Alt+Shift 组合键的同时，水平向右拖曳矩形到适当的位置，复制矩形，如图 10-52 所示。使用相同的方法再复制矩形，效果如图 10-53 所示。

图 10-51   图 10-52   图 10-53

STEP 8 选择"文字"工具 T，在页面中输入需要的文字。选择"选择"工具 ▶，在属性栏中选择合适的字体并设置适当的文字大小，设置文字填充色为深蓝（其 CMYK 的值分别为 100、89、57、

15），填充文字，效果如图 10-54 所示。

STEP 9 在"字符"控制面板中，将"设置所选字符的字距调整"选项 VA 设置为 200，如图 10-55 所示；按 Enter 键确定操作，效果如图 10-56 所示。

图 10-54   图 10-55   图 10-56

STEP 10 使用相同的方法添加其他文字，效果如图 10-57 所示。选择"直排文字"工具 IT，在页面中输入需要的文字。选择"选择"工具 ▶，在属性栏中选择合适的字体并设置适当的文字大小，设置文字填充色为深蓝色（其 CMYK 的值分别为 100、89、57、15），填充文字，效果如图 10-58 所示。使用相同的方法添加其他文字，如图 10-59 所示。

图 10-57   图 10-58   图 10-59

STEP 11 选择"椭圆"工具 ◯，按住 Shift 键的同时，在适当的位置绘制一个圆形，设置图形填充色为黄色（其 CMYK 的值分别为 11、19、85、0），并设置描边色为无，效果如图 10-60 所示。选择"选择"工具 ▶，按住 Alt 键的同时，多次拖曳圆形到适当的位置，复制多个圆形，如图 10-61 所示。圈选所需的图形和文字，按 Ctrl+G 组合键，将其编组。

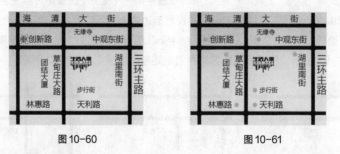

图 10-60   图 10-61

10.1.4 添加其他相关信息

STEP 1 选择"文字"工具 T，在适当的位置分别输入需要的文字。选择"选择"工具 ▶，在属性栏中分别选择合适的字体并设置文字大小，效果如图 10-62 所示。设置文字填充色为深蓝色（其 CMYK 的值分别为 100、89、57、15），填充文字，效果如图 10-63 所示。

房地产画册设计 4

图 10-62

图 10-63

STEP 2 选择"直线"工具 ⁄ ，在适当的位置绘制一条斜线，设置描边色为深蓝色（其 CMYK
的值分别为 100、89、57、15），填充描边，效果如图 10-64 所示。选择"选择"工具 ▶ ，按住 Alt 键
的同时，向下拖曳斜线到适当的位置，复制斜线，效果如图 10-65 所示。

电话：2310 - **68*****98** ⁄ **68*****99**

项目地址：雨虹区草甸庄大路53号　开发商：圩日利港实业股份有限公司

图 10-64

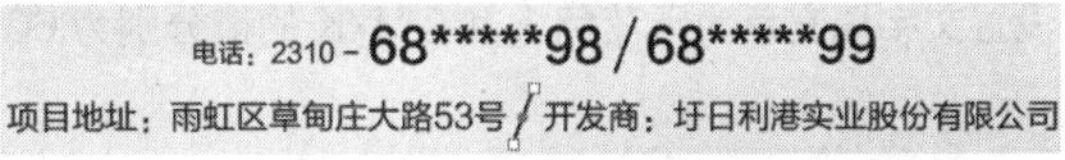

电话：2310 - **68*****98** ⁄ **68*****99**

项目地址：雨虹区草甸庄大路53号 ⁄ 开发商：圩日利港实业股份有限公司

图 10-65

STEP 3 选择"文字"工具 T ，在页面中输入需要的文字。选择"选择"工具 ▶ ，在属性栏中
选择合适的字体并设置适当的文字大小，设置文字填充色为深蓝色（其 CMYK 的值分别为 100、89、57、
15），填充文字，效果如图 10-66 所示。在"字符"控制面板中，将"设置所选字符的字距调整"选项 VA
设置为 40，如图 10-67 所示；按 Enter 键确定操作，效果如图 10-68 所示。

电话：2310 - **68*****98** ⁄ **68*****99**

雨虹区草甸庄大路53号 ⁄ 开发商：圩日利港实业股份

SUPERSTRUCTURE

图 10-66

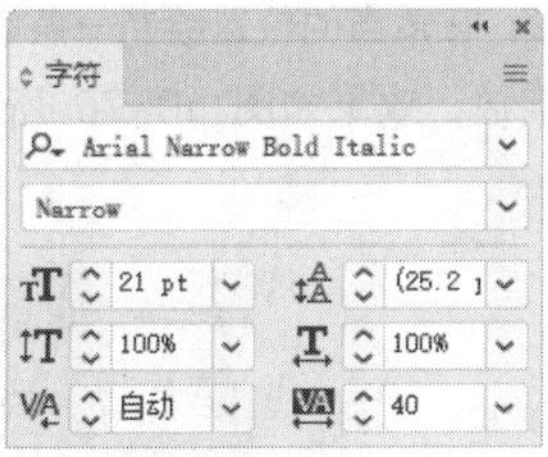

◆ 字符		« ×
𝒪 Arial Narrow Bold Italic		∨
Narrow		∨
T̄T ○ 21 pt ∨	tĀ ○ (25.2) ∨	
↕T ○ 100%	T̄ ○ 100%	
V/A ○ 自动	VA ○ 40	

图 10-67

电话：2310 - **68*****98** ⁄ **68*****99**

雨虹区草甸庄大路53号 ⁄ 开发商：圩日利港实业股份

SUPERSTRUCTURE

图 10-68

STEP 4 选择"对象 > 变换 > 倾斜"命令，在弹出的对话框中进行设置，如图 10-69 所示。
单击"确定"按钮，效果如图 10-70 所示。

图 10-69

电话：2310 - **68*****98** ⁄ **68*****99**

雨虹区草甸庄大路53号 ⁄ 开发商：圩日利港实业股份

SUPERSTRUCTURE

图 10-70

STEP 5 选择"文字"工具 T ，在适当的位置分别输入需要的文字。选择"选择"工具 ▶ ，在属性栏中分别选择合适的字体并设置文字大小，效果如图 10-71 所示。选取文字"上层……建筑"，设置文字填充色为深蓝色（其 CMYK 的值分别为 100、89、57、15），填充文字，效果如图 10-72 所示。

SUPERSTRUCTURE	SUPERSTRUCTURE
上层人生 欧式建筑 White Collar Family	上层人生 欧式建筑 White Collar Family
图 10-71	图 10-72

STEP 6 按住 Shift 键的同时，选取英文文字，在"字符"控制面板中，将"设置所选字符的字距调整"选项 ⅤⅦ 设置为-40，其他选项的设置如图 10-73 所示；按 Enter 键确定操作，效果如图 10-74 所示。设置文字填充色为天蓝色（其 CMYK 的值分别为 60、0、25、0），填充文字，效果如图 10-75 所示。

图 10-73

SUPERSTRUCTURE	SUPERSTRUCTURE
上层人生 欧式建筑 White Collar Family	上层人生 欧式建筑 White Collar Family
图 10-74	图 10-75

STEP 7 选择"直线"工具 ╱ ，在适当的位置绘制一条直线，设置描边色为深蓝色（其 CMYK 的值分别为 100、89、57、15），填充描边，效果如图 10-76 所示。房地产画册封面制作完成，效果如图 10-77 所示。

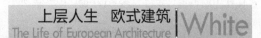

图 10-76

图 10-77

STEP 8 按 Ctrl+R 组合键，隐藏标尺。按 Ctrl+; 组合键，隐藏参考线。按 Ctrl+S 组合键，弹出"存储为"对话框，将其命名为"房地产画册封面"，保存为 AI 格式，单击"保存"按钮，将文件保存。

InDesign 应用

10.1.5 制作主页内容

STEP 1 打开 InDesign CC 2019 软件，选择"文件 > 新建 > 文档"命令，弹出"新建文档"对话框，如图 10-78 所示。单击"边距和分栏…"按钮，弹出"新建边距和分栏"对话框，选项的设置如图 10-79 所示。单击"确定"按钮，新建一个页面。选择"视图 > 其他 > 隐藏框架边缘"命令，将所绘制图形的框架边缘隐藏。

房地产画册设计 5

图 10-78

图 10-79

STEP 2 选择"窗口 > 页面"命令，弹出"页面"面板，按住 Shift 键的同时，单击所有页面的图标，将其全部选中，如图 10-80 所示。单击面板右上方的 ≡ 图标，在弹出的菜单中取消选择"允许选定的跨页随机排布"命令，如图 10-81 所示。

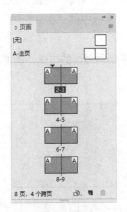

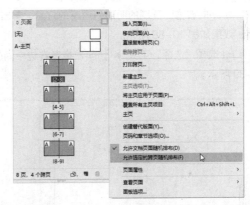

图 10-80

图 10-81

STEP 3 双击第二页的页面图标，如图 10-82 所示。选择"版面 > 页码和章节选项"命令，弹出"页码和章节选项"对话框，选项的设置如图 10-83 所示。单击"确定"按钮，页面面板显示如图 10-84 所示。

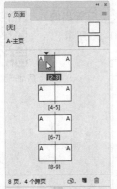

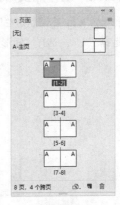

图 10-82

图 10-83

图 10-84

STEP 4 在"状态栏"中单击"文档所属页面"选项右侧的按钮 ✓，在弹出的页码中选择"A-主页"。选择"矩形"工具 ▣，在页面中绘制一个矩形，如图 10-85 所示。

STEP 5 双击"渐变色板"工具 ▣，弹出"渐变"面板，在"类型"选项中选择"线性"，在色带上选中左侧的渐变色标并设置为白色，选中右侧的渐变色标，设置 CMYK 的值为 0、0、0、40，如图 10-86 所示。填充渐变色，并设置描边色为无，效果如图 10-87 所示。

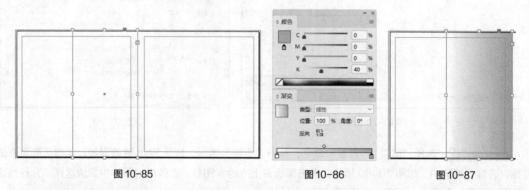

图 10-85　　　　　　　　　　　　图 10-86　　　　　　　图 10-87

STEP 6 按 Ctrl+C 组合键，复制图形，选择"编辑 > 原位粘贴"命令，将图形原位粘贴。按住 Shift 键的同时，水平向右拖曳复制的图形到适当的位置，单击"控制"面板中的"水平翻转"按钮 ▷◁，将图形水平翻转，效果如图 10-88 所示。

STEP 7 选择"选择"工具 ▶，向左拖曳右边中间的控制手柄到适当的位置，调整图形的大小，效果如图 10-89 所示。

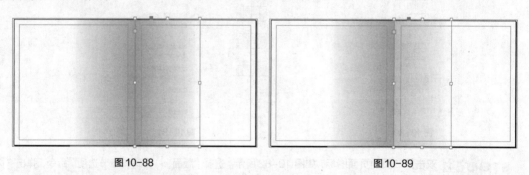

图 10-88　　　　　　　　　　　　　　　图 10-89

10.1.6　制作内页 01 和 02

STEP 1 在"状态栏"中单击"文档所属页面"选项右侧的按钮 ✓，在弹出的页码中选择"1"。选择"矩形"工具 ▣，在页面中分别绘制矩形，如图 10-90 所示。

房地产画册设计 6

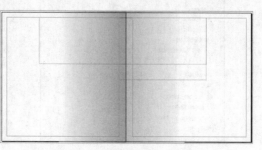

图 10-90

STEP 2 选择"选择"工具 ▶，按住 Shift 键的同时，将两个矩形选中，选择"窗口 > 对象和版面 > 路径查找器"命令，弹出"路径查找器"面板，单击"相加"按钮 ◼，如图 10-91 所示。生成一个新的对象，效果如图 10-92 所示。

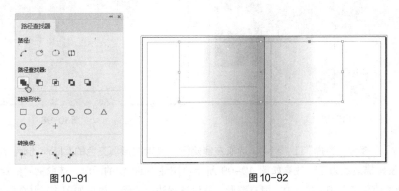

图 10-91　　　　　　　　　　　　　　图 10-92

STEP 3 保持图形选取状态。设置图形填充色的 CMYK 值为 35、3、20、0，填充图形，并设置描边色为无，效果如图 10-93 所示。

STEP 4 选取并复制记事本文档中需要的文字。返回到 InDesign 页面中，选择"文字"工具 **T**，在适当的位置拖曳一个文本框，将复制的文字粘贴到文本框中，将输入的文字选中，在"控制"面板中选择合适的字体并设置文字大小，填充文字为白色，效果如图 10-94 所示。

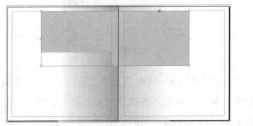

图 10-93　　　　　　　　　　　　　　图 10-94

STEP 5 选择"文件 > 置入"命令，弹出"置入"对话框，选择资源包中的"Ch10 > 素材 > 房地产画册设计 > 02"文件，单击"打开"按钮，在页面空白处单击鼠标左键置入图片。选择"自由变换"工具 ▦，拖曳图片到适当的位置并调整其大小，效果如图 10-95 所示。选择"矩形"工具 ▢，在适当的位置绘制一个矩形，如图 10-96 所示。

图 10-95　　　　　　　　　　　　　　图 10-96

STEP 6 选择"选择"工具 ▶，选取图片，按 Ctrl+X 组合键，将图片剪切到剪贴板上。选中下方的矩形，选择"编辑 > 贴入内部"命令，将图片贴入矩形的内部，并设置描边色为无，效果如图 10-97

所示。选择"矩形"工具 ▭，在页面中分别绘制矩形，如图 10-98 所示。

图 10-97

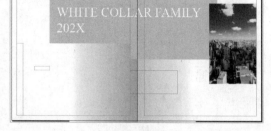

图 10-98

STEP 7 选择"选择"工具 ▶，选取左侧矩形，设置图形填充色的 CMYK 值为 35、3、20、0，填充图形，并设置描边色为无，效果如图 10-99 所示。按住 Shift 键的同时，选取需要的矩形，设置图形填充色的 CMYK 值为 75、6、60、0，填充图形，并设置描边色为无，效果如图 10-100 所示。

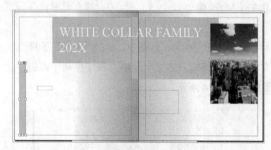

图 10-99

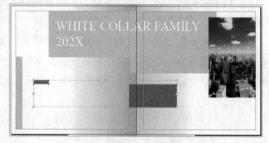

图 10-100

STEP 8 选取并复制记事本文档中需要的文字。返回到 InDesign 页面中，选择"文字"工具 T，在适当的位置拖曳一个文本框，将复制的文字粘贴到文本框中，将输入的文字选中，在"控制"面板中选择合适的字体并设置文字大小，效果如图 10-101 所示。设置文字填充色的 CMYK 值为 75、6、60、0，填充文字，取消文字选取状态，效果如图 10-102 所示。

图 10-101

图 10-102

STEP 9 选取并复制记事本文档中需要的文字。返回到 InDesign 页面中，选择"文字"工具 T，在适当的位置拖曳一个文本框，将复制的文字粘贴到文本框中，将输入的文字选中，在"控制"面板中选择合适的字体并设置文字大小，效果如图 10-103 所示。在"控制"面板中将"行距" 🔁 (14.4 点) 选项设置为 24，按 Enter 键确定操作，效果如图 10-104 所示。

简欧风格，是对生活的一种态度。

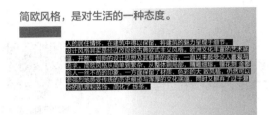

图 10-103　　　　　　　　图 10-104

STEP 10 保持文字选取状态。按 Ctrl+Alt+T 组合键，弹出"段落"面板，选项的设置如图 10-105 所示；按 Enter 键确定操作，效果如图 10-106 所示。选择"选择"工具 ▶，选取文字，按 F11 键，弹出"段落样式"面板，单击面板下方的"创建新样式"按钮，生成新的段落样式并将其命名为"正文"，如图 10-107 所示。

简欧风格，是对生活的一种态度。

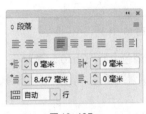
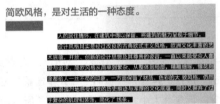
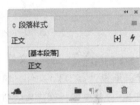

图 10-105　　　　　　图 10-106　　　　　　图 10-107

STEP 11 选取并复制记事本文档中需要的文字。返回到 InDesign 页面中，选择"文字"工具 T，在适当的位置拖曳一个文本框，将复制的文字粘贴到文本框中，将输入的文字选中，在"控制"面板中选择合适的字体并设置文字大小，效果如图 10-108 所示。

图 10-108

STEP 12 选取并复制记事本文档中需要的文字。返回到 InDesign 页面中，选择"文字"工具 T，在适当的位置拖曳一个文本框，将复制的文字粘贴到文本框中，如图 10-109 所示。将输入的文字选中，在"段落样式"面板中单击"正文"样式，如图 10-110 所示，文字效果如图 10-111 所示。

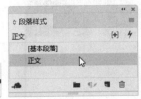
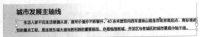

图 10-109　　　　　　图 10-110　　　　　　图 10-111

10.1.7 制作内页 03 至 06

STEP 1 在"状态栏"中单击"文档所属页面"选项右侧的按钮 ⌄，在弹出的页码中选择"3"。选择"矩形"工具 ▢，在页面中绘制一个矩形，如图 10-112 所示。设置图形填充色的 CMYK 值为 0、45、100、0，填充图形，并设置描边色为无，效果如图 10-113 所示。

房地产画册设计 7

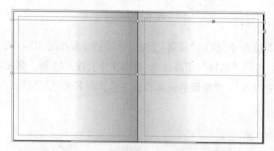

图 10-112

图 10-113

STEP 2 选择"文件 > 置入"命令，弹出"置入"对话框，选择资源包中的"Ch10 > 素材 > 房地产画册设计 > 03"文件，单击"打开"按钮，在页面空白处单击鼠标左键置入图片。选择"自由变换"工具 ▦，拖曳图片到适当的位置并调整其大小，效果如图 10-114 所示。

STEP 3 保持图片选取状态。按 Ctrl+X 组合键，将图片剪切到剪贴板上。选择"选择"工具 ▶，选中下方的矩形，选择"编辑 > 贴入内部"命令，将图片贴入矩形的内部，效果如图 10-115 所示。

图 10-114

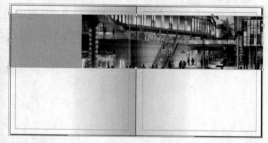

图 10-115

STEP 4 使用相同方法置入其他图片并制作图 10-116 所示的效果。分别选取并复制记事本文档中需要的文字。返回到 InDesign 页面中，选择"文字"工具 T，在适当的位置分别拖曳文本框，将复制的文字分别粘贴到文本框中，将输入的文字选中，在"控制"面板中分别选择合适的字体并设置文字大小，效果如图 10-117 所示。

图 10-116

图 10-117

STEP 5 选择"选择"工具 ▶，选取上方英文文字，填充文字为白色，效果如图 10-118 所示。选取下方中文文字，单击工具箱中的"格式针对文本"按钮 **T**，设置文字填充色的 CMYK 值为 0、45、100、0，填充文字，效果如图 10-119 所示。

STEP 6 分别选取并复制记事本文档中需要的文字。返回到 InDesign 页面中，选择"文字"工具 **T**，在适当的位置分别拖曳文本框，将复制的文字粘贴到文本框中，将输入的文字选中，在"段落样式"面板中单击"正文"样式，效果如图 10-120 所示。

图 10-118　　　　　　　　　图 10-119　　　　　　　　　　　图 10-120

STEP 7 在"状态栏"中单击"文档所属页面"选项右侧的按钮 ∨，在弹出的页码中选择"5"。选择"矩形"工具 ▢，在页面中绘制一个矩形，如图 10-121 所示。在"控制"面板中将"描边粗细" ⌖ 0.283 点 ∨ 选项设置为 2 点，按 Enter 键确定操作，效果如图 10-122 所示。

 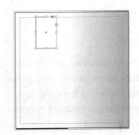

图 10-121　　　　　　　　　　　　图 10-122

STEP 8 选择"文件 > 置入"命令，弹出"置入"对话框，选择资源包中的"Ch10 > 素材 > 房地产画册设计 > 06"文件，单击"打开"按钮，在页面空白处单击鼠标左键置入图片。选择"自由变换"工具 ▦，拖曳图片到适当的位置并调整其大小，效果如图 10-123 所示。

STEP 9 选择"矩形"工具 ▢，在适当的位置绘制一个矩形，如图 10-124 所示。选择"选择"工具 ▶，选取图片，按 Ctrl+X 组合键，将图片剪切到剪贴板上。选中下方的矩形，选择"编辑 > 贴入内部"命令，将图片贴入矩形的内部，并设置描边色为无，效果如图 10-125 所示。

图 10-123　　　　　　　　　图 10-124　　　　　　　　　图 10-125

STEP 10 分别选取并复制记事本文档中需要的文字。返回到 InDesign 页面中，选择"文字"工具 **T**，在适当的位置分别拖曳文本框，将复制的文字分别粘贴到文本框中，将输入的文字选中，在"控制"面板中分别选择合适的字体并设置文字大小，效果如图 10-126 所示。

STEP 11 选择"选择"工具 ▶，按住 Shift 键的同时，将输入的文字选中，单击工具箱中的"格式针对文本"按钮 **T**，设置文字填充色的 CMYK 值为 0、100、100、35，填充文字，效果如图 10-127 所示。

图 10-126

图 10-127

STEP 12 选取并复制记事本文档中需要的文字。返回到 InDesign 页面中，选择"文字"工具 **T**，在适当的位置拖曳一个文本框，将复制的文字粘贴到文本框中，将输入的文字选中，在"段落样式"面板中单击"正文"样式，效果如图 10-128 所示。使用相同的方法制作其他图片和文字，效果如图 10-129 所示。

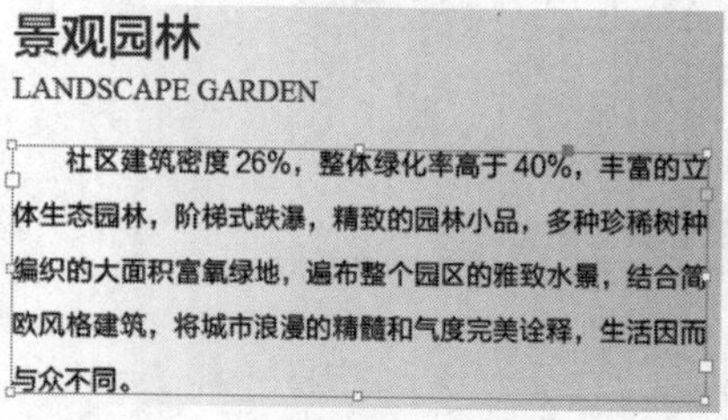

图 10-128

图 10-129

STEP 13 选择"矩形"工具 □，在页面中绘制一个矩形，设置图形填充色的 CMYK 值为 0、100、100、35，填充图形，并设置描边色为无，效果如图 10-130 所示。

STEP 14 选取并复制记事本文档中需要的文字。返回到 InDesign 页面中，选择"文字"工具 **T**，在适当的位置拖曳一个文本框，将复制的文字粘贴到文本框中，将输入的文字选中，在"段落样式"面板中单击"正文"样式，效果如图 10-131 所示。选取文字；填充文字为白色，效果如图 10-132 所示。

图 10-130

图 10-131

图 10-132

10.1.8　制作内页 07 和 08

STEP 1 在"状态栏"中单击"文档所属页面"选项右侧的按钮 ⌄，在弹出的
页码中选择"7"。选择"文件 > 置入"命令，弹出"置入"对话框，选择资源包中的
"Ch10 > 素材 > 房地产画册设计 > 09"文件，单击"打开"按钮，在页面空白处单击
鼠标左键置入图片。选择"自由变换"工具 ▣，拖曳图片到适当的位置并调整其大小，
效果如图 10-133 所示。

房地产画册设计 8

STEP 2 选择"矩形"工具 ▣，在适当的位置绘制一个矩形，如图 10-134 所示。选择"选择"
工具 ▶，选取图片，按 Ctrl+X 组合键，将图片剪切到剪贴板上。选中下方的矩形，选择"编辑 > 贴入内
部"命令，将图片贴入矩形的内部，并设置描边色为无，效果如图 10-135 所示。

图 10-133

图 10-134

图 10-135

STEP 3 使用相同的方法置入其他图片并制作如图 10-136 所示的效果。选择"直排文字"工具
▯，在页面中分别拖曳文本框，输入并选取需要的文字，在"控制"面板中分别选择合适的字体并设置文
字大小，效果如图 10-137 所示。

图 10-136

图 10-137

STEP 4 选择"选择"工具 ▶，按住 Shift 键的同时，将输入的文字选中，单击工具箱中的"格
式针对文本"按钮 T，设置文字填充色的 CMYK 值为 100、55、0、0，填充文字，效果如图 10-138 所
示。在"控制"面板中将"不透明度" ⊠ 100% ▸ 选项设置为 55%，按 Enter 键确定操作，效果如图 10-139
所示。

图 10-138

图 10-139

STEP 5 选取并复制记事本文档中需要的文字。返回到 InDesign 页面中，选择"文字"工具 **T**，在适当的位置拖曳一个文本框，将复制的文字粘贴到文本框中，将输入的文字选中，在"控制"面板中选择合适的字体并设置文字大小，效果如图 10-140 所示。

STEP 6 选取并复制记事本文档中需要的文字。返回到 InDesign 页面中，选择"文字"工具 **T**，在适当的位置拖曳一个文本框，将复制的文字粘贴到文本框中，将输入的文字选中，在"段落样式"面板中单击"正文"样式，效果如图 10-141 所示。至此，房地产画册内页制作完成。

图 10-140

图 10-141

STEP 7 按 Ctrl+S 组合键，弹出"存储为"对话框，将其命名为"房地产画册内页"，单击"保存"按钮，将文件保存。

10.2 课后习题——手表画册设计

🔍 **习题知识要点**

在 Illustrator 中，使用置入命令、矩形工具和建立剪切蒙版命令添加并编辑图片，使用透明度控制面板制作图片半透明效果，使用文字工具、字形命令和字符控制面板添加标题文字，使用椭圆工具、星形工具、文字工具和用变形建立命令制作标志图形，使用矩形工具、渐变工具、建立不透明蒙版命令制作图片叠加效果，使用矩形工具、直接选择工具制作装饰图形；在 InDesign 中，使用置入命令置入素材图片，使用矩形工具、添加/删除锚点工具、贴入内部命令制作图片剪切效果，使用文字工具和矩形工具添加标题及相关信息，使用垂直翻转按钮、效果面板和渐变羽化命令制作图片倒影效果，使用投影命令为图片添加投影效果。手表画册封面、内页设计效果如图 10-142 所示。

🔍 **效果所在位置**

资源包 > Ch10 > 效果 > 手表画册设计 > 手表画册封面.ai、手表画册内页.indd。

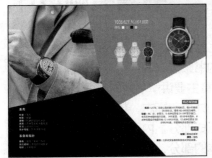

图 10-142

手表画册设计 1

手表画册设计 2

手表画册设计 3

手表画册设计 4

手表画册设计 5

Chapter

11

第 11 章
书籍装帧设计

　　一本好书是好的内容和好的书籍装帧的完美结合，精美的书籍装帧设计可以带给读者更多的阅读乐趣。本章主要讲解书籍的封面与内页设计。封面是书籍的外表和标志，封面设计是书籍装帧设计的重要组成部分。内页（正文）则是书籍的核心和最基本的部分，内页设计是书籍装帧设计的基础。本章以旅游书籍设计为例，讲解书籍封面与内页的设计方法和制作技巧。

课堂学习目标

- 掌握书籍的设计思路和过程

- 掌握书籍的制作方法和技巧

11.1 旅游书籍设计

案例学习目标

在 CorelDRAW 中，使用辅助线分割页面，使用多种绘图工具绘制图形，使用文本工具、交互式工具和导入命令添加封面信息；在 InDesign 中，使用页面面板调整页面，使用版面命令调整页码并添加目录，使用绘制图形工具和文字工具制作书籍内页。

案例知识要点

在 CorelDRAW 中，使用选项命令添加辅助线，使用导入命令导入图片，使用文本工具添加封面信息，使用矩形工具、置于图文框内部命令制作 PowerClip 效果，使用椭圆形工具、多边形工具和合并命令制作图形效果，使用椭圆形工具、旋转命令、再制命令制作装饰图形，使用轮廓笔工具命令为图形和文字添加轮廓，使用阴影工具为图形添加阴影效果；在 InDesign 中，使用页面面板、页码和章节选项命令调整页面，使用段落样式面板添加段落样式，使用参考线分割页面，使用贴入内部命令将图片置入矩形中，使用文字工具添加文字，使用字符面板和段落面板调整字距、行距和缩进，使用版面命令调整页码并添加目录。旅游书籍封面、内页效果如图 11-1 所示。

效果所在位置

资源包 > Ch11 > 效果 > 旅游书籍设计 > 旅游书籍封面.cdr、旅游书籍内页.indd。

图 11-1

图 11-1（续）

CorelDRAW 应用

11.1.1 制作书籍封面

STEP 1 打开 CorelDRAW X8 软件，按 Ctrl+N 组合键，新建一个 A4 页面。按 Ctrl+J 组合键，弹出"选项"对话框，选择"页面尺寸"选项，分别设置宽度为 315 mm、高度为 230 mm、出血为 3 mm，勾选"显示出血区域"复选框，其他选项的设置如图 11-2 所示。单击"确定"按钮，页面尺寸显示为设置的大小，如图 11-3 所示。

旅游书籍设计 1

图 11-2

图 11-3

STEP 2 按 Ctrl+J 组合键，弹出"选项"对话框，选择"辅助线/垂直"选项，在文字框中设置数值为 150，如图 11-4 所示。单击"添加"按钮，在页面中添加一条垂直辅助线。用相同的方法再添加 165mm 的垂直辅助线，单击"确定"按钮，效果如图 11-5 所示。

STEP 3 选择"矩形"工具 □，在页面中绘制一个矩形，填充图形为白色，并去除图形的轮廓线，效果如图 11-6 所示。

STEP 4 选择"选择"工具 ▶，按数字键盘上的+键，复制矩形。向下拖曳复制矩形上边中间的控制手柄到适当的位置并调整其大小。在"CMYK 调色板"中的"黑 10%"色块上单击鼠标左键，填充图形，效果如图 11-7 所示。

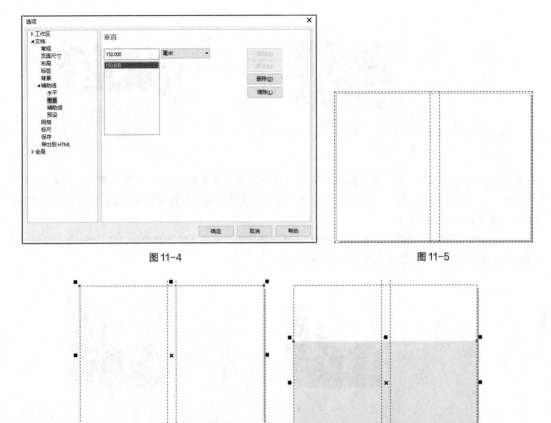

图 11-4　　　　　　　　　　　　　　　　　图 11-5

图 11-6　　　　　　　　　　　　　　　　　图 11-7

STEP 5 按 Ctrl+I 组合键，弹出"导入"对话框，选择资源包中的"Ch11 > 素材 > 旅游书籍设计 > 01"文件，单击"导入"按钮，在页面中单击导入图片，拖曳图片到适当的位置并调整其大小，效果如图 11-8 所示。选择"矩形"工具 ▣，在适当的位置绘制一个矩形，如图 11-9 所示。

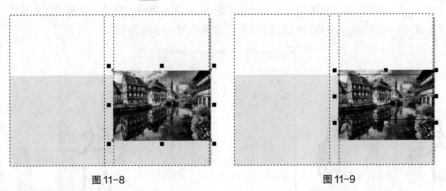

图 11-8　　　　　　　　　　　　　　　　　图 11-9

STEP 6 选择"选择"工具 ▶，选取下方图片，选择"对象 > PowerClip > 置于图文框内部"命令，鼠标指针变为黑色箭头形状，在矩形上单击鼠标左键，如图 11-10 所示。将图片置入矩形中，并去除图形的轮廓线，效果如图 11-11 所示。

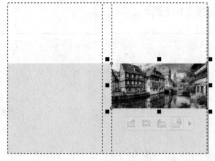

图 11-10　　　　　　　　　　　　　　图 11-11

STEP 7 按 Ctrl+I 组合键，弹出"导入"对话框，选择资源包中的"Ch11 > 素材 > 旅游书籍设计 > 02、03"文件，单击"导入"按钮，在页面中单击依次导入图片，分别将其拖曳到适当的位置并调整其大小，效果如图 11-12 所示。

STEP 8 选择"选择"工具，按住 Shift 键的同时，将导入的图片选中，按 Ctrl+PageDown 组合键，将图片向后移一层，效果如图 11-13 所示。

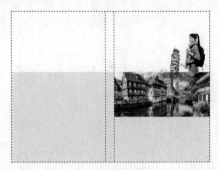

图 11-12　　　　　　　　　　　　　　图 11-13

STEP 9 选择"文本"工具字，单击属性栏中的"将文本更改为垂直方向"按钮，在页面中分别输入需要的文字。选择"选择"工具，在属性栏中选取适当的字体并设置文字大小，效果如图 11-14 所示。

STEP 10 选取文字"看图轻松"，选择"文本 > 文本属性"命令，弹出"文本属性"泊坞窗，选项的设置如图 11-15 所示；按 Enter 键确定操作，效果如图 11-16 所示。

图 11-14　　　　　　　　图 11-15　　　　　　　　图 11-16

STEP 11 用相同的方法分别调整其他文字字距，效果如图 11-17 所示。选取文字"旅游行家……

大赏"，设置文字颜色的 CMYK 值为 56、70、90、10，填充文字，效果如图 11-18 所示。

图 11-17

图 11-18

STEP 12 选择"椭圆形"工具，按住 Ctrl 键的同时，在适当的位置绘制一个圆形，如图 11-19 所示。设置图形颜色的 CMYK 值为 0、100、100、10，填充图形，并去除图形的轮廓线，效果如图 11-20 所示。

图 11-19

图 11-20

STEP 13 选择"选择"工具，按数字键盘上的+键，复制圆形。按住 Shift 键的同时，向外拖曳圆形右上角的控制手柄到适当的位置，等比例放大圆形。取消图形填充，按 F12 键，弹出"轮廓笔"对话框，在"颜色"选项中设置轮廓线颜色的 CMYK 值为 0、100、100、10，其他选项的设置如图 11-21 所示。单击"确定"按钮，效果如图 11-22 所示。

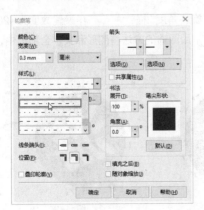
图 11-21

图 11-22

STEP 14 选择"贝塞尔"工具，在适当的位置绘制一个不规则图形，如图 11-23 所示。设置图形颜色的 CMYK 值为 0、100、100、10，填充图形，并去除图形的轮廓线，效果如图 11-24 所示。

图 11-23

图 11-24

STEP 15 选择"贝塞尔"工具 ，在适当的位置分别绘制曲线，如图 11-25 所示。选择"选择"工具 ，按住 Shift 键的同时，将所绘制的曲线选中，按 F12 键，弹出"轮廓笔"对话框，在"颜色"选项中设置轮廓线颜色的 CMYK 值为 0、100、100、10，其他选项的设置如图 11-26 所示。单击"确定"按钮，效果如图 11-27 所示。

图 11-25

图 11-26

图 11-27

STEP 16 选择"文本"工具 字，单击属性栏中的"将文本更改为水平方向"按钮 ，在适当的位置输入需要的文字。选择"选择"工具 ，在属性栏中选取适当的字体并设置文字大小，填充文字为白色，效果如图 11-28 所示。

STEP 17 保持文字选取状态。在属性栏中的"旋转角度"框 ○ 0.0 ° 中设置数值为-20，按 Enter 键确定操作，效果如图 11-29 所示。选择"选择"工具 ，用圈选的方法将图形和文字全部选中，按 Ctrl+G 组合键，将其编组，如图 11-30 所示。

图 11-28   图 11-29   图 11-30

STEP 18 选择"文本"工具 字，单击属性栏中的"将文本更改为垂直方向"按钮 ，在适当的位置输入需要的文字。选择"选择"工具 ，在属性栏中选取适当的字体并设置文字大小，效果如图 11-31 所示。

STEP 19 按 Ctrl+I 组合键，弹出“导入”对话框，选择资源包中的“Ch11 > 素材 > 旅游书籍设计 > 04”文件，单击“导入”按钮，在页面中单击导入图片，将其拖曳到适当的位置并调整其大小，效果如图 11-32 所示。

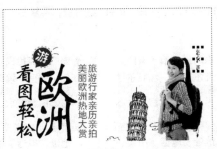

游
看图轻松
欧洲
旅游行家亲历亲拍
美丽欧洲热地大赏

图 11-31

张文轩
著

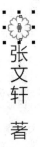

图 11-32

STEP 20 选择“手绘”工具，在适当的位置绘制一条斜线，如图 11-33 所示。按 F12 键，弹出“轮廓笔”对话框，在“颜色”选项中设置轮廓线颜色的 CMYK 值为 0、85、100、0，其他选项的设置如图 11-34 所示。单击“确定”按钮，效果如图 11-35 所示。

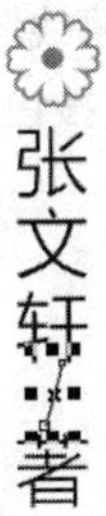

张文轩
著

图 11-33

轮廓笔
颜色(C):
宽度(W):
0.15 mm
毫米
样式(L):
编辑样式(M)...
角(R):
斜接限制(M):
5.0
线条端头(I):
位置(P):
叠印轮廓(V)
箭头
选项(O)
选项(N)
共享属性(U)
书法
展开(T):
100
%
笔尖形状:
角度(A):
0.0
默认(D)
填充之后(B)
随对象缩放(J)
确定
取消
帮助(H)

图 11-34

张文轩
著

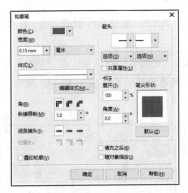

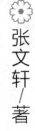

图 11-35

STEP 21 选择“文本”工具字，单击属性栏中的“将文本更改为水平方向”按钮，在适当的位置分别输入需要的文字。选择“选择”工具，在属性栏中分别选取适当的字体并设置文字大小，效果如图 11-36 所示。

STEP 22 选择“选择”工具，用圈选的方法选取需要的文字，设置文字颜色的 CMYK 值为 56、70、90、10，填充文字，效果如图 11-37 所示。

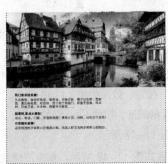

图 11-36

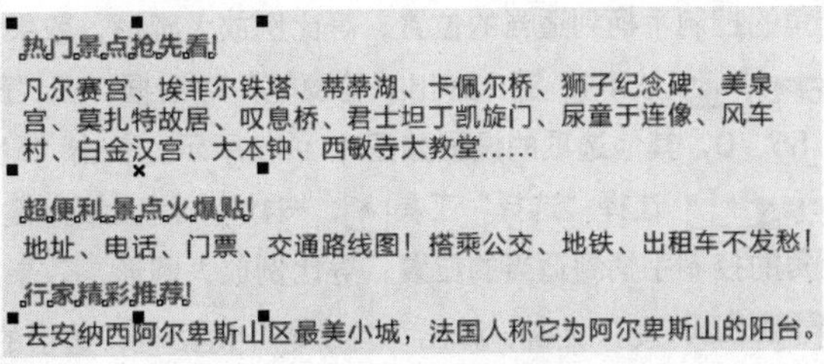

热门景点抢先看!
凡尔赛宫、埃菲尔铁塔、蒂蒂湖、卡佩尔桥、狮子纪念碑、美泉宫、莫扎特故居、叹息桥、君士坦丁凯旋门、尿童于连像、风车村、白金汉宫、大本钟、西敏寺大教堂......
超便利景点火爆贴!
地址、电话、门票、交通路线图！搭乘公交、地铁、出租车不发愁！
行家精彩推荐!
去安纳西阿尔卑斯山区最美小城，法国人称它为阿尔卑斯山的阳台。

图 11-37

STEP 23 选择"椭圆形"工具 ⬭，按住 Ctrl 键的同时，在适当的位置绘制一个圆形，设置图形颜色的 CMYK 值为 68、96、95、67，填充图形，并去除图形的轮廓线，效果如图 11-38 所示。

STEP 24 选择"选择"工具 ▶，按数字键盘上的+键，复制圆形。按住 Shift 键的同时，垂直向下拖曳复制的圆形到适当的位置，效果如图 11-39 所示。按 Ctrl+D 组合键，再复制一个圆形，并调整其位置，效果如图 11-40 所示。

❖热门景点抢先看!	● 热门景点抢先看!	● 热门景点抢先看!
凡尔赛宫、埃菲尔铁宫、莫扎特故居、叹村、白金汉宫、大本	凡尔赛宫、埃菲尔铁宫、莫扎特故居、叹村、白金汉宫、大本	凡尔赛宫、埃菲尔铁宫、莫扎特故居、叹村、白金汉宫、大本
超便利,景点火爆贴!	❖超便利,景点火爆贴!	● 超便利,景点火爆贴!
地址、电话、门票、	地址、电话、门票、	地址、电话、门票、
行家精彩推荐!	行家精彩推荐!	❖行家精彩推荐!
去安纳西阿尔卑斯山	去安纳西阿尔卑斯山	去安纳西阿尔卑斯山
图 11-38	图 11-39	图 11-40

11.1.2 添加图标及出版信息

STEP 1 选择"椭圆形"工具 ⬭，按住 Ctrl 键的同时，在页面外绘制一个圆形，如图 11-41 所示。

STEP 2 按 F12 键，弹出"轮廓笔"对话框，在"颜色"选项中设置轮廓线颜色的 CMYK 值为 20、20、30、0，其他选项的设置如图 11-42 所示。单击"确定"按钮，效果如图 11-43 所示。

旅游书籍设计 2

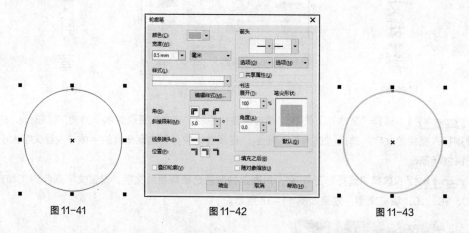

图 11-41　　　　　　图 11-42　　　　　　图 11-43

STEP 3 选择"选择"工具 ▶，按数字键盘上的+键，复制圆形。按住 Shift 键的同时，向外拖曳圆形右上角的控制手柄到适当的位置，等比例放大圆形，效果如图 11-44 所示。

STEP 4 按 F12 键，弹出"轮廓笔"对话框，在"颜色"选项中设置轮廓线颜色的 CMYK 值为 40、40、55、0，其他选项的设置如图 11-45 所示，单击"确定"按钮，效果如图 11-46 所示。

STEP 5 选择"选择"工具 ▶，按数字键盘上的+键，复制圆形。按住 Shift 键的同时，向外拖曳圆形右上角的控制手柄到适当的位置，等比例放大圆形，效果如图 11-47 所示。

STEP 6 按 F12 键，弹出"轮廓笔"对话框，选项的设置如图 11-48 所示。单击"确定"按钮，效果如图 11-49 所示。

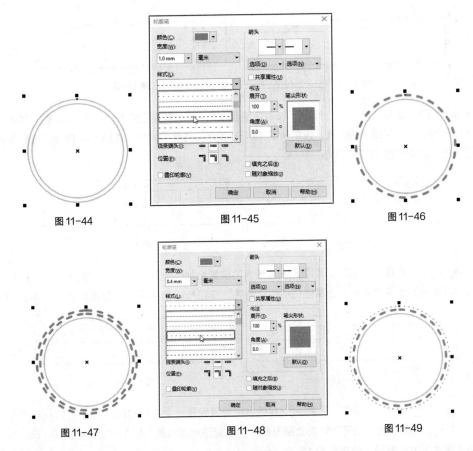

图 11-44　　　　　　　　　　图 11-45　　　　　　　　　　图 11-46

图 11-47　　　　　　　　　　图 11-48　　　　　　　　　　图 11-49

STEP 7 选择"文本"工具 **字**，在适当的位置分别输入需要的文字。选择"选择"工具 **▶**，在属性栏中分别选取适当的字体并设置文字大小，效果如图 11-50 所示。将输入的文字选中，设置文字颜色的 CMYK 值为 40、40、50、0，填充文字，效果如图 11-51 所示。

STEP 8 保持文字选取状态。选择"文本属性"泊坞窗，选项的设置如图 11-52 所示；按 Enter 键确定操作，效果如图 11-53 所示。

图 11-50　　　　　　图 11-51　　　　　　图 11-52　　　　　　图 11-53

STEP 9 选择"贝塞尔"工具 **✎**，在页面外绘制一个不规则图形，如图 11-54 所示。选择"矩形"工具 **□**，按住 Ctrl 键的同时，在适当的位置绘制一个正方形，如图 11-55 所示。

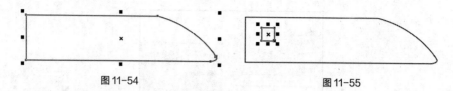

图 11-54   图 11-55

STEP⤴10 选择"选择"工具 ▶，按数字键盘上的+键，复制正方形。按住 Shift 键的同时，水平向右拖曳复制的正方形到适当的位置，效果如图 11-56 所示。按住 Ctrl 键，连续点按 D 键，按需要再复制出多个正方形，效果如图 11-57 所示。

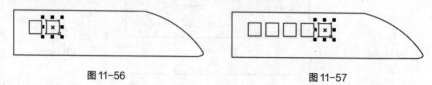

图 11-56   图 11-57

STEP⤴11 选择"贝塞尔"工具 ✐，在适当的位置绘制一个不规则图形，如图 11-58 所示。用圈选的方法将所绘制的图形选中，单击属性栏中的"合并"按钮 ▣，合并图形，效果如图 11-59 所示。

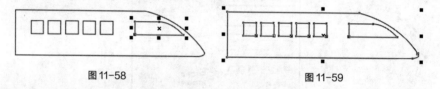

图 11-58   图 11-59

STEP⤴12 选择"贝塞尔"工具 ✐，在适当的位置绘制一个不规则图形，如图 11-60 所示。选择"选择"工具 ▶，用圈选的方法将所绘制的图形选中，设置图形颜色的 CMYK 值为 40、40、55、0，填充图形，并去除图形的轮廓线，效果如图 11-61 所示。

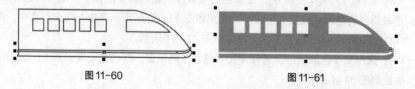

图 11-60   图 11-61

STEP⤴13 选择"选择"工具 ▶，拖曳图形到适当的位置并调整其大小，效果如图 11-62 所示。选择"手绘"工具 ✐，按住 Ctrl 键的同时，在适当的位置绘制一条直线，如图 11-63 所示。

STEP⤴14 设置直线轮廓线颜色的 CMYK 值为 40、40、55、0，填充直线，效果如图 11-64 所示。选择"选择"工具 ▶，按数字键盘上的+键，复制直线。按住 Shift 键的同时，垂直向下拖曳复制的直线到适当的位置，效果如图 11-65 所示。

图 11-62   图 11-63   图 11-64   图 11-65

STEP 15 选择"星形"工具 ☆，在属性栏中的设置如图 11-66 所示。按住 Ctrl 键的同时，在适当的位置绘制一个星形，如图 11-67 所示。

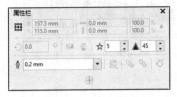

图 11-66

图 11-67

STEP 16 选择"选择"工具 ▶，设置图形颜色的 CMYK 值为 40、40、55、0，填充图形，并去除图形的轮廓线，效果如图 11-68 所示。按数字键盘上的+键，复制星形。按住 Shift 键的同时，水平向右拖曳复制的星形到适当的位置，效果如图 11-69 所示。用相同的方法再复制一个星形，效果如图 11-70 所示。

图 11-68　　　　　　　　　图 11-69　　　　　　　　　图 11-70

STEP 17 选择"选择"工具 ▶，用圈选的方法将图形和文字全部选中，按 Ctrl+G 组合键，将其编组，并拖到页面中适当的位置，调整其大小，效果如图 11-71 所示。在属性栏中的"旋转角度"框 ⟲ 0.0 ° 中设置数值为-18，按 Enter 键确定操作，效果如图 11-72 所示。

图 11-71

图 11-72

STEP 18 选择"贝塞尔"工具 ✐，在适当的位置分别绘制曲线，如图 11-73 所示。选择"选择"工具 ▶，用圈选的方法将所绘制的曲线全部选中，设置轮廓线颜色的 CMYK 值为 20、20、30、0，填充曲线，效果如图 11-74 所示。

STEP 19 按 Ctrl+I 组合键，弹出"导入"对话框，选择资源包中的"Ch11 > 素材 > 旅游书籍设计 > 05"文件，单击"导入"按钮，在页面中单击导入图形。选择"选择"工具 ▶，拖曳图形到适当的位置，效果如图 11-75 所示。

STEP 20 选择"文本"工具 字，在适当的位置输入需要的文字。选择"选择"工具 ▶，在属性栏中选择合适的字体并设置文字大小，效果如图 11-76 所示。

图 11-73

图 11-74

图 11-75

图 11-76

11.1.3　制作封底和书脊

STEP 1 按 Ctrl+I 组合键，弹出"导入"对话框，选择资源包中的"Ch11 > 素材 > 旅游书籍设计 > 06"文件，单击"导入"按钮，在页面中单击导入图片。选择"选择"工具，拖曳图片到适当的位置并调整其大小，效果如图 11-77 所示。

旅游书籍设计 3

STEP 2 选择"矩形"工具，在适当的位置绘制一个矩形，设置轮廓线颜色为白色，并在属性栏中的"轮廓宽度"框 0.2 mm 中设置数值为 1.4 mm，按 Enter 键确定操作，效果如图 11-78 所示。

图 11-77

图 11-78

STEP 3 选择"选择"工具，选取下方图片，选择"对象 > PowerClip > 置于图文框内部"命令，鼠标指针变为黑色箭头形状，在白色矩形框上单击鼠标左键，如图 11-79 所示。将图片置入白色矩形框中，效果如图 11-80 所示。

STEP 4 选择"阴影"工具，在图片中由上至下拖曳鼠标，为图片添加阴影效果，在属性栏中的设置如图 11-81 所示；按 Enter 键确定操作，效果如图 11-82 所示。

图 11-79

图 11-80

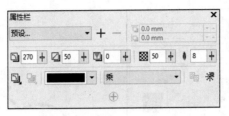
图 11-81

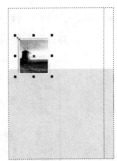
图 11-82

STEP　5　选择"选择"工具，在属性栏中的"旋转角度"框 中设置数值为 12.2，按 Enter 键确定操作，效果如图 11-83 所示。用相同的方法导入其他图片，制作如图 11-84 所示的效果。

STEP　6　选择"椭圆形"工具，按住 Ctrl 键的同时，在适当的位置分别绘制两个圆形，如图 11-85 所示。

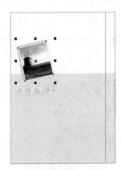

图 11-83

图 11-84

图 11-85

STEP　7　选择"多边形"工具，在属性栏中的设置如图 11-86 所示。按住 Ctrl 键的同时，在适当的位置绘制一个三角形，如图 11-87 所示。

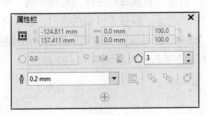
图 11-86

图 11-87

STEP　8　选择"选择"工具，按住 Shift 键的同时，依次单击圆形，将其选中，如图 11-88 所示。单击属性栏中的"合并"按钮，将多个图形合并为一个图形，效果如图 11-89 所示。

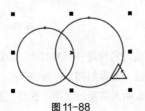
图 11-88

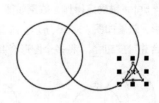
图 11-89

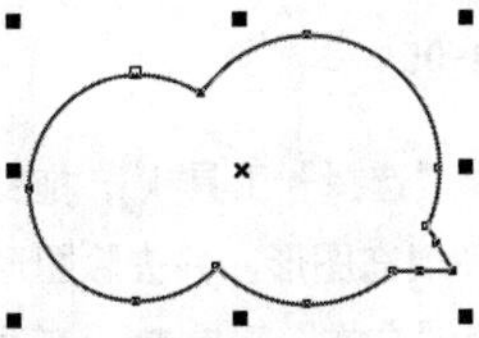

STEP**9** 按 F12 键，弹出"轮廓笔"对话框，在"颜色"选项中设置轮廓线颜色的 CMYK 值为 0、100、100、10，其他选项的设置如图 11-90 所示。单击"确定"按钮，效果如图 11-91 所示。

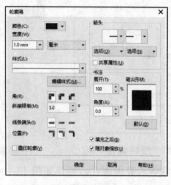

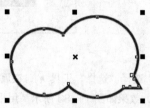

图 11-90   图 11-91

STEP**10** 选择"椭圆形"工具 ◯，按住 Ctrl 键的同时，在页面外绘制一个圆形，如图 11-92 所示。按数字键盘上的+键，复制一个圆形，选择"选择"工具 ▸，按住 Ctrl 键的同时，垂直向上拖曳复制的图形到适当的位置，效果如图 11-93 所示。再次单击复制的图形，使其处于旋转状态，将旋转中心拖曳到适当的位置，如图 11-94 所示。

图 11-92   图 11-93   图 11-94

STEP**11** 按数字键盘上的+键，复制一个圆形，在属性栏中的"旋转角度"框 ⟳ 0.0 ° 中设置数值为-45°，按 Enter 键确定操作，效果如图 11-95 所示。按住 Ctrl 键的同时，连续点按 D 键，按需要再复制出多个圆形，效果如图 11-96 所示。选择"选择"工具 ▸，用圈选的方法将所绘制的圆形选中，单击属性栏中的"合并"按钮 ⬚，将多个图形合并为一个图形，效果如图 11-97 所示。

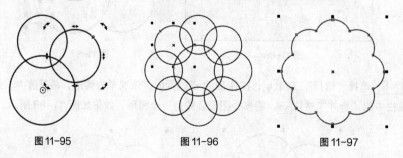

图 11-95   图 11-96   图 11-97

STEP**12** 选择"选择"工具 ▸，拖曳图形到适当的位置并调整其大小，设置图形颜色的 CMYK 值为 0、100、100、10，填充图形，并去除图形的轮廓线，效果如图 11-98 所示。

STEP**13** 选择"文本"工具 字，在适当的位置输入需要的文字。选择"选择"工具 ▸，在属性栏中选取适当的字体并设置文字大小，填充文字为白色，效果如图 11-99 所示。在属性栏中的"旋转角度"框 ○ 0.0 ° 中设置数值为-20，按 Enter 键确定操作，效果如图 11-100 所示。

图 11-98　　　　　　　　　　图 11-99　　　　　　　　　　图 11-100

STEP☑14　选择"文本"工具 **字**，在适当的位置分别输入需要的文字。选择"选择"工具 ，在属性栏中分别选取适当的字体并设置文字大小，效果如图 11-101 所示。

STEP☑15　选取文字"看图"，选择"文本属性"泊坞窗，选项的设置如图 11-102 所示；按 Enter 键确定操作，效果如图 11-103 所示。

图 11-101

图 11-102

图 11-103

STEP☑16　按 Ctrl+I 组合键，弹出"导入"对话框，选择资源包中的"Ch11 > 素材 > 旅游书籍设计 > 10"文件，单击"导入"按钮，在页面中单击导入图片。选择"选择"工具 ，拖曳图片到适当的位置并调整其大小，效果如图 11-104 所示。

STEP☑17　选择"文本"工具 **字**，在适当的位置分别输入需要的文字。选择"选择"工具 ，在属性栏中分别选取适当的字体并设置文字大小，效果如图 11-105 所示。

图 11-104

图 11-105

STEP☑18　选择"形状"工具 ，选取文字"旅游达人……跟着比"，向左拖曳文字下方的 ⫿ 图标，调整字距，松开鼠标后，效果如图 11-106 所示。选择"选择"工具 ，设置文字颜色的 CMYK 值为 0、100、100、10，填充文字，效果如图 11-107 所示。

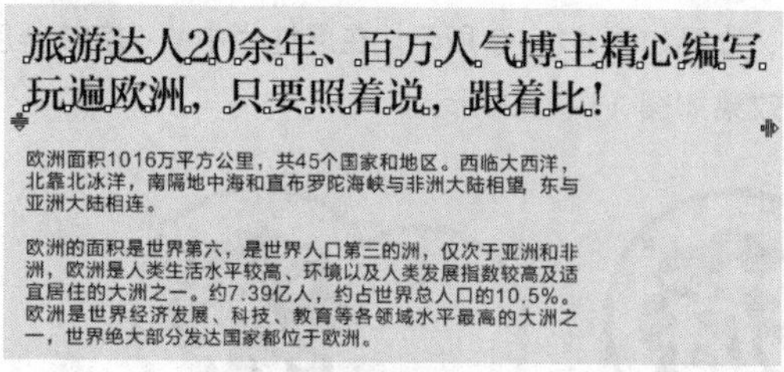

图 11-106

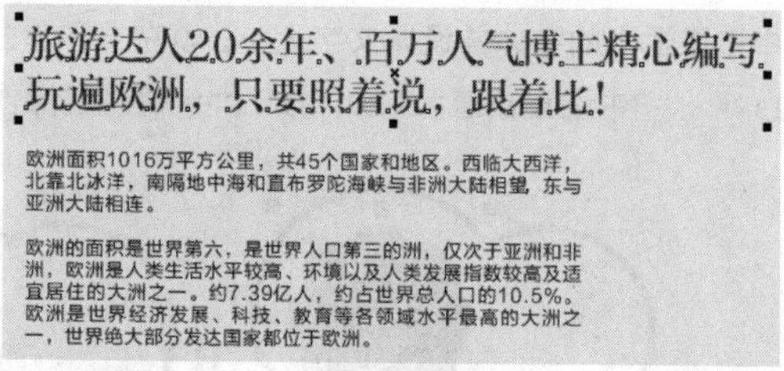

图 11-107

STEP 19 按 Ctrl+I 组合键，弹出"导入"对话框，选择资源包中的"Ch11 > 素材 > 旅游书籍设计 > 11、12"文件，单击"导入"按钮，在页面中分别单击导入图片。选择"选择"工具 ，分别拖曳图片到适当的位置并调整其大小，效果如图 11-108 所示。

STEP 20 选择"文本"工具 字，在适当的位置输入需要的文字。选择"选择"工具 ，在属性栏中选取适当的字体并设置文字大小，效果如图 11-109 所示。选择"形状"工具 ，向左拖曳文字下方的 图标，调整字距，松开鼠标后，效果如图 11-110 所示。

图 11-108

图 11-109

图 11-110

STEP 21 选择"矩形"工具 ，在适当的位置绘制一个矩形，填充图形为白色，效果如图 11-111 所示。

STEP 22 选择"文本"工具 字，在适当的位置输入需要的文字。选择"选择"工具 ，在属性栏中选择合适的字体并设置文字大小，效果如图 11-112 所示。

图 11-111

图 11-112

STEP 23 按 Ctrl+I 组合键，弹出"导入"对话框，选择资源包中的"Ch11 > 素材 > 旅游书籍设计 > 13"文件，单击"导入"按钮，在页面中单击导入图片。选择"选择"工具 ，拖曳图片到适当的位置并调整其大小，效果如图 11-113 所示。

STEP 24 选择"选择"工具 ，在封面上选择需要的文字，如图 11-114 所示。按数字键盘上的+键，复制文字，将其拖曳到书脊上适当的位置，并调整其大小，效果如图 11-115 所示。

STEP 25 使用相同的方法分别复制封面上需要的图形和文字，并将其拖曳到书脊上适当的位置，调整其大小，效果如图 11-116 所示。旅游书籍封面制作完成，效果如图 11-117 所示。

图 11-113　　　　　　　　　　　　　　　图 11-114

图 11-115　　　　　　图 11-116　　　　　　　　图 11-117

STEP 26 按 Ctrl+S 组合键，弹出"保存绘图"对话框，将制作好的图像命名为"旅游书籍封面"，保存为 CDR 格式，单击"保存"按钮，将图像保存。

InDesign 应用

11.1.4　制作 A 主页

STEP 1 打开 InDesign CC 2019 软件，选择"文件 > 新建 > 文档"命令，弹出"新建文档"对话框，如图 11-118 所示。单击"边距和分栏…"按钮，弹出"新建边距和分栏"对话框，选项的设置如图 11-119 所示。单击"确定"按钮，新建一个页面。选择"视图 > 其他 > 隐藏框架边缘"命令，将所绘制图形的框架边缘隐藏。

旅游书籍设计 4

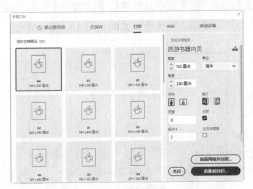
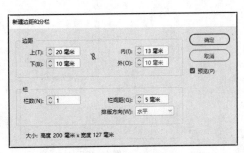

图 11-118　　　　　　　　　　　　　　　图 11-119

STEP 2 选择"窗口 > 页面"命令，弹出"页面"面板，按住 Shift 键的同时，单击所有页面的图标，将其全部选中，如图 11-120 所示。单击面板右上方的 ≡ 图标，在弹出的菜单中取消选择"允许选定的跨页随机排布"命令，如图 11-121 所示。

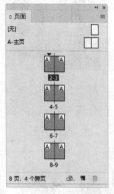

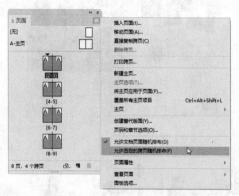

图 11-120   图 11-121

STEP 3 双击第二页的页面图标，如图 11-122 所示。选择"版面 > 页码和章节选项"命令，弹出"页码和章节选项"对话框，选项的设置如图 11-123 所示。单击"确定"按钮，"页面"面板如图 11-124 所示。

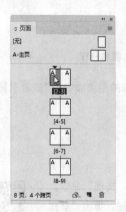

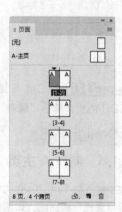

图 11-122   图 11-123   图 11-124

STEP 4 在"状态栏"中单击"文档所属页面"选项右侧的按钮 ∨，在弹出的页码中选择"A-主页"，页面效果如图 11-125 所示。选择"矩形"工具 ▭，在页面中适当的位置绘制一个矩形，设置图形填充色的 CMYK 值分别为 0、0、0、10，填充图形，并设置描边色为无，效果如图 11-126 所示。

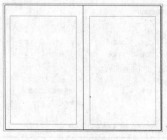

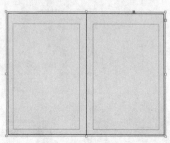

图 11-125   图 11-126

STEP★5 选择"椭圆"工具 ◯，按住 Shift 键的同时，在页面中适当的位置绘制一个圆形，设置图形填充色的 CMYK 值分别为 0、0、0、20，填充图形，并设置描边色为无，效果如图 11-127 所示。

STEP★6 选择"选择"工具 ▶，按住 Shift+Alt 组合键的同时，水平向右拖曳圆形到适当的位置，复制圆形，设置圆形填充色的 CMYK 值分别为 0、5、0、0，填充圆形，并设置描边色为无，效果如图 11-128 所示。

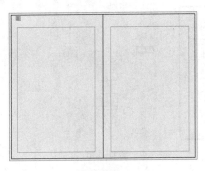

图 11-127

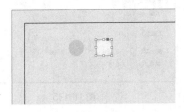

图 11-128

STEP★7 按住 Shift 键的同时，单击圆形将其选中，如图 11-129 所示。按住 Shift+Alt 组合键的同时，水平向右拖曳圆形到适当的位置，复制圆形，如图 11-130 所示。连续按 Ctrl+Alt+4 组合键，按需要再复制出多个圆形，效果如图 11-131 所示。

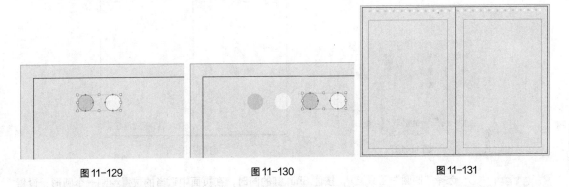

图 11-129   图 11-130   图 11-131

STEP★8 选择"选择"工具 ▶，按住 Shift 键的同时，将圆形选中，按 Ctrl+G 组合键，将其编组，如图 11-132 所示。按住 Shift+Alt 组合键的同时，水平向下拖曳圆形到适当的位置，复制圆形，如图 11-133 所示。使用相同的方法制作其他圆形，效果如图 11-134 所示。

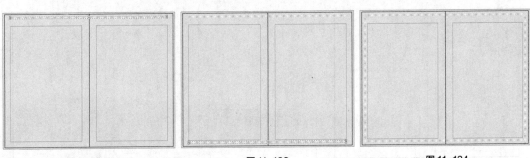

图 11-132   图 11-133   图 11-134

11.1.5 制作 B 主页

旅游书籍设计 5

STEP 1 单击"页面"面板右上方的图标 ≡，在弹出的菜单中选择"新建主页"命令，在弹出的对话框中进行设置，如图 11-135 所示。单击"确定"按钮，得到 B 主页，如图 11-136 所示。

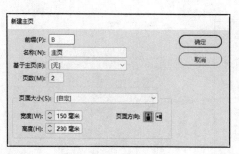

图 11-135

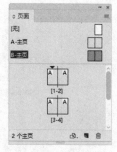

图 11-136

STEP 2 选择"选择"工具 ▶，单击"图层"面板下方的"创建新图层"按钮 ▣，新建一个图层，如图 11-137 所示。选择"矩形"工具 ▢，在页面中适当的位置绘制一个矩形，设置图形填充色的 CMYK 值分别为 0、0、0、10，填充图形，并设置描边色为无，效果如图 11-138 所示。

图 11-137

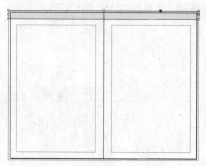

图 11-138

STEP 3 选择"椭圆"工具 ◯，按住 Shift 键的同时，在页面中适当的位置绘制一个圆形，设置图形填充色的 CMYK 值分别为 0、0、0、20，填充图形，并设置描边色为无，效果如图 11-139 所示。选择"选择"工具 ▶，按住 Shift+Alt 组合键的同时，水平向右拖曳圆形到适当的位置，复制图形，效果如图 11-140 所示。连续按 Ctrl+Alt+4 组合键，按需要再复制出多个图形，效果如图 11-141 所示。

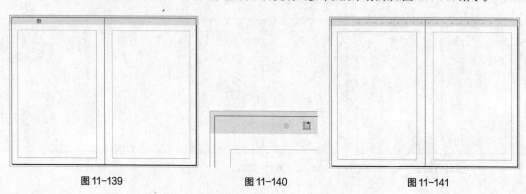

图 11-139　　　　　　　　图 11-140　　　　　　　　图 11-141

STEP 4 选择"矩形"工具 ▢，在页面中适当的位置绘制一个矩形，设置图形填充色的 CMYK 值分别为 0、0、0、10，填充图形，并设置描边色为无，效果如图 11-142 所示。使用相同的方法绘制其他矩形并填充适当的颜色，效果如图 11-143 所示。

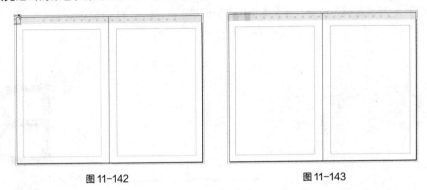

图 11-142   图 11-143

STEP 5 选择"选择"工具 ▶，按住 Shift 键的同时，将矩形选中，如图 11-144 所示。按 Ctrl+G 组合键，将图形编组。按住 Shift+Alt 组合键的同时，水平向右拖曳图形到适当的位置，复制图形，效果如图 11-145 所示。

STEP 6 选择"矩形"工具 ▢，在页面中适当的位置绘制一个矩形，填充图形为白色，并设置描边色为无，效果如图 11-146 所示。

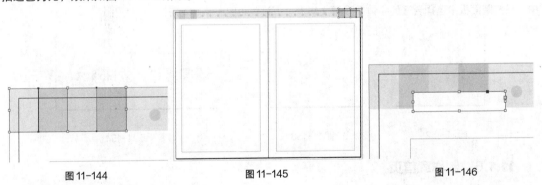

图 11-144   图 11-145   图 11-146

STEP 7 选择"对象 > 角选项"命令，在弹出的对话框中进行设置，如图 11-147 所示。单击"确定"按钮，效果如图 11-148 所示。

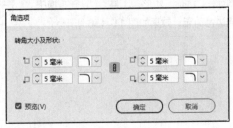

图 11-147

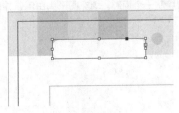

图 11-148

STEP 8 选择"文字"工具 T，在页面中拖曳一个文本框，输入需要的文字。将输入的文字选中，在控制面板中选择合适的字体并设置文字大小，设置填充色的 CMYK 值分别为 0、0、0、60，填充文字，取消文字的选取状态，效果如图 11-149 所示。

STEP 9 选择"椭圆"工具 ⬭，按住 Shift 键的同时，在页面的左下角绘制一个圆形，设置图形填充色的 CMYK 值分别为 0、0、0、60，填充图形，并设置描边色为无，效果如图 11-150 所示。

STEP 10 选择"文字"工具 T，在页面中空白处拖曳出一个文本框。选择"文字 > 插入特殊字符 > 标志符 > 当前页码"命令，在文本框中添加自动页码，如图 11-151 所示。

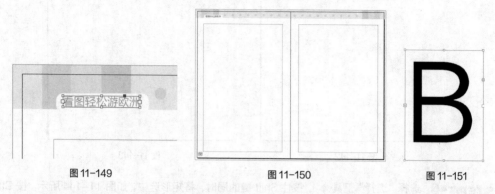

图 11-149　　　　　　　图 11-150　　　　　　　图 11-151

STEP 11 选择"文字"工具 T，选取刚添加的页码，在控制面板中选择合适的字体并设置文字大小，填充页码为白色。选择"选择"工具 ▶，将页码拖曳到页面中适当的位置，效果如图 11-152 所示。用相同的方法在页面右下方添加图形与自动页码，效果如图 11-153 所示。

STEP 12 选择"文字"工具 T，在页面中拖曳一个文本框，输入需要的文字。将输入的文字选中，在控制面板中选择合适的字体并设置文字大小，效果如图 11-154 所示。

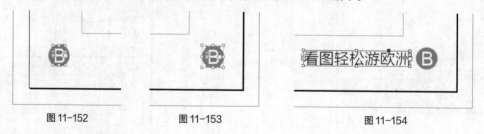

图 11-152　　　　　　　图 11-153　　　　　　　图 11-154

11.1.6　制作章首页

STEP 1 在"状态栏"中单击"文档所属页面"选项右侧的按钮 ⌄，在弹出的页码中选择"3"，页面效果如图 11-155 所示。

STEP 2 单击"图层"面板中的"图层1"图层。选择"矩形"工具 ▢，在页面中适当的位置绘制一个矩形，填充图形为白色，并设置描边色为无，效果如图 11-156 所示。

旅游书籍设计6

图 11-155

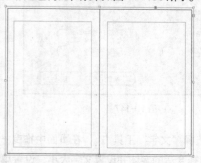

图 11-156

STEP 3 选择"矩形"工具 ▢ ，在页面中适当的位置分别绘制两个矩形，设置图形填充色的 CMYK 值分别为 0、0、0、10，填充图形，并设置描边色为无，效果如图 11-157 所示。

STEP 4 选择"椭圆"工具 ⬭ ，按住 Shift 键的同时，在页面中适当的位置绘制一个圆形，设置图形填充色的 CMYK 值分别为 0、0、0、20，填充图形，并设置描边色为无，效果如图 11-158 所示。

STEP 5 选择"选择"工具 ▶ ，按住 Shift+Alt 组合键的同时，水平向右拖曳圆形到适当的位置，复制图形，设置图形填充色的 CMYK 值分别为 0、5、0、0，填充图形，并设置描边色为无，效果如图 11-159 所示。

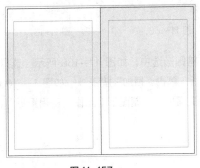
图 11-157

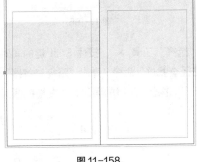
图 11-158

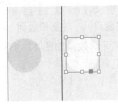
图 11-159

STEP 6 按住 Shift 键的同时，将圆形选中，如图 11-160 所示。按住 Shift+Alt 组合键的同时，水平向右拖曳图形到适当的位置，复制图形，如图 11-161 所示。连续按 Ctrl+Alt+4 组合键，按需要再复制出多个圆形，效果如图 11-162 所示。

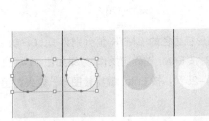
图 11-160

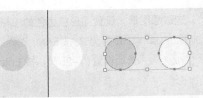
图 11-161

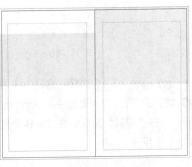
图 11-162

STEP 7 选择"文件 > 置入"命令，弹出"置入"对话框，选择资源包中的"Ch11 > 素材 > 旅游书籍设计 > 14"文件，单击"打开"按钮，在页面空白处单击鼠标左键置入图片。选择"自由变换"工具 ▦ ，拖曳图片到适当的位置并调整其大小，效果如图 11-163 所示。

STEP 8 选择"椭圆"工具 ⬭ ，按住 Shift 键的同时，在页面中适当的位置分别绘制两个圆形，效果如图 11-164 所示。

STEP 9 选择"旋转"工具 ↻ ，选取圆形左上方的中心点，按住 Alt 键的同时，将其拖曳到大圆中心的位置。弹出"旋转"对话框，选项的设置如图 11-165 所示。单击"复制"按钮，复制圆形，效果如图 11-166 所示。连

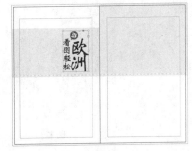
图 11-163

续按 Ctrl+Alt+4 组合键，按需要复制出多个圆形，效果如图 11-167 所示。

 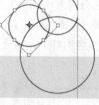 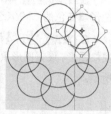

| 图 11-164 | 图 11-165 | 图 11-166 | 图 11-167 |

STEP 10 选择"选择"工具，按住 Shift 键的同时，将圆形选中，如图 11-168 所示。选择"窗口 > 对象和版面 > 路径查找器"命令，弹出"路径查找器"面板，单击"相加"按钮，如图 11-169 所示，效果如图 11-170 所示。按住 Alt 键的同时，向右拖曳图形到页面外，复制图形（此作为备用图形）。

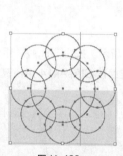  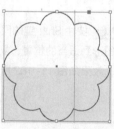

| 图 11-168 | 图 11-169 | 图 11-170 |

STEP 11 选择"选择"工具，选取原图形，设置图形描边色的 CMYK 值分别为 0、0、0、40，填充图形，在控制面板中将"描边粗细"选项 0.283 点 设置为 2，按 Enter 键确定操作，效果如图 11-171 所示。在"控制"面板中将"旋转角度" 0° 选项设置为-25°，按 Enter 键旋转图形，效果如图 11-172 所示。

 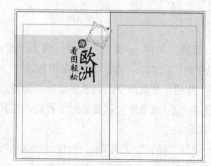

| 图 11-171 | 图 11-172 |

STEP 12 选择"文件 > 置入"命令，弹出"置入"对话框，选择资源包中的"Ch11 > 素材 > 旅游书籍设计 > 15"文件，单击"打开"按钮，在页面空白处单击鼠标左键置入图片。选择"自由变换"

工具 ，将其拖曳到适当的位置，并调整其大小，效果如图 11-173 所示。

STEP 13　保持图片的选取状态。按 Ctrl+X 组合键，将图片剪切到剪贴板上。选择"选择"工具 ▶，单击花朵图形，选择"编辑 > 贴入内部"命令，将图片贴入矩形的内部，效果如图 11-174 所示。

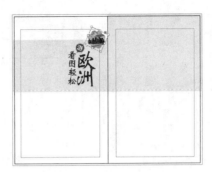

图 11-173　　　　　　　　　　　　　　　　图 11-174

STEP 14　选择"矩形"工具 ▢，在页面中适当的位置绘制一个矩形，如图 11-175 所示。选择 "文件 > 置入"命令，弹出"置入"对话框，选择资源包中的"Ch11 > 素材 > 旅游书籍设计 > 16"文件，单击"打开"按钮，在页面空白处单击鼠标左键置入图片。选择"自由变换"工具 ▦，将图片拖曳到适当的位置，并调整其大小，效果如图 11-176 所示。

STEP 15　保持图片的选取状态。按 Ctrl+X 组合键，将图片剪切到剪贴板上。选择"选择"工具 ▶，单击矩形，选择"编辑 > 贴入内部"命令，将图片贴入矩形的内部，并设置描边色为无，效果如图 11-177 所示。

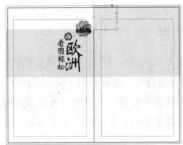

图 11-175　　　　　　　　　图 11-176　　　　　　　　　图 11-177

STEP 16　选择"矩形"工具 ▢，在页面中适当的位置绘制一个矩形，设置图形填充色的 CMYK 值分别为 0、0、0、40，填充图形，并设置描边色为无，效果如图 11-178 所示。选择"对象 > 角选项"命令，在弹出的对话框中进行设置，如图 11-179 所示。单击"确定"按钮，效果如图 11-180 所示。

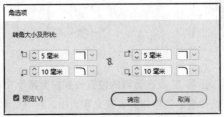
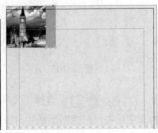

图 11-178　　　　　　　　　图 11-179　　　　　　　　　图 11-180

STEP 17 使用相同的方法制作其他图形，效果如图 11-181 所示。选择"椭圆"工具 ◯，按住 Shift 键的同时，在适当的位置分别绘制圆形，如图 11-182 所示。选择"钢笔"工具 ✐，在适当的位置绘制一个闭合路径，如图 11-183 所示。

图 11-181

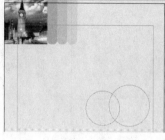
图 11-182

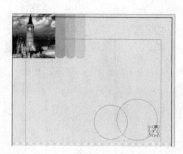
图 11-183

STEP 18 选择"选择"工具 ▶，按住 Shift 键的同时，依次单击圆形，将其选中，如图 11-184 所示。选择"路径查找器"面板，单击"相加"按钮 ■，效果如图 11-185 所示。

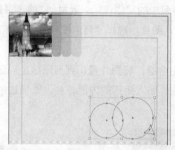
图 11-184

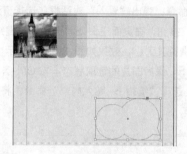
图 11-185

STEP 19 保持图形的选取状态。设置图形描边色的 CMYK 值为 0、100、100、10，填充描边，并在控制面板中将"描边粗细"选项 ◌ 0.283 点 ▾ 设置为 5 点，按 Enter 键确定操作，效果如图 11-186 所示。

STEP 20 选择"选择"工具 ▶，将页面外的备用图形拖曳到适当的位置，并调整其大小，效果如图 11-187 所示。设置图形填充色的 CMYK 值为 0、100、100、10，填充图形，并设置描边色为无，效果如图 11-188 所示。

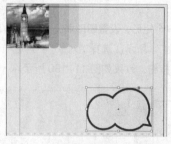
图 11-186

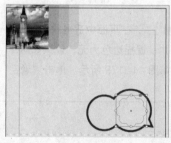
图 11-187

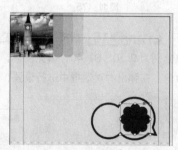
图 11-188

STEP 21 选择"文字"工具 T，在适当的位置分别拖曳两个文本框，输入需要的文字。将输入的文字选中，在控制面板中分别选择合适的字体并设置文字大小，取消文字的选取状态，效果如图 11-189 所示。选取文字"45 选"，填充文字为白色，效果如图 11-190 所示。

图 11-189

图 11-190

STEP 22 选择"文件 > 置入"命令，弹出"置入"对话框，选择资源包中的"Ch11 > 素材 > 旅游书籍设计 > 10、11"文件，单击"打开"按钮，在页面空白处分别单击鼠标左键置入图片。选择"自由变换"工具，将图片拖曳到适当的位置，并调整其大小，效果如图 11-191 所示。

STEP 23 选择"选择"工具，选取需要的图片，在"控制"面板中将"旋转角度" △ ◇ 0° 选项设置为-7°，按 Enter 键旋转图片，效果如图 11-192 所示。

STEP 24 按 Ctrl+O 组合键，打开资源包中的"Ch11 > 素材 > 旅游书籍设计 > 17"文件，选取需要的图形。按 Ctrl+C 组合键，复制选取的图形。返回到正在编辑的页面中，按 Ctrl+V 组合键，将其粘贴到页面中。选择"选择"工具，拖曳图形到适当的位置，效果如图 11-193 所示。

图 11-191

图 11-192

图 11-193

11.1.7　制作内页 5 和 6

STEP 1 在"页面"面板中按住 Shift 键的同时，将需要的页面选中，如图 11-194 所示。单击鼠标右键，在弹出的菜单中选择"将主页应用于页面"命令，在弹出的"应用主页"对话框中进行设置，如图 11-195 所示。单击"确定"按钮，如图 11-196 所示。双击"05"页面图标，进入"05"页面。在"图层"控制面板中选择"图层 1"。

旅游书籍设计 7

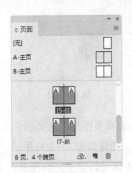
图 11-194

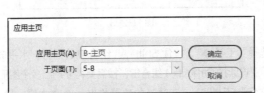
图 11-195

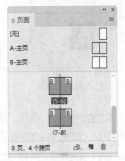
图 11-196

STEP 2 选择"矩形"工具，在页面中适当的位置分别绘制两个矩形，设置图形填充色的 CMYK

值分别为 0、0、0、10，填充图形，并设置描边色为无，效果如图 11-197 所示。再次绘制一个矩形，设置图形填充色的 CMYK 值分别为 0、0、0、20，填充图形，并设置描边色为无，效果如图 11-198 所示。

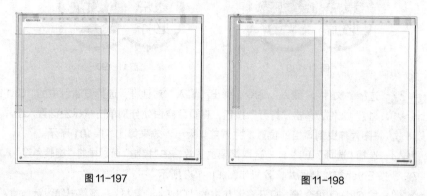

图 11-197   图 11-198

STEP 3 选择"对象 > 角选项"命令，在弹出的对话框中进行设置，如图 11-199 所示。单击"确定"按钮，效果如图 11-200 所示。使用相同的方法制作其他图形，效果如图 11-201 所示。

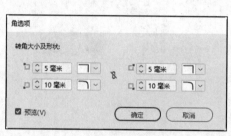

图 11-199

图 11-200   图 11-201

STEP 4 选择"矩形"工具 ▭ ，在页面中适当的位置绘制一个矩形，设置图形填充色的 CMYK 值分别为 0、0、0、40，填充图形，并设置描边色为无，效果如图 11-202 所示。选择"对象 > 角选项"命令，在弹出的对话框中进行设置，如图 11-203 所示。单击"确定"按钮，效果如图 11-204 所示。

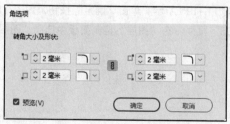

图 11-202   图 11-203   图 11-204

STEP 5 选择"选择"工具 ▶ ，按住 Shift+Alt 组合键的同时，水平向右拖曳图形到适当的位置，复制图形，如图 11-205 所示。连续按 Ctrl+Alt+4 组合键，按需要再复制出多个图形，效果如图 11-206 所示。

STEP 6 选择"文字"工具 T ，在适当的位置拖曳一个文本框，输入需要的文字。将所有的文字选中，在控制面板中选择合适的字体并设置文字大小，填充文字为白色，效果如图 11-207 所示。在"段落样式"面板中，单击面板下方的"创建新样式"按钮 ▣ ，生成新的段落样式并将其命名为"一级标题"，如图 11-208 所示。取消文字的选取状态。

图 11-205

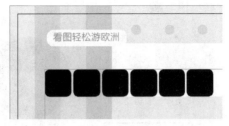

图 11-206

图 11-207

图 11-208

STEP 7　选择"文字"工具 **T**，选取文字"界"，设置文字填充色的 CMYK 值分别为 0、30、40、0，填充文字，取消文字的选取状态，效果如图 11-209 所示。用相同的方法为其他文字填充适当的颜色，效果如图 11-210 所示。

图 11-209

图 11-210

STEP 8　选择"文字"工具 **T**，在页面中拖曳一个文本框，输入需要的文字。将输入的文字选中，在控制面板中选择合适的字体并设置文字大小，取消文字的选取状态，效果如图 11-211 所示。

世界自然奇观 必游景点！

图 11-211

STEP 9　选择"椭圆"工具 ◯，按住 Shift 键的同时，在适当的位置绘制一个圆形，设置图形填充色的 CMYK 值分别为 0、100、100、10，填充图形，并设置描边色为无，效果如图 11-212 所示。

STEP 10　选择"17"文件。选取需要的图形，按 Ctrl+C 组合键，复制图形。返回到正在编辑的页面，按 Ctrl+V 组合键，将其粘贴到页面中。选择"选择"工具 ▶，拖曳图形到适当的位置，并旋转到适当的角度，效果如图 11-213 所示。设置图形填充色的 CMYK 值分别为 0、100、100、10，填充图形，设置描边色为无，效果如图 11-214 所示。

图 11-212　　　　　　　　图 11-213　　　　　　　　图 11-214

STEP 11 选择"文字"工具 T，在页面中拖曳一个文本框，输入需要的文字。将输入的文字选中，在控制面板中选择合适的字体并设置文字大小，填充文字为白色，取消文字的选取状态，效果如图 11-215 所示。

STEP 12 选择"矩形"工具 □，在页面中适当的位置绘制一个矩形，填充图形为白色，并设置描边色为无，效果如图 11-216 所示。选择"文字"工具 T，在适当的位置拖曳一个文本框，输入需要的文字。将所有的文字选中，在控制面板中选择合适的字体并设置文字大小，效果如图 11-217 所示。

图 11-215　　　　　　　　图 11-216　　　　　　　　图 11-217

STEP 13 选择"矩形"工具 □，在页面中适当的位置绘制一个矩形，填充图形为黑色，并设置描边色为无，如图 11-218 所示。选择"文件 > 置入"命令，弹出"置入"对话框，选择资源包中的"Ch11 > 素材 > 旅游书籍设计 > 18"文件，单击"打开"按钮，在页面空白处单击鼠标左键置入图片。选择"自由变换"工具 ⬚，将其拖曳到适当的位置，并调整其大小，效果如图 11-219 所示。

STEP 14 保持图片的选取状态。按 Ctrl+X 组合键，将图片剪切到剪贴板上。选择"选择"工具 ▶，单击矩形，选择"编辑 > 贴入内部"命令，将图片贴入矩形的内部，效果如图 11-220 所示。

图 11-218　　　　　　　　图 11-219　　　　　　　　图 11-220

STEP 15 选择"椭圆"工具 ⬭，在页面中适当的位置绘制一个椭圆形，设置图形填充色的 CMYK 值分别为 0、100、100、10，填充图形；设置描边色的 CMYK 值分别为 0、85、100、0，填充描边。在"控制"面板中将"描边粗细"选项 `0.283 点` 设置为 0.5 点，按 Enter 键确定操作，效果如图 11-221 所示。

STEP 16 双击"多边形"工具 ⬡，弹出"多边形设置"对话框，选项的设置如图 11-222 所示。单击"确定"按钮，在页面中拖曳鼠标绘制一个星形，填充图形为白色，并设置描边色为无，如图 11-223 所示。

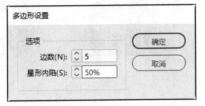

图 11-221   图 11-222   图 11-223

STEP 17 选择"选择"工具 ▶，按住 Shift+Alt 组合键的同时，水平向右拖曳图形到适当的位置，复制图形，效果如图 11-224 所示。连续按 Ctrl+Alt+4 组合键，按需要再复制出多个图形，如图 11-225 所示。选择"选择"工具 ▶，按住 Shift 键的同时，将星形选中，按 Ctrl+G 组合键，将图形编组，效果如图 11-226 所示。

图 11-224   图 11-225   图 11-226

STEP 18 选择"文字"工具 T，在适当的位置拖曳一个文本框，输入需要的文字。将所有的文字选中，在"控制"面板中选择合适的字体并设置文字的大小，单击"居中对齐"按钮 ≡，效果如图 11-227 所示。在"控制"面板中将"行距"选项 `(14.4 点)` 设置为 12，效果如图 11-228 所示。使用相同的方法制作其他的图片及文字，效果如图 11-229 所示。

图 11-227   图 11-228   图 11-229

STEP 19 选择"文件 > 置入"命令，弹出"置入"对话框，选择资源包中的"Ch11 > 素材 > 旅游书籍设计 > 11"文件，单击"打开"按钮，在页面空白处单击鼠标左键置入图片。选择"自由变换"

工具 █，将其拖曳到适当的位置，并调整其大小，效果如图 11-230 所示。

STEP 20 选择"直线"工具 ╱，按住 Shift 键的同时，在页面中拖曳鼠标绘制直线，设置描边色的 CMYK 值分别为 0、100、100、10，填充直线。在"控制"面板中将"描边粗细"选项 █ 0.283 点 █ 设置为 1 点，按 Enter 键确定操作，效果如图 11-231 所示。选择"选择"工具 █，按住 Shift+Alt 组合键的同时，水平向下拖曳直线到适当的位置，复制直线，效果如图 11-232 所示。

图 11-230

图 11-231

图 11-232

STEP 21 选择"文字"工具 █，在适当的位置分别拖曳文本框，输入需要的文字。将所有的文字选中，在控制面板中选择合适的字体并设置文字大小，取消文字的选取状态，效果如图 11-233 所示。

STEP 22 选择"文字"工具 █，分别选取需要的文字。在"控制"面板中将"行距"选项 █ (14.4 点) █ 设置为 11，按 Enter 键取消文字的选取状态，效果如图 11-234 所示。

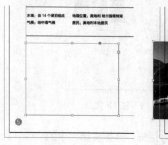
图 11-233

图 11-234

STEP 23 选择"矩形"工具 █，在页面中适当的位置绘制一个矩形，如图 11-235 所示。选择"文件 > 置入"命令，弹出"置入"对话框，选择资源包中的"Ch11 > 素材 > 旅游书籍设计 > 21"文件，单击"打开"按钮，在页面空白处单击鼠标左键置入图片。选择"自由变换"工具 █，将其拖曳到适当的位置，并调整其大小，效果如图 11-236 所示。

STEP 24 保持图片的选取状态。按 Ctrl+X 组合键，将图片剪切到剪贴板上。选择"选择"工具 █，单击下方的矩形，选择"编辑 > 贴入内部"命令，将图片贴入矩形的内部，并设置描边色为无，效果如图 11-237 所示。

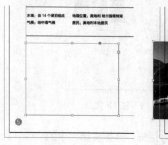
图 11-235

图 11-236

图 11-237

STEP 25 选择"矩形"工具 ▢，在页面中适当的位置绘制一个矩形，设置图形填充色的 CMYK 值分别为 0、0、100、0，填充图形，并设置描边色为无，效果如图 11-238 所示。

STEP 26 选择"选择"工具 ▶，在上方选取需要的图形，按住 Alt 键的同时，将其拖曳到适当的位置，复制图形，拖曳鼠标调整其角度，效果如图 11-239 所示。

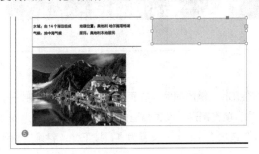

图 11-238

图 11-239

STEP 27 选择"矩形"工具 ▢，在页面中适当的位置绘制一个矩形，设置图形填充色的 CMYK 值分别为 0、100、100、10，填充图形，设置描边色为白色，在控制面板中将"描边粗细"选项 ⊕ 0.283 点 ∨ 设置为 1，按 Enter 键确定操作，效果如图 11-240 所示。

STEP 28 选择"对象 > 角选项"命令，在弹出的对话框中进行设置，如图 11-241 所示。单击"确定"按钮，效果如图 11-242 所示。

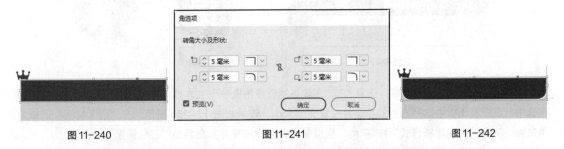

图 11-240 图 11-241 图 11-242

STEP 29 选择"选择"工具 ▶，选取右侧的直线，按住 Alt+Shift 组合键的同时，水平向右拖曳直线到适当的位置，复制直线，调整其宽度，效果如图 11-243 所示。选择"椭圆"工具 ⬭，按住 Shift 键的同时，在页面中绘制一个圆形，填充图形为黑色，并设置描边色为无，效果如图 11-244 所示。

图 11-243 图 11-244

STEP 30 选择"文字"工具 T，在页面中拖曳一个文本框，输入需要的文字。将输入的文字选中，在控制面板中选择合适的字体并设置文字大小，填充文字为白色，取消文字的选取状态，效果如图 11-245 所示。

STEP 31 选择"文字"工具 T，在适当的位置拖曳一个文本框，输入需要的文字。将所有的文字选中，在控制面板中选择合适的字体并设置文字大小，填充文字为白色，如图 11-246 所示。在"段落样式"面板中，单击面板下方的"创建新样式"按钮 ▣，生成新的段落样式并将其命名为"二级标题"，取消文字的选取状态。

图 11-245   图 11-246

STEP 32 选择"椭圆"工具 ◯，按住 Shift 键的同时，在页面中适当的位置绘制一个圆形，设置图形填充色的 CMYK 值分别为 0、100、0、13，填充图形，设置描边色的 CMYK 值分别为 44、0、100、0，填充图形描边。在控制面板中将"描边粗细"选项 ◌ 0.283 点 ✓ 设置为 1，按 Enter 键确定操作，效果如图 11-247 所示。

STEP 33 选择"文字"工具 T，在页面中拖曳一个文本框，输入需要的文字。将输入的文字选中，在控制面板中选择合适的字体并设置文字大小，填充文字为白色，取消文字的选取状态，效果如图 11-248 所示。在"控制"面板中将"旋转角度"选项 △ ◌ 0° ✓ 设置为 18°，按 Enter 键旋转文字，效果如图 11-249 所示。

图 11-247   图 11-248   图 11-249

STEP 34 选择"文字"工具 T，在适当的位置拖曳一个文本框，输入需要的文字。将所有的文字选中，在控制面板中选择合适的字体并设置文字大小，效果如图 11-250 所示。在"段落样式"面板中，单击面板下方的"创建新样式"按钮 ▣，生成新的段落样式并将其命名为"三级标题"。

STEP 35 选择"选择"工具 ▶，在页面中选取需要的图形，如图 11-251 所示。按住 Alt 键的同时，将其拖曳到适当的位置，并调整其大小，设置图形填充色的 CMYK 值分别为 0、100、100、10，填充图形，并设置描边色为无，效果如图 11-252 所示。

图 11-250   图 11-251   图 11-252

STEP 36 选择"文字"工具 T，在适当的位置拖曳一个文本框，输入需要的文字。将所有的文字选中，在控制面板中选择合适的字体并设置文字大小，效果如图 11-253 所示。在"控制"面板中将"行距"选项 ✍ ◌ (14.4 点) ✓ 设置为 12，效果如图 11-254 所示。

STEP 37 在"段落样式"面板中，单击面板下方的"创建新样式"按钮 ▣，生成新的段落样式并将其命名为"文本段落"。

图 11-253　　　　　　　　　　　　　图 11-254

STEP 38 选择"矩形"工具，在页面中适当的位置绘制一个矩形，设置图形填充色的 CMYK 值分别为 0、0、0、10，填充图形，并设置描边色为无，效果如图 11-255 所示。

STEP 39 选择"矩形"工具，在页面中适当的位置绘制一个矩形，设置图形填充色的 CMYK 值分别为 0、0、0、30，填充图形，设置描边色为白色，在"控制"面板中将"描边粗细"选项 0.283 点 设置为 1，按 Enter 键确定操作，效果如图 11-256 所示。

STEP 40 选择"对象 > 角选项"命令，在弹出的对话框中进行设置，如图 11-257 所示。单击"确定"按钮，效果如图 11-258 所示。

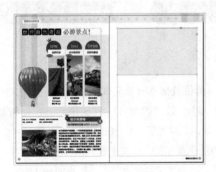

图 11-255

图 11-256

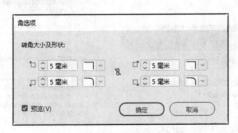

图 11-257

图 11-258

STEP 41 选择"矩形"工具，在页面中适当的位置绘制一个矩形，设置图形填充色的 CMYK 值分别为 0、100、100、10，填充图形，设置描边色为白色，并在控制面板中将"描边粗细"选项 0.283 点 设置为 1，按 Enter 键确定操作，效果如图 11-259 所示。

STEP 42 选择"对象 > 角选项"命令，在弹出的对话框中进行设置，如图 11-260 所示。单击"确定"按钮，效果如图 11-261 所示。

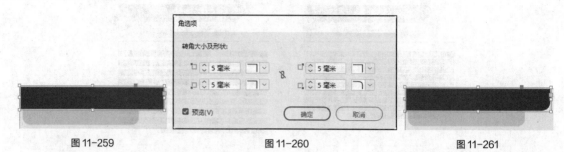

图 11-259   图 11-260   图 11-261

STEP 43 选择"17"文件。选取需要的图形，按 Ctrl+C 组合键，复制图形。返回到正在编辑的页面中，按 Ctrl+V 组合键，将其粘贴到页面中。选择"选择"工具 ，拖曳图形到适当的位置，效果如图 11-262 所示。

STEP 44 选择"文字"工具 T ，在页面中适当的位置拖曳一个文本框，输入需要的文字。在"段落样式"面板中单击"二级标题"样式，取消文字的选取状态，效果如图 11-263 所示。

STEP 45 用相同的方法输入需要的文字。在"段落样式"面板中单击"三级标题"样式，取消文字的选取状态，效果如图 11-264 所示。

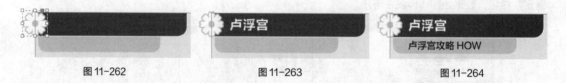

图 11-262   图 11-263   图 11-264

STEP 46 选择"文字"工具 T ，在页面中适当的位置拖曳一个文本框，输入需要的文字。将所有的文字选中，在控制面板中选择合适的字体并设置文字大小，效果如图 11-265 所示。在控制面板中将"行距"选项 (14.4 点) 设置为 11，取消文字的选取状态，效果如图 11-266 所示。

STEP 47 选择"文字"工具 T ，在页面中适当的位置拖曳一个文本框，输入需要的文字。将所有的文字选中，在"段落样式"面板中单击"文本段落"样式，取消文字的选取状态，效果如图 11-267 所示。

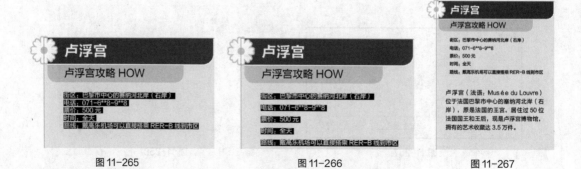

图 11-265   图 11-266   图 11-267

STEP 48 选择"矩形"工具 ，在页面中适当的位置绘制一个矩形，如图 11-268 所示。选择"文件 > 置入"命令，弹出"置入"对话框，选择资源包中的"Ch11 > 素材 > 旅游书籍设计 > 22"文件，单击"打开"按钮，在页面空白处单击鼠标左键置入图片。选择"自由变换"工具 ，将其拖曳到适当的位置，并调整其大小，效果如图 11-269 所示。

图 11-268

图 11-269

STEP 49 保持图片的选取状态。按 Ctrl+X 组合键，将图片剪切到剪贴板上。选择"选择"工具，单击下方的矩形，选择"编辑 > 贴入内部"命令，将图片贴入矩形的内部，并设置描边色为无，效果如图 11-270 所示。用上述方法制作内页的其他内容，效果如图 11-271 所示。

图 11-270

图 11-271

11.1.8　制作内页 7 和 8

STEP 1 在"状态栏"中单击"文档所属页面"选项右侧的按钮 ，在弹出的页码中选择"7"，页面效果如图 11-272 所示。

STEP 2 选择"文件 > 置入"命令，弹出"置入"对话框，选择资源包中的"Ch11 > 素材 > 旅游书籍设计 > 27"文件，单击"打开"按钮，在页面空白处单击鼠标左键置入图片。选择"自由变换"工具 ，将其拖曳到适当的位置，并调整其大小，效果如图 11-273 所示。

旅游书籍设计 8

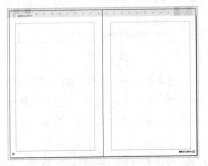
图 11-272

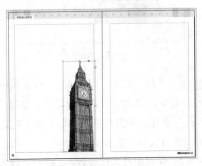
图 11-273

STEP 3 选择"选择"工具 ，在页面中选取需要的图形和文字，如图 11-274 所示。按住 Alt

键的同时，将图形和文字拖曳到适当的位置，复制图形，效果如图 11-275 所示。选择"文字"工具 T，选取需要更改的文字，替换为需要的文字内容，效果如图 11-276 所示。

图 11-274   图 11-275   图 11-276

STEP▶4 选择"选择"工具 ▶，选取需要的图形，如图 11-277 所示。设置图形描边色的 CMYK 值分别为 60、0、10、0，填充描边，取消图形的选取状态，效果如图 11-278 所示。

图 11-277   图 11-278

STEP▶5 选择"文字"工具 T，在适当的位置拖曳一个文本框，输入需要的文字。将所有的文字选中，在控制面板中选择合适的字体并设置文字大小，效果如图 11-279 所示。在"控制"面板中将"行距"选项 ↕ 14.4 点 ∨ 设置为 11，取消文字的选取状态，效果如图 11-280 所示。

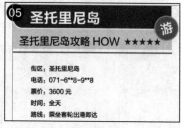

图 11-279   图 11-280

STEP▶6 选择"矩形"工具 ▢，在页面中适当的位置绘制一个矩形，如图 11-281 所示。选择"文件 > 置入"命令，弹出"置入"对话框，选择资源包中的"Ch11 > 素材 > 旅游书籍设计 > 28"文件，单击"打开"按钮，在页面空白处单击鼠标左键置入图片。选择"自由变换"工具 ▣，将其拖曳到适当的位置，并调整其大小，效果如图 11-282 所示。

STEP▶7 保持图片的选取状态。按 Ctrl+X 组合键，将图片剪切到剪贴板上。选择"选择"工具 ▶，单击下方的矩形，选择"编辑 > 贴入内部"命令，将图片贴入矩形的内部，并设置描边色为无，效果如图 11-283 所示。使用相同的方法制作其他图片，效果如图 11-284 所示。

图 11-281

图 11-282

图 11-283

图 11-284

STEP 8 选择"钢笔"工具 ，在页面中绘制一个图形，如图 11-285 所示。选择"文字"工具 T ，在绘制的图形内单击鼠标左键，输入需要的文字。将所有的文字选中，在"段落样式"面板中单击"文本段落"样式，取消文字的选取状态，效果如图 11-286 所示。用上述方法制作内页的其他内容，效果如图 11-287 所示。

图 11-285

图 11-286

图 11-287

11.1.9 制作书籍目录

STEP 1 在"状态栏"中单击"文档所属页面"选项右侧的按钮 ⌄ ，在弹出的页码中选择"1"，效果如图 11-288 所示。

STEP 2 选择"文字"工具 T ，在页面中拖曳一个文本框，输入需要的文字。将输入的文字选中，在控制面板中选择合适的字体并设置文字大小，取消文字的选取状态，效果如图 11-289 所示。

旅游书籍设计 9

图 11-288

图 11-289

STEP 3 选择"文字"工具 T ，选取需要的文字，如图 11-290 所示。设置文字填充色的 CMYK 值分别为 0、100、100、10，填充文字，取消文字的选取状态，效果如图 11-291 所示。

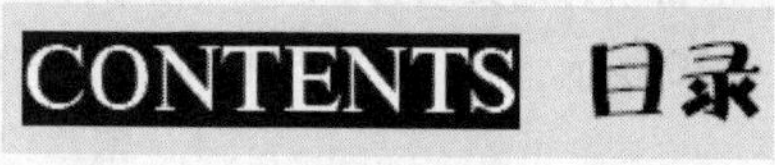

CONTENTS 目录   CONTENTS 目录

图 11-290

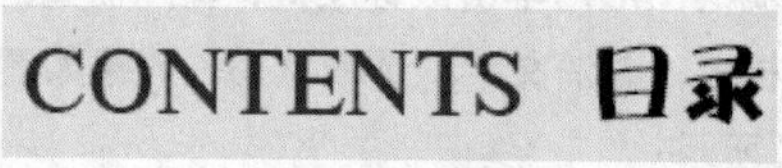

图 11-291

STEP 4 按 Ctrl+O 组合键，打开资源包中的"Ch09 > 素材 > 制作旅游书籍 > 30"文件，按 Ctrl+A 组合键，全选图形。按 Ctrl+C 组合键，复制选取的图形。返回到正在编辑的页面中，按 Ctrl+V 组合键，将其粘贴到页面中。选择"选择"工具 ▶ ，拖曳图形到适当的位置，效果如图 11-292 所示。

STEP 5 选择"矩形"工具 ▢ ，在适当的位置绘制一个矩形，填充图形为白色，并设置描边色为无，效果如图 11-293 所示。

图 11-292

图 11-293

STEP 6 选择"文件 > 置入"命令，弹出"置入"对话框，选择资源包中的"Ch11 > 素材 > 旅游书籍设计 > 31"文件，单击"打开"按钮，在页面空白处单击鼠标左键置入图片。选择"自由变换"工具 ▦ ，将其拖曳到适当的位置，并调整其大小，效果如图 11-294 所示。

STEP 7 保持图片的选取状态。按 Ctrl+X 组合键，将图片剪切到剪贴板上。选择"选择"工具 ，单击下方的矩形，选择"编辑 > 贴入内部"命令，将图片贴入矩形的内部，并设置描边色为无，效果如图 11-295 所示。

图 11-294

图 11-295

STEP 8 使用相同的方法制作其他图片，效果如图 11-296 所示。选择"文件 > 置入"命令，弹出"置入"对话框，选择资源包中的"Ch11 > 素材 > 旅游书籍设计 > 10、11、34、35、37"文件，单击"打开"按钮，在页面中分别单击鼠标左键置入图片。选择"自由变换"工具 ，分别将图片拖曳到适当的位置并调整其大小，效果如图 11-297 所示。

图 11-296

图 11-297

STEP 9 选择"矩形"工具 ，在页面的适当位置绘制一个矩形，设置图形填充色的 CMYK 值分别为 0、100、100、10，填充图形，并设置描边色为无，效果如图 11-298 所示。选择"对象 > 角选项"命令，在弹出的对话框中进行设置，如图 11-299 所示。单击"确定"按钮，效果如图 11-300 所示。

图 11-298

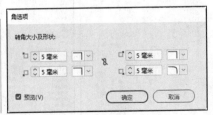

图 11-299

图 11-300

STEP 10 选择"直线"工具 ，按住 Shift 键的同时，在适当的位置绘制一条直线，效果如图

11-301 所示。选择"选择"工具 ，按住 Alt+Shift 组合键的同时，垂直向下拖曳直线到适当的位置，复制直线，效果如图 11-302 所示。

图 11-301　　　　　　　　　　　　图 11-302

STEP 11 选择"椭圆"工具 ⬭，按住 Shift 键的同时，在适当的位置绘制一个圆形，设置图形填充色的 CMYK 值分别为 0、25、75、0，填充图形，并设置描边色为白色，在"控制"面板中将"描边粗细"选项 ⬭ 0.283 点 设置为 1，按 Enter 键确定操作，效果如图 11-303 所示。

STEP 12 选择"文字"工具 T，在页面中拖曳一个文本框，分别输入需要的文字。将输入的文字选中，在"控制"面板中选择合适的字体并设置文字大小，效果如图 11-304 所示。选取需要的文字，如图 11-305 所示。填充文字为白色，取消文字的选取状态，效果如图 11-306 所示。在"段落样式"面板中，单击面板下方的"创建新样式"按钮 ⬛，生成新的段落样式并将其命名为"目录"，如图 11-307 所示。

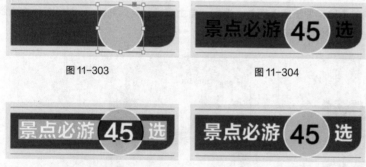

图 11-303　　　　　　　　　　图 11-304

图 11-305　　　　　　　　图 11-306　　　　　　　图 11-307

STEP 13 双击"目录"样式，弹出"段落样式选项"对话框，单击"基本字符格式"选项，弹出相应的对话框，选项的设置如图 11-308 所示。单击左侧的"制表符"选项，弹出相应的对话框，选项的设置如图 11-309 所示。单击"确定"按钮。

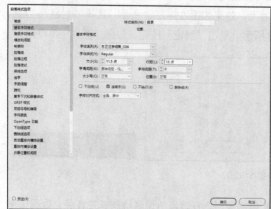

图 11-308

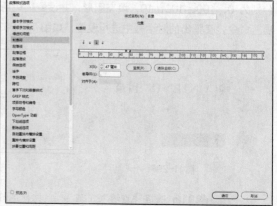

图 11-309

STEP 14 选择"版面 > 目录"命令，弹出"目录"对话框，删除"标题"选项中的"目录"，在"其他样式"列表中选择"一级标题"，如图 11-310 所示。单击"添加"按钮（<< 添加(A)），将"一级标题"添加到"包含段落样式"列表中，如图 11-311 所示。

图 11-310

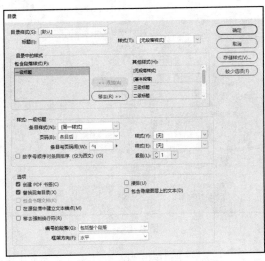

图 11-311

STEP 15 在"样式：一级标题"选项组中，单击"条目样式"选项右侧的按钮，在弹出的菜单中选择"目录"，单击"页码"选项右侧的按钮，在弹出的菜单中选择"条目后"，如图 11-312 所示。

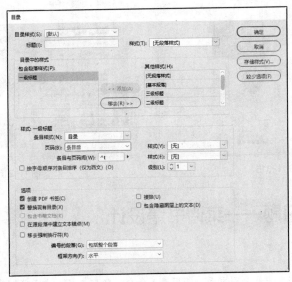

图 11-312

STEP 16 在"其他样式"列表中选择"二级标题"，单击"添加"按钮（<< 添加(A)），将"二级标题"添加到"包含段落样式"列表中，其他选项的设置如图 11-313 所示。

STEP 17 在"其他样式"列表中选择"三级标题"，单击"添加"按钮（<< 添加(A)），将"三级标

题"添加到"包含段落样式"列表中，其他选项的设置如图 11-314 所示。

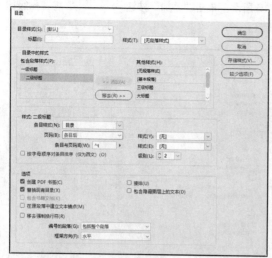

图 11-313

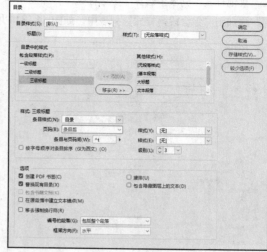

图 11-314

STEP 18 单击"确定"按钮，在页面中拖曳鼠标，提取目录。单击"段落样式"面板下方的"清除选区中的优先选项"按钮 ¶，并适当调整目录顺序，效果如图 11-315 所示。用相同的方法添加其他目录，效果如图 11-316 所示。至此，旅游书籍制作完成。

图 11-315

图 11-316

11.2 课后习题——菜谱书籍设计

习题知识要点

在 Illustrator 中，使用参考线分割页面，使用置入命令、矩形工具和建立剪切蒙版命令制作图片的剪切蒙版，使用透明度控制面板制作半透明效果，使用文字工具、字符控制面板和填充工具添加并编辑内容信息，使用星形工具、椭圆工具、混合工具制作装饰图形，使用钢笔工具、路径文字工具制作路径文字；在 InDesign 中，使用页码和章节选项命令更改起始页码，使用置入命令、选择工具添加并裁剪图片，使用矩形工具、角选项命令和贴入内部命令制作图片剪切效果，使用边距和分栏命令调整边距和分栏，使用文字工具、字符样式面板和段落样式面板添加标题及介绍性文字，使用直线工具、描边面板制作虚线效果，使用目录命令提取书籍目录。菜谱书籍封面、内页效果如图 11-317 所示。

🔍 **效果所在位置**

　　资源包 > Ch11 > 效果 > 菜谱书籍设计 > 菜谱书籍封面.ai、菜谱书籍内页.indd。

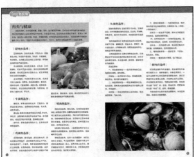

图 11-317

菜谱书籍设计 1

菜谱书籍设计 2

菜谱书籍设计 3

菜谱书籍设计 4

菜谱书籍设计 5

菜谱书籍设计 6

菜谱书籍设计 7

菜谱书籍设计 8

Chapter

12

第 12 章
网页设计

网页是构成网站的基本元素，是承载各种网站应用的平台。网页实际上是一个文件，存放在世界某个角落的某台计算机中，与互联网相连并通过网址来识别与存取信息。当输入网址后，浏览器会快速运行一段程序，将网页文件传送到用户的计算机中，解释并展示网页的内容。本章以 Easy Life 家居电商网站首页设计为例，讲解网页的设计方法和制作技巧。

课堂学习目标

- 掌握网页的设计思路和过程

- 掌握网页的制作方法和技巧

12.1　Easy Life 家居电商网站首页设计

案例学习目标

在 Photoshop 中，学会使用新建参考线版面命令分割页面，使用置入嵌入对象命令、绘图工具、创建剪贴蒙版命令、图层控制面板、横排文字工具和字符控制面板制作 Easy Life 家居电商网站首页。

案例知识要点

在 Photoshop 中，使用新建参考线命令添加水平参考线，使用移动工具添加系列图标，使用置入嵌入对象命令添加产品图片，使用横排文字工具、字符控制面板、矩形工具、直线工具和多边形工具制作注册栏及导航栏，使用矩形工具、添加图层蒙版按钮、画笔工具和横排文字工具制作 Banner 区域，使用矩形工具、创建剪贴蒙版命令、不透明度选项、渐变叠加命令、直线工具和横排文字工具制作内容区域和页脚区域。Easy Life 家居电商网站首页设计效果如图 12-1 所示。

效果所在位置

资源包 > Ch12 > 效果 > Easy Life 家居电商网站首页设计.psd。

图 12-1

Photoshop 应用

12.1.1 制作注册栏及导航栏

STEP 1 打开 Photoshop CC 2019 软件，按 Ctrl+N 组合键，弹出"新建文档"对话框，设置宽度为 1920 像素，高度为 5380 像素，分辨率为 72 像素/英寸，颜色模式为 RGB，背景内容为白色，单击"创建"按钮，新建一个文档。

STEP 2 选择"视图 > 新建参考线版面"命令，弹出"新建参考线版面"对话框，选项的设置如图 12-2 所示。单击"确定"按钮，完成参考线的创建，如图 12-3 所示。

Easy Life 家居电商
网站首页设计 1

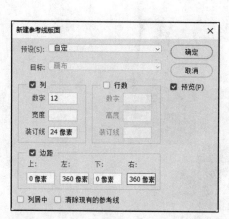

图 12-2

图 12-3

STEP 3 选择"视图 > 新建参考线"命令，弹出"新建参考线"对话框，在 40 像素的位置新建一条水平参考线，设置如图 12-4 所示。单击"确定"按钮，完成参考线的创建，效果如图 12-5 所示。

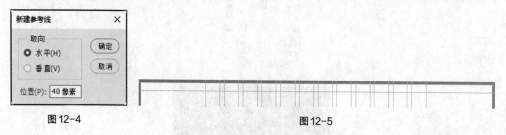

图 12-4

图 12-5

STEP 4 选择"横排文字"工具 T，在适当的位置输入需要的文字并选取。选择"窗口 > 字符"

命令，弹出"字符"控制面板，将"颜色"设置为灰色（其 R、G、B 的值分别为 59、59、59），其他选项的设置如图 12-6 所示；按 Enter 键确定操作，效果如图 12-7 所示。用相同的方法在适当的位置分别输入需要的文字，效果如图 12-8 所示。在"图层"控制面板中分别生成新的文字图层。

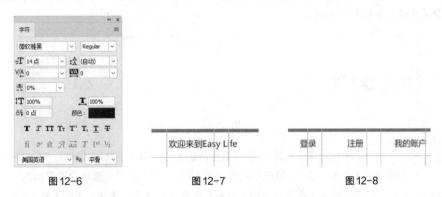

图 12-6　　　　　　　　　　图 12-7　　　　　　　　　图 12-8

STEP 5 选择"直线"工具 ，在属性栏的"选择工具模式"选项中选择"形状"，将"填充"颜色设置为无，"描边"颜色设置为灰色（其 R、G、B 的值分别为 131、128、128），"粗细"选项设置为 1 像素。按住 Shift 键的同时，在图像窗口中适当的位置绘制直线，如图 12-9 所示。在"图层"控制面板中生成新的形状图层"形状 1"。

STEP 6 选择"移动"工具 ，按住 Alt+Shift 组合键的同时，将直线向左拖曳至适当的位置，复制图形，效果如图 12-10 所示。在"图层"控制面板中生成新的形状图层"形状 1 拷贝"。

STEP 7 按住 Shift 键的同时，单击"欢迎来到 Easy Life"图层，将需要的图层选中，按 Ctrl+G 组合键，群组图层并将其命名为"注册栏"，如图 12-11 所示。

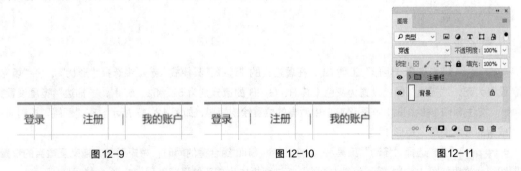

图 12-9　　　　　　　　　　图 12-10　　　　　　　　　图 12-11

STEP 8 选择"视图 > 新建参考线"命令，弹出"新建参考线"对话框，在 180 像素（距离上方参考线 140 像素）的位置新建一条水平参考线，设置如图 12-12 所示。单击"确定"按钮，完成参考线的创建，效果如图 12-13 所示。

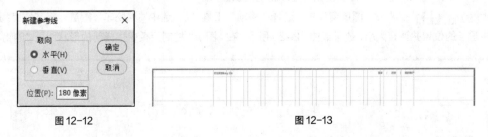

图 12-12　　　　　　　　　　　　　　　图 12-13

STEP 9 选择"文件 > 置入嵌入对象"命令，弹出"置入嵌入对象"对话框，选择资源包中的 "Ch12 > 素材 > Easy Life 家居电商网站首页设计 > 01"文件，单击"置入"按钮，将图片置入图像窗口中，拖曳到适当的位置并调整大小，按 Enter 键确定操作，效果如图 12-14 所示。在"图层"控制面板中生成新的图层并将其命名为"logo"。

图 12-14

STEP 10 选择"横排文字"工具 T，在适当的位置输入需要的文字并选取。在"字符"面板中，将"颜色"设置为橙黄色（其 R、G、B 的值分别为 195、135、73），其他选项的设置如图 12-15 所示，按 Enter 键确定操作。用相同的方法在适当的位置分别输入需要的文字，填充为灰色（其 R、G、B 的值分别为 59、59、59），效果如图 12-16 所示。在"图层"控制面板中分别生成新的文字图层。

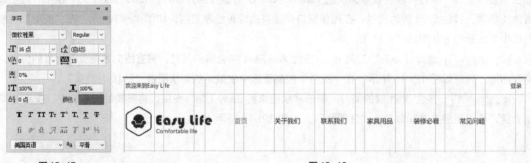

图 12-15   图 12-16

STEP 11 选择"矩形"工具 □，在属性栏的"选择工具模式"选项中选择"形状"，将"填充"颜色设置为无，"描边"颜色设置为灰色（其 R、G、B 的值分别为 52、52、52），"描边"宽度设置为 1 像素。按住 Shift 键的同时，在图像窗口中适当的位置绘制矩形，如图 12-17 所示。在"图层"控制面板中生成新的形状图层"矩形 1"。

STEP 12 选择"移动"工具 ⊕，按住 Alt+Shift 组合键的同时，将矩形向右拖曳至适当的位置，复制图形，效果如图 12-18 所示。在"图层"控制面板中生成新的形状图层"矩形 1 拷贝"。

STEP 13 按 Ctrl+O 组合键，打开资源包中的"Ch12 > 素材 > Easy Life 家居电商网站首页设计 > 02"文件，选择"移动"工具 ⊕，将"搜索"图形拖曳到图像窗口中适当的位置并调整大小，效果如图 12-19 所示。在"图层"控制面板中生成新的形状图层"搜索"。

STEP 14 在"02"图像窗口中，选择"移动"工具 ⊕，选中"购物车"图层，将其拖曳到图像窗口中适当的位置并调整大小，效果如图 12-20 所示。在"图层"控制面板中生成新的形状图层"购物车"。

图 12-17   图 12-18   图 12-19   图 12-20

STEP⏷15 选择"多边形"工具 ⬠，在属性栏中将"边"选项设置为 6，按住 Shift 键的同时，在图像窗口中适当的位置绘制多边形，在属性栏中将"填充"颜色设置为灰色（其 R、G、B 的值分别为 52、52、52），"描边"颜色设置为无，如图 12-21 所示。在"图层"控制面板中生成新的形状图层"多边形 1"。

STEP⏷16 选择"横排文字"工具 T，在适当的位置输入需要的文字并选取。在"字符"面板中，将"颜色"设置为白色，其他选项的设置如图 12-22 所示；按 Enter 键确定操作，效果如图 12-23 所示。在"图层"控制面板中生成新的文字图层。

STEP⏷17 按住 Shift 键的同时，单击"logo"图层，将需要的图层选中，按 Ctrl+G 组合键，群组图层并将其命名为"导航栏"，如图 12-24 所示。

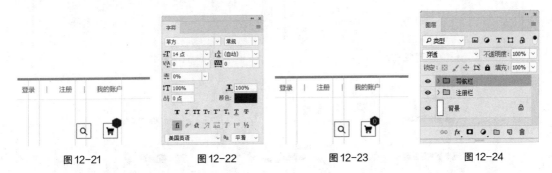

图 12-21　　　　　图 12-22　　　　　图 12-23　　　　　图 12-24

12.1.2　制作 Banner 区域

STEP⏷1 选择"视图 > 新建参考线"命令，弹出"新建参考线"对话框，在 1032 像素（距离上方参考线 852 像素）的位置新建一条水平参考线，设置如图 12-25 所示。单击"确定"按钮，完成参考线的创建，效果如图 12-26 所示。

Easy Life 家居电商
网站首页设计 2

　　图 12-25　　　　　　　　　图 12-26

STEP⏷2 选择"矩形"工具 ▭，将"填充"颜色设置为浅灰色（其 R、G、B 的值分别为 245、245、245），"描边"颜色设置为无。在距离上方图形 78 像素的位置绘制矩形，在"图层"控制面板中生成新的形状图层并将其命名为"矩形 2"，如图 12-27 所示。

STEP⏷3 按 Ctrl+O 组合键，打开资源包中的"Ch12 > 素材 > Easy Life 家居电商网站首页设计 > 03"文件，选择"移动"工具 ⊕，将图片拖曳到图像窗口中适当的位置并调整大小，效果如图 12-28 所示。在"图层"控制面板中生成新的图层"图层 1"。

STEP⏷4 选择"矩形"工具 ▭，在属性栏中将"填充"颜色设置为无，"描边"颜色设置为白色，"粗细"选项设置为 14 像素。在图像窗口中适当的位置绘制矩形，如图 12-29 所示。在"图层"控制面板中生成新的形状图层并将其命名为"白色边框"。

STEP 5 单击"图层"控制面板下方的"添加图层蒙版"按钮 ◻，为"白色边框"图层添加图层蒙版，将前景色设置为黑色。选择"画笔"工具 ✎，在属性栏中单击"画笔"选项，在弹出的面板中选择需要的画笔形状和大小，如图 12-30 所示。在图像窗口中拖曳鼠标擦除不需要的图像，效果如图 12-31 所示。

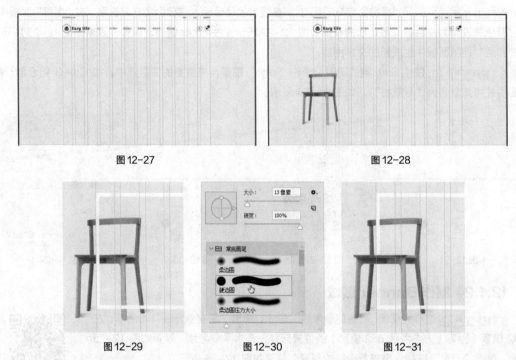

图 12-27　　　　　　　　　　　　　　　　图 12-28

图 12-29　　　　　　　图 12-30　　　　　　　图 12-31

STEP 6 选择"横排文字"工具 T，在适当的位置输入需要的文字并选取。在"字符"面板中，将"颜色"设置为灰色（其 R、G、B 的值分别为 73、73、74），其他选项的设置如图 12-32 所示。按 Enter 键确定操作，在"图层"控制面板中生成新的文字图层。用相同的方法在适当的位置输入橙黄色（其 R、G、B 的值分别为 195、135、73）和灰色（其 R、G、B 的值分别为 73、73、74）文字，效果如图 12-33 所示。

图 12-32　　　　　　　　　　　　　图 12-33

STEP 7 选择"矩形"工具 ◻，在属性栏中将"描边"颜色设置为深灰色（其 R、G、B 的值分别为 8、1、2），"粗细"选项设置为 1 像素。在图像窗口中适当的位置绘制矩形，如图 12-34 所示。在"图层"控制面板中生成新的形状图层"矩形 3"。

STEP 8 选择"横排文字"工具 T，在适当的位置输入需要的文字并选取。在"字符"面板中，将"颜色"设置为灰色（其 R、G、B 的值分别为 73、73、74），其他选项的设置如图 12-35 所示；按

Enter 键确定操作，效果如图 12-36 所示。在"图层"控制面板中生成新的文字图层。

图 12-34

图 12-35

图 12-36

STEP 9 按 Ctrl+O 组合键，打开资源包中的"Ch12 > 素材 > Easy Life 家居电商网站首页设计 > 04"文件，选择"移动"工具 ，将图片拖曳到图像窗口中适当的位置并调整大小，效果如图 12-37 所示。在"图层"控制面板中生成新的图层"图层 2"。

STEP 10 选择"矩形"工具 ，在属性栏中将"填充"颜色设置为橙黄色（其 R、G、B 的值分别为 195、135、73），"描边"颜色设置为无。按住 Shift 键的同时，在图像窗口中适当的位置绘制矩形，如图 12-38 所示。在"图层"控制面板中生成新的形状图层"矩形 4"。

图 12-37　　　　　　　　　　　　　　　图 12-38

STEP 11 选择"横排文字"工具 ，在适当的位置输入需要的文字并选取。在"字符"面板中，将"颜色"设置为白色，其他选项的设置如图 12-39 所示；按 Enter 键确定操作，效果如图 12-40 所示。在"图层"控制面板中生成新的文字图层。

STEP 12 选择"横排文字"工具 ，在适当的位置分别输入需要的文字并选取。在"字符"面板中，将"颜色"设置为白色，其他选项的设置如图 12-41 所示。按 Enter 键确定操作。

图 12-39

图 12-40

图 12-41

STEP⤴13 选择文字"￥"，在"字符"面板中进行设置，如图 12-42 所示；按 Enter 键确定操作，效果如图 12-43 所示。在"图层"控制面板中分别生成新的文字图层。

STEP⤴14 按住 Shift 键的同时，单击"矩形 2"图层，将需要的图层选中，按 Ctrl+G 组合键，群组图层并将其命名为"Banner"，如图 12-44 所示。

图 12-42

图 12-43

图 12-44

12.1.3 制作内容区域 1

STEP⤴1 选择"视图 > 新建参考线"命令，弹出"新建参考线"对话框，在 4664 像素（距离上方参考线 3644 像素）的位置新建一条水平参考线，设置如图 12-45 所示。单击"确定"按钮，完成参考线的创建，效果如图 12-46 所示。

STEP⤴2 在"02"图像窗口中，选择"移动"工具 ⊹，选中"送货"图层，将其拖曳到图像窗口中适当的位置并调整大小，效果如图 12-47 所示。在"图层"控制面板中生成新的形状图层"送货"。

Easy Life 家居电商
网站首页设计 3

图 12-45　　　　图 12-46

图 12-47

STEP 3 选择"横排文字"工具 **T.**，在适当的位置输入需要的文字并选取。在"字符"面板中，将"颜色"设置为灰色（其 R、G、B 的值分别为 73、73、74），其他选项的设置如图 12-48 所示。按 Enter 键确定操作，在"图层"控制面板中生成新的文字图层。用相同的方法在适当的位置输入需要的浅灰色（其 R、G、B 的值分别为 169、171、177）文字，效果如图 12-49 所示。

图 12-48

图 12-49

STEP 4 按住 Shift 键的同时，单击"送货"图层，将需要的图层选中，按 Ctrl+G 组合键，群组图层并将其命名为"免费送货"，如图 12-50 所示。用相同的方法制作"免费退货"和"全天服务"图层组，如图 12-51 所示，效果如图 12-52 所示。

图 12-50　　　　　　图 12-51　　　　　　图 12-52

STEP 5 选择"直线"工具 **/.**，在属性栏的"选择工具模式"选项中选择"形状"，将"填充"颜色设置为无，"描边"颜色设置为灰色（其 R、G、B 的值分别为 160、160、160），"粗细"选项设置为 1 像素。按住 Shift 键的同时，在图像窗口中适当的位置绘制直线，如图 12-53 所示。在"图层"控制面板中生成新的形状图层"形状 2"。

图 12-53

STEP 6 选择"横排文字"工具 **T.**，在适当的位置输入需要的文字并选取。在"字符"面板中，将"颜色"设置为灰色（其 R、G、B 的值分别为 73、73、74），其他选项的设置如图 12-54 所示；按 Enter 键确定操作，效果如图 12-55 所示。在"图层"控制面板中生成新的文字图层。

STEP 7 在"02"图像窗口中，选择"移动"工具 **+.**，选中"间隔"图层，将其拖曳到图像窗口中适当的位置并调整大小，效果如图 12-56 所示。在"图层"控制面板中生成新的形状图层"间隔"。

图 12-54　　　　　　图 12-55　　　　　　图 12-56

STEP▲8 选择"钢笔"工具 ⌀，在属性栏中将"填充"颜色设置为无，"描边"颜色设置为灰色（其 R、G、B 的值分别为 160、160、160），"粗细"选项设置为 1 像素。按住 Shift 键的同时，在图像窗口中适当的位置绘制直线，如图 12-57 所示。在"图层"控制面板中生成新的形状图层"形状 3"。

STEP▲9 选择"移动"工具 ✛，按住 Alt+Shift 组合键的同时，将直线向下拖曳至适当的位置，复制直线，效果如图 12-58 所示。在"图层"控制面板中生成新的形状图层"形状 3 拷贝"。

图 12-57　　　　　　　　　　图 12-58

STEP▲10 按住 Shift 键的同时，单击"形状 3"图层，将需要的图层选中，按 Ctrl+G 组合键，群组图层并将其命名为"组 1"。按住 Alt+Shift 组合键的同时，将直线向右拖曳至适当的位置，复制直线，效果如图 12-59 所示。在"图层"控制面板中生成新的图层组"组 1 拷贝"，如图 12-60 所示。

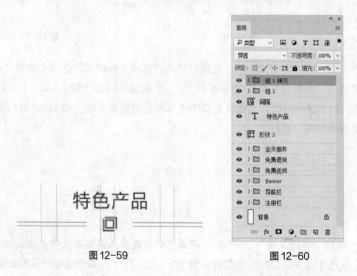

图 12-59　　　　　　图 12-60

STEP▲11 选择"横排文字"工具 T，在适当的位置输入需要的文字并选取。在"字符"面板中，将"颜色"设置为灰色（其 R、G、B 的值分别为 73、73、74），其他选项的设置如图 12-61 所示；按

Enter 键确定操作，效果如图 12-62 所示。在“图层”控制面板中生成新的文字图层。

STEP 12 选择“矩形”工具 ，在属性栏中将“填充”颜色设置为橙黄色（其 R、G、B 的值分别为 195、135、73），“描边” 颜色设置为无。在图像窗口中适当的位置绘制矩形，如图 12-63 所示。在“图层”控制面板中生成新的形状图层“矩形 5”。

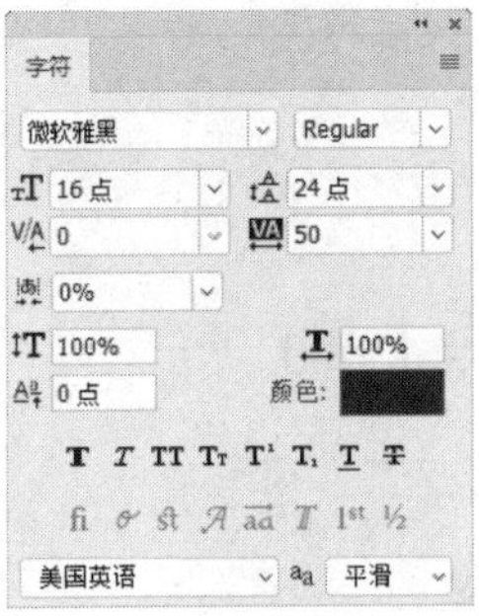

图 12-61

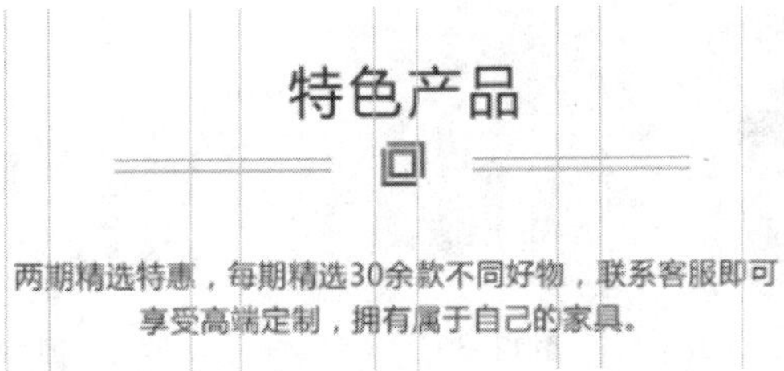

图 12-62

图 12-63

STEP 13 选择“文件 > 置入嵌入对象”命令，弹出“置入嵌入对象”对话框，选择资源包中的“Ch12 > 素材 > Easy Life 家居电商网站首页设计 > 05”文件，单击“置入”按钮，将图片置入图像窗口中，拖曳到适当的位置并调整大小，按 Enter 键确定操作，在“图层”控制面板中生成新的图层并将其命名为“特色 1”。 按 Alt+Ctrl+G 组合键，为“特色 1”图层创建剪贴蒙版，图像效果如图 12-64 所示。

STEP 14 选择“矩形”工具 ，在属性栏中将“填充”颜色设置为橙黄色（其 R、G、B 的值分别为 195、135、73），“描边”颜色设置为无。在图像窗口中适当的位置绘制矩形，如图 12-65 所示。在“图层”控制面板中生成新的形状图层“矩形 6”。

STEP 15 选择“直排文字”工具 ，在适当的位置输入需要的文字并选取。在“字符”面板中，将“颜色”设置为白色，其他选项的设置如图 12-66 所示；按 Enter 键确定操作，效果如图 12-67 所示。在“图层”控制面板中生成新的文字图层。

图 12-64

图 12-65

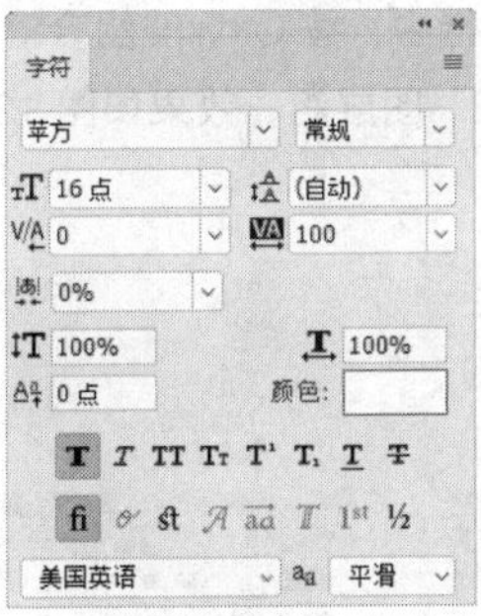

图 12-66

图 12-67

STEP 16 选择“横排文字”工具 ，在适当的位置输入需要的文字并选取。在“字符”面板中，将“颜色”设置为灰色（其 R、G、B 的值分别为 89、89、89），其他选项的设置如图 12-68 所示；按 Enter 键确定操作，效果如图 12-69 所示。在“图层”控制面板中生成新的文字图层。

STEP 17 在“02”图像窗口中，选择“移动”工具 ，选中“五颗星”图层，将其拖曳到图像窗口中适当的位置并调整大小，效果如图 12-70 所示。在“图层”控制面板中生成新的形状图层“五颗星”。

STEP 18 选择“横排文字”工具 ，在适当的位置输入需要的文字并选取。在“字符”面板中，将"颜色"设置为橙黄色（其 R、G、B 的值分别为 194、133、72），其他选项的设置如图 12-71 所示。
按 Enter 键确定操作，用相同的方法在适当的位置输入需要的浅灰色（其 R、G、B 的值分别为 133、132、
132）文字，在"图层"控制面板中分别生成新的文字图层，效果如图 12-72 所示。

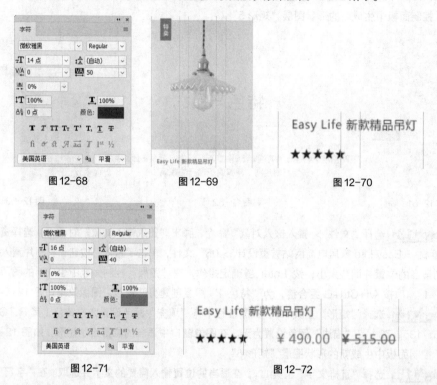

图 12-68　　　　　　图 12-69　　　　　　　　图 12-70

图 12-71　　　　　　　　　　　图 12-72

STEP 19 按住 Shift 键的同时，单击"Easy Life 新款精品吊灯"图层，将需要的图层选中，按
Ctrl+G 组合键，群组图层并将其命名为"产品介绍"，如图 12-73 所示。按住 Shift 键的同时，单击"矩
形 4"图层，将需要的图层选中，按 Ctrl+G 组合键，群组图层并将其命名为"产品 1"，如图 12-74 所示。
用相同的方法制作"产品 2"图层组，效果如图 12-75 所示。

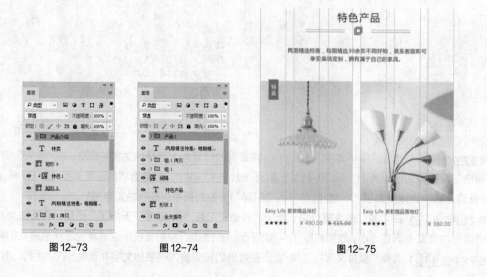

图 12-73　　　　　　图 12-74　　　　　　　　图 12-75

STEP 20 选择"矩形"工具 □，在图像窗口中适当的位置绘制矩形，如图 12-76 所示。在"图层"控制面板中生成新的形状图层"矩形 7"。

STEP 21 选择"文件 > 置入嵌入对象"命令，弹出"置入嵌入对象"对话框，选择资源包中的"Ch12 > 素材 > Easy Life 家居电商网站首页设计 > 07"文件，单击"置入"按钮，将图片置入图像窗口中，拖曳到适当的位置并调整大小，按 Enter 键确定操作，在"图层"控制面板中生成新的图层并将其命名为"特色 3"。按 Alt+Ctrl+G 组合键，为"特色 3"图层创建剪贴蒙版，图像效果如图 12-77 所示。

图 12-76　　　　　　　　　　　　　　　　　　图 12-77

STEP 22 按住 Shift 键的同时，单击"特色产品"图层，将需要的图层选中，按 Ctrl+G 组合键，群组图层并将其命名为"产品特色"，如图 12-78 所示。

STEP 23 用相同的方法制作"新品推荐"图层组，如图 12-79 所示，效果如图 12-80 所示。

STEP 24 按住 Shift 键的同时，单击"免费送货"图层组，将需要的图层选中，按 Ctrl+G 组合键，群组图层并将其命名为"内容区 1"，如图 12-81 所示。

图 12-78　　　　　图 12-79　　　　　　　　　图 12-80　　　　　　　　　图 12-81

12.1.4　制作内容区域 2

STEP 1 选择"矩形"工具 □，在属性栏中将"填充"颜色设置为灰色（其 R、G、B 的值分别为 133、132、132），"描边"颜色设置为无。在距离上方图片 68 像素的位置绘制矩形，如图 12-82 所示。在"图层"控制面板中生成新的形状图层"矩形 8"。

Easy Life 家居电商
网站首页设计 4

STEP 2 选择"文件 > 置入嵌入对象"命令，弹出"置入嵌入对象"对话框，选择资源包中的"Ch12 > 素材 > Easy Life 家居电商网站首页设计 > 11"文件，单击"置入"按钮，将图片置入图像窗口中，拖曳到适当的位置并调整大小，按 Enter 键确定操作，在"图层"控制面板中生成新的图层并将其命名为"配件"。按 Alt+Ctrl+G 组合键，为"配件"图层创建剪贴蒙版，图像效果如图 12-83 所示。

图 12-82

图 12-83

STEP 3 选择"矩形"工具 ▢，在属性栏中将"填充"颜色设置为白色，"描边"颜色设置为无。在图像窗口中适当的位置绘制矩形，如图 12-84 所示。在"图层"控制面板中生成新的形状图层"矩形 9"。

STEP 4 在图像窗口中适当的位置再次绘制一个矩形，在属性栏中将"填充"颜色设置为无，"描边"颜色设置为白色，"粗细"选项设置为 2 像素，如图 12-85 所示。在"图层"控制面板中生成新的形状图层"矩形 10"。

图 12-84

图 12-85

STEP 5 选择"横排文字"工具 T，在适当的位置输入需要的文字并选取。在"字符"面板中，将"颜色"设置为灰色（其 R、G、B 的值分别为 73、73、74），如图 12-86 所示；按 Enter 键确定操作，效果如图 12-87 所示。

图 12-86

图 12-87

STEP 6 按住 Shift 键的同时，单击"矩形 7"图层，将需要的图层选中，按 Ctrl+G 组合键，群组图层并将其命名为"配件"，如图 12-88 所示。用相同的方法制作"推荐"和"家具"图层组，如图 12-89 所示，效果如图 12-90 所示。

图 12-88　　　　图 12-89　　　　　　图 12-90

STEP　7 选择"矩形"工具 □，在属性栏的"选择工具模式"选项中选择"形状"，将"填充"颜色设置为灰色（其 R、G、B 的值分别为 67、67、67），"描边"颜色设置为无。在图像窗口中适当的位置绘制矩形，如图 12-91 所示。在"图层"控制面板中生成新的形状图层"矩形 16"。

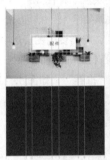  

图 12-91

STEP　8 在"02"图像窗口中，选择"移动"工具 ⊕，选中"发送"图层，将其拖曳到图像窗口中适当的位置并调整大小，如图 12-92 所示。在"图层"控制面板中生成新的形状图层并将其命名为"飞机"。在"图层"控制面板中，将图层的"不透明度"选项设置为 4%，按 Enter 键确定操作，效果如图 12-93 所示。按 Alt+Ctrl+G 组合键，为"飞机"图层创建剪贴蒙版。

图 12-92　　　　　　　　　图 12-93

STEP　9 选择"矩形"工具 □，在图像窗口中适当的位置绘制矩形，在属性栏中将"填充"颜色设置为无，"描边"颜色设置为灰色（其 R、G、B 的值分别为 133、132、132），"粗细"选项设置为 2 像素，如图 12-94 所示。在"图层"控制面板中生成新的形状图层"矩形 17"。

STEP　10 在"02"图像窗口中，选择"移动"工具 ⊕，选中"发送"图层，将其拖曳到图像窗口中适当的位置并调整大小，如图 12-95 所示。在"图层"控制面板中生成新的形状图层并将其命名为"小飞机"。

STEP　11 选择"直线"工具 ╱，按住 Shift 键的同时，在图像窗口中适当的位置绘制直线，在属性栏中将"填充"颜色设置为无，"描边"颜色设置为灰色（其R、G、B的值分别为131、128、128），"粗细"选项设置为1像素。选择"路径选择"工具 �.，按住Alt+Shift组合键的同时，将直线向右拖曳至适当的位置，复制图形，如图12-96所示。在"图层"控制面板中生成新的形状图层"形状4"。

图12-94 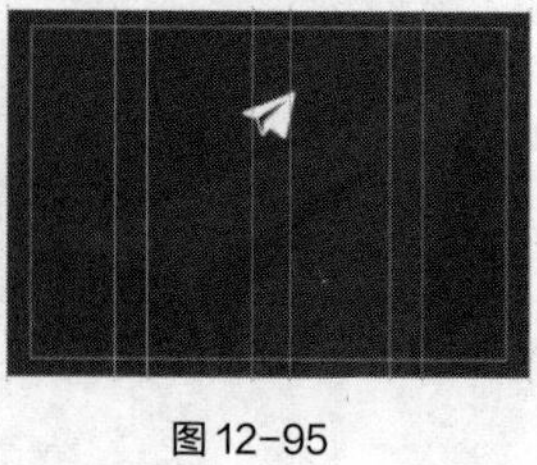　　　　　　　　　图12-95　　　　　　　　　图12-96

STEP★12 选择"横排文字"工具 T.，在适当的位置输入需要的文字并选取。在"字符"面板中，将"颜色"设置为橙黄色（其R、G、B的值分别为194、133、72），其他选项的设置如图12-97所示。按Enter键确定操作，用相同的方法在适当的位置输入需要的浅灰色（其R、G、B的值分别为145、145、145）文字，在"图层"控制面板中分别生成新的文字图层，效果如图12-98所示。

STEP★13 按住Shift键的同时，单击"矩形16"图层，将需要的图层选中，按Ctrl+G组合键，群组图层并将其命名为"全国免费包邮"，如图12-99所示。按住Shift键的同时，单击"配件"图层组，将需要的图层选中，按Ctrl+G组合键，群组图层并将其命名为"推荐"，如图12-100所示。

图12-97　　　　　　　图12-98　　　　　　　图12-99　　　　　　　图12-100

STEP★14 选择"横排文字"工具 T.，在距离上方图形64像素的位置输入需要的文字并选取。在"字符"面板中，将"颜色"设置为灰色（其R、G、B的值分别为89、89、89），其他选项的设置如图12-101所示；按Enter键确定操作，效果如图12-102所示。在"图层"控制面板中分别生成新的文字图层。

图12-101　　　　　　　　　　　　　　图12-102

STEP 15 选择"直线"工具 ✐，在属性栏中将"填充"颜色设置为无，"描边"颜色设置为灰色（其 R、G、B 的值分别为 133、132、132），"粗细"选项设置为 1 像素。按住 Shift 键的同时，在图像窗口中适当的位置绘制直线，如图 12-103 所示。在"图层"控制面板中生成新的形状图层"形状 5"。

STEP 16 选择"矩形"工具 ▭，在图像窗口中适当的位置绘制矩形。在属性栏中将"填充"颜色设置为灰色（其 R、G、B 的值分别为 133、132、132），"描边"颜色设置为无，如图 12-104 所示。在"图层"控制面板中生成新的形状图层"矩形 18"。

STEP 17 选择"文件 > 置入嵌入对象"命令，弹出"置入嵌入对象"对话框，选择资源包中的"Ch12 > 素材 > Easy Life 家居电商网站首页设计 > 14"文件，单击"置入"按钮，将图片置入图像窗口中，拖曳到适当的位置并调整大小，按 Enter 键确定操作，在"图层"控制面板中生成新的图层并将其命名为"盆栽"。按 Alt+Ctrl+G 组合键，为"盆栽"图层创建剪贴蒙版，效果如图 12-105 所示。

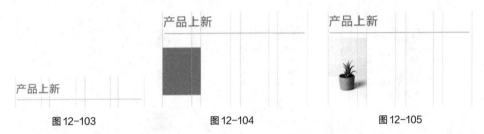

图 12-103　　　　　　　图 12-104　　　　　　　图 12-105

STEP 18 选择"横排文字"工具 **T**，在适当的位置输入需要的文字并选取。在"字符"面板中，将"颜色"设置为灰色（其 R、G、B 的值分别为 89、89、89），其他选项的设置如图 12-106 所示；按 Enter 键确定操作，效果如图 12-107 所示。

STEP 19 在"02"图像窗口中，选择"移动"工具 ✛，选中"五颗星"图层，将其拖曳到图像窗口中适当的位置并调整大小，效果如图 12-108 所示。在"图层"控制面板中生成新的形状图层"五颗星"。

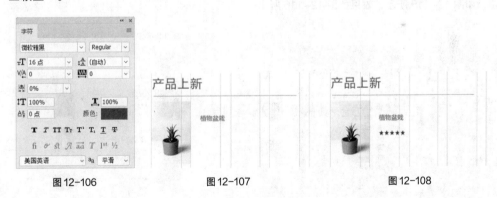

图 12-106　　　　　　　图 12-107　　　　　　　图 12-108

STEP 20 选择"横排文字"工具 **T**，在适当的位置输入需要的文字并选取。在"字符"面板中，将"颜色"设置为橙黄色（其 R、G、B 的值分别为 194、133、72），其他选项的设置如图 12-109 所示；按 Enter 键确定操作，效果如图 12-110 所示。

STEP 21 按住 Shift 键的同时，单击"矩形 18"图层，将需要的图层选中，按 Ctrl+G 组合键，群组图层并将其命名为"植物盆栽 1"，如图 12-111 所示。用相同的方法制作"植物盆栽 2""植物盆栽 3""植物盆栽 4"图层组，如图 12-112 所示，效果如图 12-113 所示。

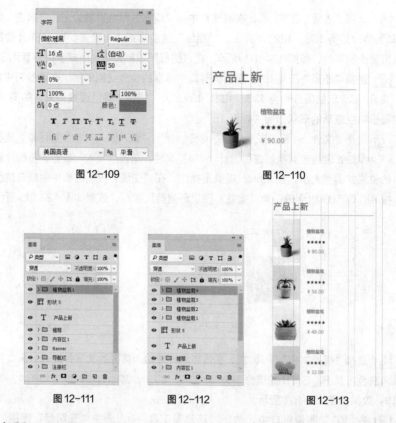

图 12-109　　　　　　　　　　　图 12-110

图 12-111　　　　　　　图 12-112　　　　　　　图 12-113

STEP 22 按住 Shift 键的同时，单击"产品上新"图层，将需要的图层选中，按 Ctrl+G 组合键，群组图层并将其命名为"产品上新"，如图 12-114 所示。用相同的方法制作"美观推荐" 和"经典实用"图层组，如图 12-115 所示，效果如图 12-116 所示。

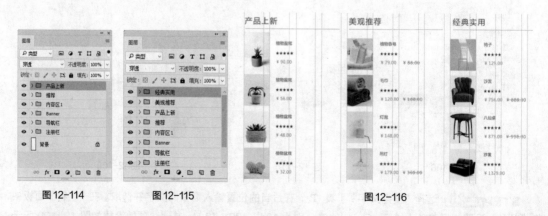

图 12-114　　　　　　　图 12-115　　　　　　　　图 12-116

STEP 23 按住 Shift 键的同时，单击"产品上新"图层组，将需要的图层组选中，按 Ctrl+G 组合键，群组图层并将其命名为"产品展示"，如图 12-117 所示。

STEP 24 选择"矩形"工具 □，在属性栏中将"填充"颜色设置为灰色（其 R、G、B 的值分别为 133、132、132），"描边"颜色设置为无。在图像窗口中适当的位置绘制矩形，如图 12-118 所示。在"图层"控制面板中生成新的形状图层"矩形 19"。

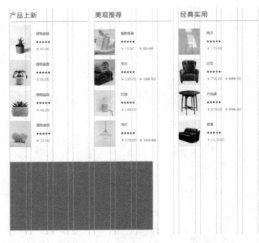

图 12-117　　　　　　　　　　　　　　　图 12-118

STEP 25 选择"文件 > 置入嵌入对象"命令，弹出"置入嵌入对象"对话框，选择资源包中的"Ch12 > 素材 > Easy Life 家居电商网站首页设计 > 25"文件，单击"置入"按钮，将图片置入图像窗口中，拖曳到适当的位置并调整大小，按 Enter 键确定操作，在"图层"控制面板中生成新的图层并将其命名为"新款展示"。按 Alt+Ctrl+G 组合键，为"新款展示"图层创建剪贴蒙版，效果如图 12-119 所示。

STEP 26 选择"横排文字"工具 T，在适当的位置输入需要的文字并选取。在"字符"面板中，将"颜色"设置为深灰色（其 R、G、B 的值分别为 47、47、47），其他选项的设置如图 12-120 所示。按 Enter 键确定操作，在"图层"控制面板中分别生成新的文字图层。用相同的方法在适当的位置输入需要的橘红色（其 R、G、B 的值分别为 165、68、25）文字，效果如图 12-121 所示。

图 12-119　　　　　　　　　　图 12-120　　　　　　　　　　图 12-121

STEP 27 选择"直线"工具 ，在属性栏中将"填充"颜色设置为无，"描边"颜色设置为灰色（其 R、G、B 的值分别为 145、145、145），"粗细"选项设置为 1 像素。按住 Shift 键的同时，在图像窗口中适当的位置绘制直线，如图 12-122 所示。在"图层"控制面板中生成新的形状图层"形状 6"。选择"移动"工具 ，按住 Alt+Shift 组合键的同时，将直线向右拖曳至适当的位置，复制直线，效果如图 12-123 所示。

STEP 28 选择"横排文字"工具 T，在适当的位置输入需要的文字并选取。在"字符"面板中，将"颜色"设置为深灰色（其 R、G、B 的值分别为 47、47、47），其他选项的设置如图 12-124 所示，效果如图 12-125 所示。按住 Shift 键的同时，单击"矩形 19"图层，将需要的图层选中，按 Ctrl+G 组合键，群组图层并将其命名为"新款收藏"，如图 12-126 所示。

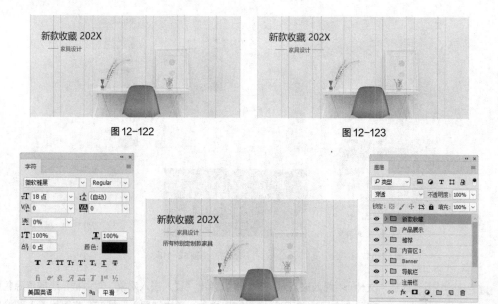

图 12-122　　　　　　　　　　　　图 12-123

图 12-124　　　　　　图 12-125　　　　　　图 12-126

STEP 29 选择"矩形"工具 □，在属性栏中将"填充" 颜色设置为无，"描边"颜色设置为灰色（其 R、G、B 的值分别为 181、179、179），"粗细"选项设置为 1 像素。在图像窗口中适当的位置绘制矩形，如图 12-127 所示。在"图层"控制面板中生成新的形状图层"矩形 20"。

图 12-127

STEP 30 选择"横排文字"工具 T，在适当的位置输入需要的文字并选取。在"字符"面板中，将"颜色"设置为深灰色（其 R、G、B 的值分别为 47、47、47），其他选项的设置如图 12-128 所示；按 Enter 键确定操作，效果如图 12-129 所示。在"图层"控制面板中生成新的文字图层。

STEP 31 在"02"图像窗口中，选择"移动"工具 ⊕，选中"邮箱"图层，将其拖曳到图像窗口中适当的位置并调整大小，效果如图 12-130 所示。在"图层"控制面板中生成新的形状图层"邮箱"。

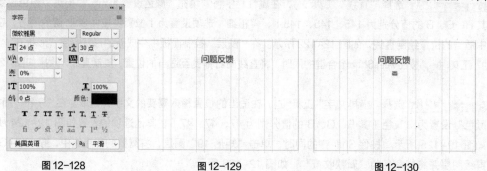

图 12-128　　　　　　图 12-129　　　　　　图 12-130

STEP 32 选择"直线"工具 ⟍，在属性栏中将"填充"颜色设置为无，"描边"颜色设置为灰色（其 R、G、B 的值分别为 145、145、145），"粗细"选项设置为 1 像素。按住 Shift 键的同时，在图像窗口中适当的位置绘制直线，如图 12-131 所示。在"图层"控制面板中生成新的形状图层"形状 7"。选择"移动"工具 ✛，按住 Alt+Shift 组合键的同时，将直线向右拖曳至适当的位置，复制直线，效果如图 12-132 所示。

图 12-131

图 12-132

STEP 33 选择"横排文字"工具 T，在适当的位置输入需要的文字并选取。在"字符"面板中，将"颜色"设置为灰色（其 R、G、B 的值分别为 145、145、145），其他选项的设置如图 12-133 所示。按 Enter 键确定操作，在"图层"控制面板中分别生成新的文字图层。选取文字，在属性栏中单击"居中对齐文本"按钮 ☰，对齐文本，效果如图 12-134 所示。

STEP 34 选择"矩形"工具 ▢，在属性栏中将"填充"颜色设置为无，"描边"颜色设置为灰色（208、208、208），"粗细"选项设置为 1 像素。在图像窗口中适当的位置绘制矩形，如图 12-135 所示。在"图层"控制面板中生成新的形状图层"矩形 21"。

图 12-133

图 12-134

图 12-135

STEP 35 选择"横排文字"工具 T，在适当的位置输入需要的文字并选取。在"字符"面板中，将"颜色"设置为灰色（其 R、G、B 的值分别为 172、170、170），其他选项的设置如图 12-136 所示；按 Enter 键确定操作，效果如图 12-137 所示。在"图层"控制面板中生成新的文字图层。

图 12-136

图 12-137

STEP 36 在"02"图像窗口中，选择"移动"工具 ⊕，选中"发送"图层，将其拖曳到图像窗口中适当的位置并调整大小，在"图层"控制面板中生成新的形状图层"发送"。单击"图层"控制面板下方的"添加图层样式"按钮 *fx*，在弹出的菜单中选择"颜色叠加"命令，弹出对话框，设置叠加颜色为灰色（其 R、G、B 的值分别为 145、145、145），其他选项的设置如图 12-138 所示。单击"确定"按钮，效果如图 12-139 所示。

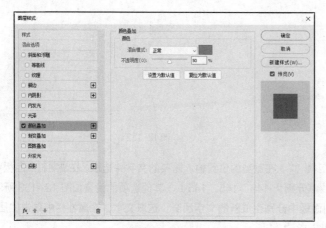

图 12-138

图 12-139

STEP 37 按住 Shift 键的同时，单击"矩形 20"图层，将需要的图层选中，按 Ctrl+G 组合键，群组图层并将其命名为"问题反馈"，如图 12-140 所示。

STEP 38 按住 Shift 键的同时，单击"推荐"图层组，将需要的图层选中，按 Ctrl+G 组合键，群组图层并将其命名为"内容区 2"，如图 12-141 所示。

图 12-140

图 12-141

12.1.5　制作页脚区域

STEP 1 选择"矩形"工具 ▢，在属性栏中将"填充"颜色设置为浅灰色（其 R、G、B 的值分别为 249、249、249），"描边"颜色设置为无。在距离上方图形 80 像素的位置绘制矩形，如图 12-142 所示。在"图层"控制面板中生成新的形状图层"矩形 22"。

STEP 2 在"02"图像窗口中，选择"移动"工具 ⊕，选中"品牌"图层，将其拖曳到图像窗口中距离上方图片 120 像素的位置并调整大小，效果如图 12-143 所示。在"图层"控制面板中生成新的形状图层"品牌"。

Easy Life 家居电商
网站首页设计 5

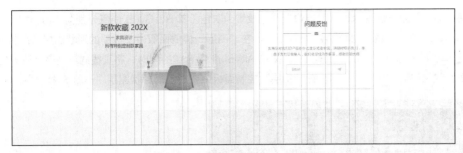

图 12-142

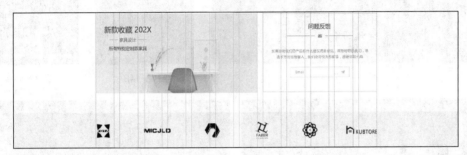

图 12-143

STEP 3　选择"矩形"工具 □，在适当的位置绘制矩形，在属性栏中将"填充"颜色设置为深灰色（其 R、G、B 的值分别为 47、47、47），"描边"颜色设置为无，如图 12-144 所示。在"图层"控制面板中生成新的形状图层"矩形 23"。

STEP 4　选择"横排文字"工具 T，在适当的位置输入需要的文字并选取。在"字符"面板中，将"颜色"设置为橙黄色（其 R、G、B 的值分别为 195、135、73），其他选项的设置如图 12-145 所示。按 Enter 键确定操作，在"图层"控制面板中生成新的文字图层。用相同的方法在适当的位置拖曳文本框输入需要的白色文字，效果如图 12-146 所示。

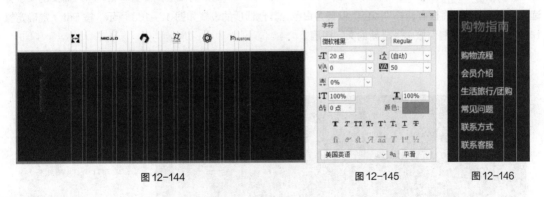

图 12-144　　　　　　　　　　图 12-145　　　　　　　　图 12-146

STEP 5　用相同的方法在适当的位置分别输入需要的文字，效果如图 12-147 所示。

STEP 6　在"02"图像窗口中，选择"移动"工具 ✛，选中"电话"图层，将其拖曳到图像窗口中适当的位置并调整大小，效果如图 12-148 所示。在"图层"控制面板中生成新的形状图层"电话"。用相同的方法分别拖曳并调整"定位"和"邮件"图层，在"图层"控制面板中生成新的形状图层，效果如图 12-149 所示。

STEP 7　选择"直线"工具 ╱，按住 Shift 键的同时，在图像窗口中适当的位置绘制直线，在属

性栏中将"填充"颜色设置为无，"描边"颜色设置为灰色（其 R、G、B 的值分别为 145、145、145），
"粗细"选项设置为 1 像素，如图 12-150 所示。在"图层"控制面板中生成新的形状图层"形状 8"。

STEP8 选择"移动"工具 ⊕，按住 Alt+Shift 组合键的同时，将直线向下拖曳至适当的位置，
复制图形，效果如图 12-151 所示。在"图层"控制面板中生成新的形状图层"形状 8 拷贝"。

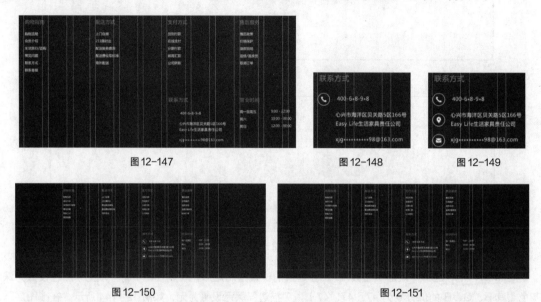

图 12-147　　　　　　　　　　　　图 12-148　　　　　　图 12-149

图 12-150　　　　　　　　　　　　　　　图 12-151

STEP9 选择"文件 > 置入嵌入对象"命令，弹出"置入嵌入对象"对话框，选择资源包中的
"Ch12 > 素材 > Easy Life 家居电商网站首页设计 > 01"文件，单击"置入"按钮，将图片置入图像窗口
中，拖曳到适当的位置并调整大小，按 Enter 键确定操作，效果如图 12-152 所示。在"图层"控制面板中
生成新的图层并将其命名为"logo 2"。

STEP10 选择"横排文字"工具 T，在图像窗口中适当的位置拖曳文本框，输入需要的文字并
选取。在"字符"面板中，将"颜色"设置为白色，其他选项的设置如图 12-153 所示。按 Enter 键确定操
作，在"图层"控制面板中生成新的文字图层。

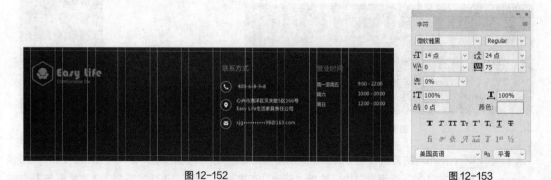

图 12-152　　　　　　　　　　　　　　　　图 12-153

STEP11 用相同的方法输入其他文字，效果如图 12-154 所示。在"02"图像窗口中，选择"移
动"工具 ⊕，选中"微信"图层，将其拖曳到图像窗口中适当的位置并调整大小，效果如图 12-155 所示。
在"图层"控制面板中生成新的形状图层"微信"。用相同的方法分别拖曳并调整"微博"和"QQ"图层，

在"图层"控制面板中生成新的形状图层，效果如图 12-156 所示。

STEP 12 按住 Shift 键的同时，单击"矩形 22"图层，将需要的图层选中，按 Ctrl+G 组合键，群组图层并将其命名为"页脚"，如图 12-157 所示。

图 12-154

图 12-155

图 12-156

图 12-157

STEP 13 Easy Life 家居电商网站首页制作完成。按 Ctrl+S 组合键，弹出"另存为"对话框，将其命名为"Easy Life 家居电商网站首页设计"，保存为 PSD 格式。单击"保存"按钮，弹出"Photoshop 格式选项"对话框，单击"确定"按钮，将文件保存。

12.2 课后习题——休闲生活类网站首页设计

习题知识要点

在 Photoshop 中，使用圆角矩形工具和创建剪贴蒙版命令制作广告栏，使用矩形工具、椭圆工具、文字工具和添加图层样式命令制作导航栏和底部，使用添加图层蒙版按钮、渐变工具、色相/饱和度命令和色彩平衡命令制作 logo，使用椭圆工具、直线工具和创建剪贴蒙版命令制作网页中心部分。休闲生活类网站首页设计效果如图 12-158 所示。

效果所在位置

资源包 > Ch12 > 效果 > 休闲生活类网站首页设计.psd。

图 12-158

休闲生活类网站首页设计 1

休闲生活类网站首页设计 2

休闲生活类网站首页设计 3

休闲生活类网站首页设计 4

Chapter

13

第 13 章
UI 设计

　　UI（User Interface）设计，即用户界面设计，主要包括人机交互、操作逻辑和界面美观的整体设计。随着信息技术的高速发展，用户对信息的需求量不断增加。而为了满足用户的这一需求，图形界面的设计也越来越多样化。本章以食品餐饮类 App 界面设计为例，讲解 UI 界面的设计方法和制作技巧。

课堂学习目标

● 掌握 UI 界面的设计思路和过程

● 掌握 UI 界面的制作方法和技巧

13.1 食品餐饮类 App 首页设计

⊕ 案例学习目标

在 Photoshop 中，学会使用新建参考线版面命令分割页面，使用绘图工具、置入嵌入对象命令、横排文字工具、添加图层样式命令和创建剪贴蒙版命令制作食品餐饮类 App 首页。

⊕ 案例知识要点

在 Photoshop 中，使用新建参考线命令添加水平/垂直参考线，使用矩形工具、圆角矩形工具、置入嵌入对象命令制作状态栏、导航栏和标签栏，使用移动工具添加各类图标，使用横排文字工具、圆角矩形工具、属性控制面板、置入嵌入对象命令制作内容区，使用投影命令为图形添加阴影。食品餐饮类 App 首页设计效果如图 13-1 所示。

⊕ 效果所在位置

资源包 > Ch13 > 效果 > 食品餐饮类 App 首页设计.psd。

图 13-1

Photoshop 应用

13.1.1 制作状态栏和导航栏

STEP⬇1 打开 Photoshop CC 2019 软件，按 Ctrl+N 组合键，弹出"新建文档"对话框，设置宽度为 750 像素、高度为 1334 像素、分辨率为 72 像素/英寸、颜色模式为 RGB、背景内容为白色，单击"创建"按钮，新建一个文档。

食品餐饮类 App
首页设计 1

STEP⬇2 选择"视图 > 新建参考线版面"命令，弹出"新建参考线版面"对话框，选项的设置如图 13-2 所示。单击"确定"按钮，完成版面参考线的创建，如图 13-3 所示。

STEP⬇3 选择"视图 > 新建参考线"命令，弹出"新建参考线"对话框，在 300 像素（距上方参考线 260 像素）的位置建立水平参考线，设置如图 13-4 所示。单击"确定"按钮，完成参考线的创建，如图 13-5 所示。

图 13-2　　　　　　　图 13-3　　　　　图 13-4　　　　　　图 13-5

STEP 4 选择"矩形"工具 □ ，在属性栏的"选择工具模式"选项中选择"形状"，将"填充"颜色设置为玫红色（其 R、G、B 的值分别为 245、45、86），"描边"颜色设置为无，在图像窗口中绘制一个矩形，效果如图 13-6 所示。在"图层"控制面板中生成新的形状图层"矩形 1"。

STEP 5 选择"文件 > 置入嵌入对象"命令，弹出"置入嵌入对象"对话框，选择资源包中的"Ch13 > 素材 > 食品餐饮类 App 首页设计 > 01"文件，单击"置入"按钮，将图片置入图像窗口中，拖曳到适当的位置并调整大小，按 Enter 键确定操作，效果如图 13-7 所示。在"图层"控制面板中生成新的图层并将其命名为"状态栏"。

图 13-6　　　　　　　　　　　　　　　图 13-7

STEP 6 选择"横排文字"工具 T ，在适当的位置分别输入需要的文字并选取。在属性栏中分别选择合适的字体并设置大小，设置文本颜色为白色，效果如图 13-8 所示。在"图层"控制面板中生成新的文字图层。

STEP 7 选择"圆角矩形"工具 ○ ，在属性栏的"选择工具模式"选项中选择"形状"，将"填充"颜色设置为白色（其 R、G、B 的值分别为 248、248、248），"描边"颜色设置为无，"半径"选项设置为 8 像素，在图像窗口中绘制一个圆角矩形，效果如图 13-9 所示。在"图层"控制面板中生成新的形状图层"圆角矩形 1"。

图 13-8　　　　　　　　　　　　　　　图 13-9

STEP　8 选择"视图 > 新建参考线"命令，弹出"新建参考线"对话框，在 50 像素（距左侧参考线 20 像素）的位置建立垂直参考线，设置如图 13-10 所示。单击"确定"按钮，完成参考线的创建，如图 13-11 所示。

图 13-10

图 13-11

STEP　9 按 Ctrl + O 组合键，打开资源包中的"Ch13 >素材 > 食品餐饮类 App 首页设计 > 02"文件，选择"移动"工具 ，将"搜索"图形拖曳到适当的位置，效果如图 13-12 所示。在"图层"控制面板中生成新的形状图层。

STEP　10 选择"横排文字"工具 ，在适当的位置输入需要的文字并选取。在属性栏中选择合适的字体并设置大小，设置文本颜色为灰色（其 R、G、B 的值分别为 193、192、201），效果如图 13-13 所示。在"图层"控制面板中生成新的文字图层。

图 13-12

图 13-13

STEP　11 在"图层"控制面板中，按住 Shift 键的同时，将"搜索"文字图层和"浏览"文字图层之间的所有图层选中，如图 13-14 所示。按 Ctrl+G 组合键，编组图层并将其命名为"导航栏"，如图 13-15 所示。

图 13-14

图 13-15

13.1.2　制作内容区

STEP 1 单击"图层"控制面板下方的"创建新组"按钮 🗀，生成新的图层组并将其命名为"内容区"。选择"视图 > 新建参考线"命令，弹出"新建参考线"对话框，在 368 像素（距上方参考线 68 像素）的位置建立水平参考线，设置如图 13-16 所示。单击"确定"按钮，完成参考线的创建，如图 13-17 所示。用相同的方法，分别在 432 像素、921 像素、992 像素处新建水平参考线，如图 13-18 所示。

食品餐饮类 App
首页设计 2

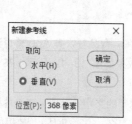

图 13-16　　　　　　　　图 13-17　　　　　　　　图 13-18

STEP 2 选择"横排文字"工具 T.，在适当的位置输入需要的文字并选取。在属性栏中选择合适的字体并设置大小，设置文本颜色为黑色，效果如图 13-19 所示。在"图层"控制面板中生成新的文字图层。选取文字"查看全部"，在属性栏中设置文本颜色为玫红色（其 R、G、B 的值分别为 245、45、86），效果如图 13-20 所示。

STEP 3 在"02"图像窗口中，选择"移动"工具 ✢，将"更多"图形拖曳到适当的位置，效果如图 13-21 所示。在"图层"控制面板中生成新的形状图层。

图 13-19　　　　　　　　图 13-20　　　　　　　　图 13-21

STEP 4 选择"圆角矩形"工具 ▢，在属性栏中将"半径"选项设置为 4 像素，在图像窗口中绘制一个圆角矩形，将"填充"颜色设置为白色，"描边"颜色设置为无，效果如图 13-22 所示。在"图层"控制面板中生成新的形状图层"圆角矩形 2"。

STEP 5 单击"图层"控制面板下方的"添加图层样式"按钮 ⨍，在弹出的菜单中选择"投影"命令，在弹出的对话框中进行设置，如图 13-23 所示。单击"确定"按钮，效果如图 13-24 所示。

STEP 6 选择"圆角矩形"工具 ▢，在图像窗口中绘制一个圆角矩形，在属性栏中将"填充"颜色设置为灰色（其 R、G、B 的值分别为 193、192、201），"描边"颜色设置为无，效果如图 13-25 所示。在"图层"控制面板中生成新的形状图层"圆角矩形 3"。

STEP 7 选择"窗口 > 属性"命令，弹出"属性"控制面板，将"左下角半径"和"右下角半径"选项设置为 0 像素，效果如图 13-26 所示；按 Enter 键确定操作，效果如图 13-27 所示。

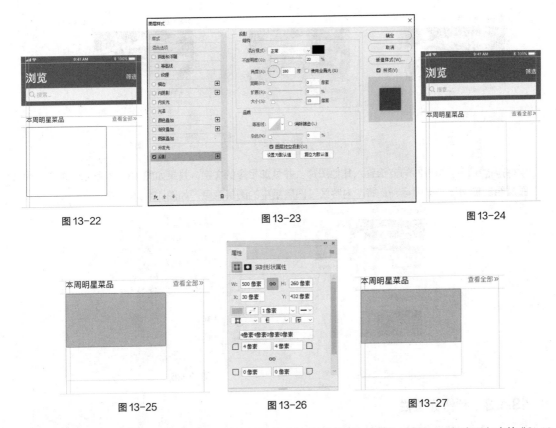

图 13-22　　　　　　　　图 13-23　　　　　　　　图 13-24

图 13-25　　　　　　　图 13-26　　　　　　　图 13-27

STEP⏎8 选择"文件 > 置入嵌入对象"命令，弹出"置入嵌入对象"对话框，选择资源包中的"Ch13 > 素材 > 食品餐饮类 App 首页设计 > 03"文件，单击"置入"按钮，将图片置入图像窗口中，拖曳到适当的位置并调整大小，按 Enter 键确定操作，效果如图 13-28 所示。在"图层"控制面板中生成新的图层并将其命名为"美食 1"。按 Alt+Ctrl+G 组合键，为"美食 1"图层创建剪贴蒙版，图像效果如图 13-29 所示。

STEP⏎9 在"02"图像窗口中，选择"移动"工具 ⊕，将"星星"图形拖曳到适当的位置，效果如图 13-30 所示。在"图层"控制面板中生成新的形状图层。

图 13-28　　　　　　　图 13-29　　　　　　　图 13-30

STEP⏎10 选择"横排文字"工具 T，在适当的位置分别输入需要的文字并选取。在属性栏中分别选择合适的字体并设置大小，设置文本颜色为黑色，效果如图 13-31 所示。在"图层"控制面板中生成新的文字图层。选取文字"北欧特色餐厅"，在属性栏中设置文本颜色为灰色（其 R、G、B 的值分别为 155、155、155），效果如图 13-32 所示。在"02"图像窗口中，选择"移动"工具 ⊕，将"五颗星"图形拖曳到适当的位置，效果如图 13-33 所示。在"图层"控制面板中生成新的形状图层。

图 13-31   图 13-32   图 13-33

STEP 11 用相同的方法置入其他图片，并添加相应的文字，效果如图 13-34 所示。单击"内容区"图层组左侧的三角形图标 ⌄，将"内容区"图层组中的图层隐藏，如图 13-35 所示。

图 13-34   图 13-35

13.1.3 制作标签栏

STEP 1 单击"图层"控制面板下方的"创建新组"按钮 ▭，生成新的图层组并将其命名为"标签栏"，如图 13-36 所示。在"02"图像窗口中，选择"移动"工具 ⊕，将"底部导航栏"图形拖曳到适当的位置，效果如图 13-37 所示。在"图层"控制面板中生成新的形状图层（为方便读者观看，这里以黑色显示。）

食品餐饮类 App
首页设计 3

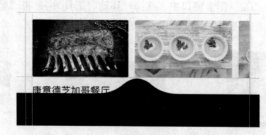

图 13-36   图 13-37

STEP 2 单击"图层"控制面板下方的"添加图层样式"按钮 fx，在弹出的菜单中选择"投影"命令，在弹出的对话框中进行设置，如图 13-38 所示。单击"确定"按钮，效果如图 13-39 所示。

STEP 3 在"02"图像窗口中，选择"移动"工具 ⊕，将"首页"图形拖曳到适当的位置，效果如图 13-40 所示。在"图层"控制面板中生成新的形状图层。

STEP 4 选择"横排文字"工具 T，在适当的位置输入需要的文字并选取。在属性栏中选择合适的字体并设置大小，设置文本颜色为玫红色（其 R、G、B 的值分别为 245、45、86），效果如图 13-41 所示。在"图层"控制面板中生成新的文字图层。

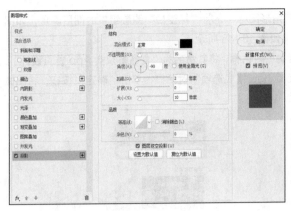

图 13-38

图 13-39

图 13-40

图 13-41

STEP 5 用相同的方法制作"发现""收藏夹""我的"图标，效果如图 13-42 所示。

STEP 6 选择"椭圆"工具 ◯ ，在属性栏的"选择工具模式"选项中选择"形状"，将"填充"颜色设置为玫红色（其 R、G、B 的值分别为 245、45、86），"描边"颜色设置为无，按住 Shift 键的同时，在图像窗口中绘制一个圆形，效果如图 13-43 所示。在"图层"控制面板中生成新的形状图层"椭圆 1"。

图 13-42

图 13-43

STEP 7 单击"图层"控制面板下方的"添加图层样式"按钮 *fx* ，在弹出的菜单中选择"投影"命令，在弹出的对话框中进行设置，如图 13-44 所示。单击"确定"按钮，效果如图 13-45 所示。

STEP 8 在"02"图像窗口中，选择"移动"工具 ✛ ，将"购物车"图形拖曳到适当的位置，效果如图 13-46 所示。在"图层"控制面板中生成新的形状图层。

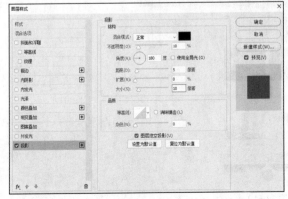

图 13-44

图 13-45

图 13-46

STEP⬆9 单击"标签栏"图层组左侧的三角形图标ⵠ，将"标签栏"图层组中的图层隐藏，如图 13-47 所示。食品餐饮类 App 首页制作完成，效果如图 13-48 所示。

STEP⬆10 按 Ctrl+S 组合键，弹出"另存为"对话框，将其命名为"食品餐饮类 App 首页设计"，保存为 PSD 格式，单击"保存"按钮，弹出"Photoshop 格式选项"对话框，单击"确定"按钮，将图像保存。

图 13-47

图 13-48

13.2 食品餐饮类 App 喜欢页设计

⊕ **案例学习目标**

在 Photoshop 中，学会使用新建参考线版面命令分割页面，使用绘图工具、置入嵌入对象命令、横排文字工具、添加图层样式命令和创建剪贴蒙版命令制作食品餐饮类 App 喜欢页。

⊕ **案例知识要点**

在 Photoshop 中，使用新建参考线命令添加水平参考线，使用矩形工具、置入嵌入对象命令和横排文字工具制作状态栏、导航栏和标签栏，使用移动工具添加各类图标，使用横排文字工具、圆角矩形工具、属性控制面板、置入嵌入对象命令制作内容区，使用投影命令为图形添加阴影。食品餐饮类 App 喜欢页设计效果如图 13-49 所示。

⊕ **效果所在位置**

资源包 > Ch13 > 效果 > 食品餐饮类 App 喜欢页设计.psd。

图 13-49

Photoshop 应用

13.2.1　制作状态栏和导航栏

STEP ⬆1 打开 Photoshop CC 2019 软件，按 Ctrl+N 组合键，弹出"新建文档"对话框，设置宽度为 750 像素、高度为 1334 像素、分辨率为 72 像素/英寸、颜色模式为 RGB、背景内容为白色，单击"创建"按钮，新建一个文档。

食品餐饮类 App
喜欢页设计 1

STEP ⬆2 选择"视图 > 新建参考线版面"命令，弹出"新建参考线版面"对话框，设置如图 13-50 所示。单击"确定"按钮，完成版面参考线的创建，如图 13-51 所示。

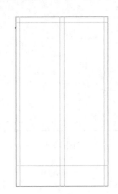

图 13-50　　　　　　　　　　　　　　　　　　图 13-51

STEP ⬆3 选择"视图 > 新建参考线"命令，弹出"新建参考线"对话框，在 121 像素（距上方参考线 81 像素）的位置建立水平参考线，设置如图 13-52 所示。单击"确定"按钮，完成参考线的创建，如图 13-53 所示。

STEP ⬆4 选择"矩形"工具 ☐，在属性栏的"选择工具模式"选项中选择"形状"，将"填充"颜色设置为浅灰色（其 R、G、B 的值分别为 248、248、248），"描边"颜色设置为无，在图像窗口中绘制一个矩形，效果如图 13-54 所示。在"图层"控制面板中生成新的形状图层"矩形 1"。

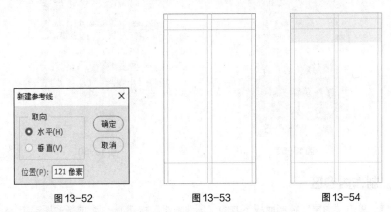

图 13-52　　　　　　　　　　　图 13-53　　　　　　　　　　图 13-54

STEP ⬆5 单击"图层"控制面板下方的"添加图层样式"按钮 _fx_，在弹出的菜单中选择"投影"命令，在弹出的对话框中进行设置，如图 13-55 所示。单击"确定"按钮，效果如图 13-56 所示。

STEP ⬆6 选择"文件 > 置入嵌入对象"命令，弹出"置入嵌入对象"对话框，选择资源包中的"Ch13 > 素材 > 食品餐饮类 App 喜欢页设计 > 01"文件，单击"置入"按钮，将图片置入图像窗口中，拖曳到适当的位置并调整大小，按 Enter 键确定操作，效果如图 13-57 所示。在"图层"控制面板中生成新的图层并将其命名为"状态栏"。

STEP 7 选择"横排文字"工具 T，在适当的位置输入需要的文字并选取。在属性栏中选择合适的字体并设置大小，设置文本颜色为黑色，效果如图 13-58 所示。在"图层"控制面板中生成新的文字图层。

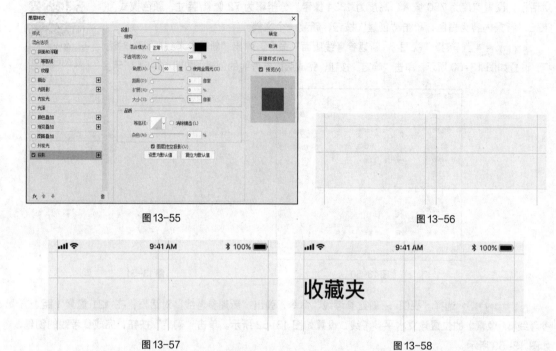

图 13-55　　　　　　　　　　　　　　图 13-56

图 13-57　　　　　　　　　　　　　　图 13-58

STEP 8 在"图层"控制面板中，按住 Shift 键的同时，将"收藏夹"图层和"矩形 1"图层之间的所有图层选中，如图 13-59 所示。按 Ctrl+G 组合键，编组图层并将其命名为"导航栏"，如图 13-60 所示。

图 13-59　　　　　　　　　　　　　　图 13-60

13.2.2　制作内容区

STEP 1 单击"图层"控制面板下方的"创建新组"按钮 □，生成新的图层组并将其命名为"内容区"。选择"视图 > 新建参考线"命令，弹出"新建参考线"对话框，在 264 像素（距上方参考线 143 像素）的位置建立水平参考线，设置如图 13-61 所示。单击"确定"按钮，完成参考线的创建，如图 13-62 所示。

STEP 2 用相同的方法，分别在 686 像素、720 像素、1142 像素、1174 像

食品餐饮类 App
喜欢页设计 2

处新建水平参考线，如图 13-63 所示。

STEP ⬇3 选择"圆角矩形"工具 ⬜，在属性栏的"选择工具模式"选项中选择"形状"，将"填充"颜色设置为白色，"描边"颜色设置为无，"半径"选项设置为 4 像素，在图像窗口中绘制一个圆角矩形，效果如图 13-64 所示。在"图层"控制面板中生成新的形状图层"圆角矩形 1"。

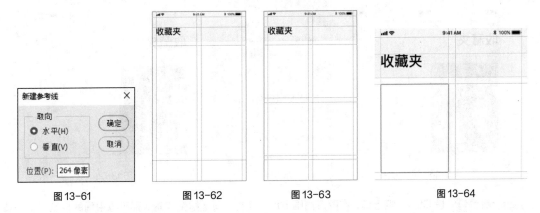

图 13-61　　　　　图 13-62　　　　　图 13-63　　　　　图 13-64

STEP ⬇4 单击"图层"控制面板下方的"添加图层样式"按钮 *fx*，在弹出的菜单中选择"投影"命令，在弹出的对话框中进行设置，如图 13-65 所示。单击"确定"按钮，效果如图 13-66 所示。

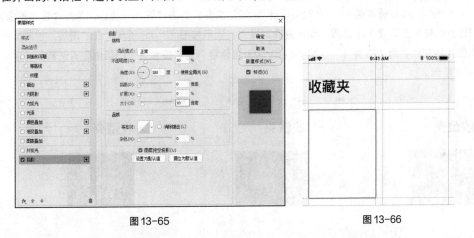

图 13-65　　　　　　　　　　　　图 13-66

STEP ⬇5 按 Ctrl+J 组合键，复制"圆角矩形 1"图层，生成新的图层"圆角矩形 1 拷贝"，如图 13-67 所示。删除"投影"效果，如图 13-68 所示。

图 13-67　　　　　　　　　　　　图 13-68

STEP 6 在属性栏中将"填充"颜色设置为灰色（其 R、G、B 的值分别为 144、144、145），
效果如图 13-69 所示。选择"窗口 > 属性"命令，弹出"属性"控制面板，将"左下角半径"和"右下
角半径"选项设置为 0 像素，效果如图 13-70 所示；按 Enter 键确定操作，效果如图 13-71 所示。

图 13-69　　　　　　　　　图 13-70　　　　　　　　　图 13-71

STEP 7 按 Ctrl+T 组合键，在图形周围出现变换框，向上拖曳圆角矩形下方中间的控制手柄到适
当的位置并调整大小，按 Enter 键确定操作，效果如图 13-72 所示。

STEP 8 选择"文件 > 置入嵌入对象"命令，弹出"置入嵌入对象"对话框，选择资源包中的
"Ch13 > 素材 > 食品餐饮类 App 喜欢页设计 > 02"文件，单击"置入"按钮，将图片置入图像窗口中，
拖曳到适当的位置并调整大小，按 Enter 键确定操作，效果如图 13-73 所示。在"图层"控制面板中生成
新的图层并将其命名为"美食 1"。按 Alt+Ctrl+G 组合键，为"美食 1"图层创建剪贴蒙版，图像效果如
图 13-74 所示。

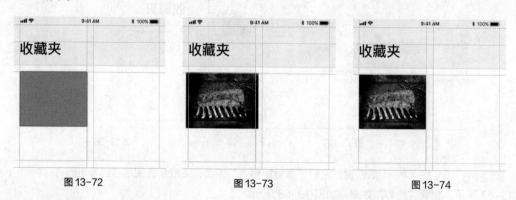

图 13-72　　　　　　　　　图 13-73　　　　　　　　　图 13-74

STEP 9 选择"横排文字"工具 T.，在适当的位置分别输入需要的文字并选取。在属性栏中分
别选择合适的字体并设置大小，效果如图 13-75 所示。在"图层"控制面板中生成新的文字图层。

STEP 10 选取文字"康意德芝加哥餐厅"，在属性栏中设置文本颜色为灰色（其 R、G、B 的值
分别为 155、155、155），效果如图 13-76 所示。

STEP 11 按 Ctrl + O 组合键，打开资源包中的"Ch13 >素材 > 食品餐饮类 App 喜欢页设计 >
03"文件，选择"移动"工具 ⊕.，将"五颗星"图形拖曳到适当的位置，效果如图 13-77 所示。在"图
层"控制面板中生成新的形状图层。

STEP 12 在"图层"控制面板中，按住 Shift 键的同时，将"五颗星"形状图层和"圆角矩形 1"
图层之间的所有图层选中，按 Ctrl+G 组合键，编组图层并将其命名为"新西兰烤羊排"，如图 13-78 所示。

STEP 13 用相同的方法置入"04~08"图片，制作如图 13-79 所示效果，"图层"控制面板如图 13-80 所示。单击"内容区"图层组左侧的三角形图标 ∨，将"内容区"图层组中的图层隐藏。

图 13-75

图 13-76

图 13-77

图 13-78

图 13-79

图 13-80

13.2.3 制作标签栏

STEP 1 单击"图层"控制面板下方的"创建新组"按钮 ▢，生成新的图层组并将其命名为"标签栏"。在"02"图像窗口中，选择"移动"工具 ✛，将"底部导航栏"图形拖曳到适当的位置，效果如图 13-81 所示。在"图层"控制面板中生成新的形状图层。

食品餐饮类 App
喜欢页设计 3

图 13-81

STEP 2 单击"图层"控制面板下方的"添加图层样式"按钮 fx，在弹出的菜单中选择"投影"命令，在弹出的对话框中进行设置，如图 13-82 所示。单击"确定"按钮，效果如图 13-83 所示。

STEP 3 在"02"图像窗口中，选择"移动"工具 ✛，将"首页"图形拖曳到适当的位置，效果如图 13-84 所示。在"图层"控制面板中生成新的形状图层。

STEP 4 选择"横排文字"工具 T，在适当的位置输入需要的文字并选取。在属性栏中选择合适的字体并设置大小，设置文本颜色为灰色（其 R、G、B 的值分别为 193、192、201），效果如图 13-85 所示。在"图层"控制面板中生成新的文字图层。

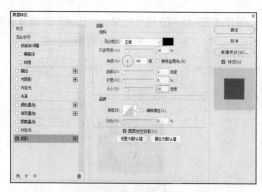

图 13-82

图 13-83

图 13-84

图 13-85

STEP⤴5 用相同的方法制作"发现""收藏夹""我的"图标，效果如图 13-86 所示。

STEP⤴6 选择"椭圆"工具 ⊙，在属性栏的"选择工具模式"选项中选择"形状"，将"填充"颜色设置为玫红色（其 R、G、B 的值分别为 245、45、86），"描边"颜色设置为无，按住 Shift 键的同时，在图像窗口中绘制一个圆形，效果如图 13-87 所示。在"图层"控制面板中生成新的形状图层"椭圆 1"。

图 13-86

图 13-87

STEP⤴7 单击"图层"控制面板下方的"添加图层样式"按钮 fx，在弹出的菜单中选择"投影"命令，在弹出的对话框中进行设置，如图 13-88 所示。单击"确定"按钮，效果如图 13-89 所示。

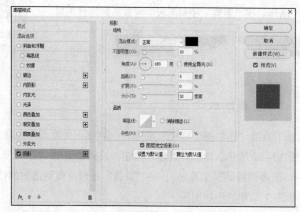

图 13-88

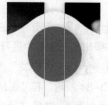

图 13-89

STEP⤴8 在"02"图像窗口中，选择"移动"工具 ✛，将"购物车"图形拖曳到适当的位置，效果如图 13-90 所示。在"图层"控制面板中生成新的形状图层。单击"标签栏"图层组左侧的三角形图标，将"标签栏"图层组中的图层隐藏，如图 13-91 所示。

STEP 9 食品餐饮类 App 喜欢页制作完成，效果如图 13-92 所示。按 Ctrl+S 组合键，弹出"另存为"对话框，将其命名为"食品餐饮类 App 喜欢页设计"，保存为 PSD 格式，单击"保存"按钮，弹出"Photoshop 格式选项"对话框，单击"确定"按钮，将图像保存。

图 13-90

图 13-91

图 13-92

13.3　课后习题——食品餐饮类 App 购物车页设计

习题知识要点

在 Photoshop 中，使用新建参考线版面命令分割页面，使用新建参考线命令添加水平/垂直参考线，使用矩形工具、椭圆工具、置入嵌入对象命令和横排文字工具制作状态栏、导航栏和标签栏，使用横排文字工具、圆角矩形工具、置入嵌入对象命令和横排文字工具制作内容区，使用投影命令为图形添加阴影。食品餐饮类 App 购物车页设计效果如图 13-93 所示。

效果所在位置

资源包 > Ch13 > 效果 > 食品餐饮类 App 购物车页设计.psd。

图 13-93

食品餐饮类 App
购物车页设计 1

食品餐饮类 App
购物车页设计 2

Chapter

14

第 14 章
H5 设计

随着移动互联网的兴起，H5 逐渐成为了互联网传播领域的一种重要传播形式，因此学习和掌握 H5 成为广大互联网从业人员的重要技能之一。本章以文化传媒行业企业招聘 H5 页面设计为例，讲解 H5 页面的设计方法和制作技巧。

课堂学习目标

● 掌握 H5 页面的设计思路和过程

● 掌握 H5 页面的制作方法和技巧

14.1 文化传媒行业企业招聘 H5 首页设计

⊕ 案例学习目标

在 Photoshop 中，学会使用置入嵌入对象命令、图层控制面板、字符控制面板、添加图层样式按钮、钢笔工具和渐变工具制作文化传媒行业企业招聘 H5 首页。

⊕ 案例知识要点

在 Photoshop 中，使用置入嵌入对象命令、不透明度选项合成底图，使用横排文字工具、字符控制面板、渐变叠加命令添加并编辑标题文字，使用钢笔工具、添加图层蒙版按钮、渐变工具为文字添加阴影效果。文化传媒行业企业招聘 H5 首页设计效果如图 14-1 所示。

⊕ 效果所在位置

资源包 > Ch14 > 效果 > 文化传媒行业企业招聘 H5 首页设计.psd。

图 14-1

Photoshop 应用

14.1.1 添加并编辑文字

STEP ↖1 打开 Photoshop CC 2019 软件，按 Ctrl+N 组合键，弹出"新建文档"对话框，设置宽度为 750 像素、高度为 1206 像素、分辨率为 72 像素/英寸、颜色模式为 RGB、背景内容为白色，单击"创建"按钮，新建一个文档。

STEP ↖2 选择"文件 > 置入嵌入对象"命令，弹出"置入嵌入对象"对话框，分别选择资源包中的"Ch14 > 素材 > 文化传媒行业企业招聘 H5 首页设计 > 01、02"文件，单击"置入"按钮，将图片置入图像窗口中，分别拖曳到适当的位置并调整大小，按 Enter 键确定操作，效果如图 14-2 所示。在"图层"控制面板中分别生成新的图层并将其命名为"底图"和"地球"。

文化传媒行业企业招聘
H5 首页设计 1

STEP ↖3 在"图层"控制面板上方，将"地球"图层的"不透明度"选项设置为 60%，如图 14-3 所示，图像效果如图 14-4 所示。

STEP ↖4 选择"横排文字"工具 **T**，在适当的位置输入需要的文字并选取。选择"窗口 > 字符"命令，弹出"字符"控制面板，将"颜色"设置为黑色，其他选项的设置如图 14-5 所示；按 Enter 键确定操作，效果如图 14-6 所示。在"图层"控制面板中生成新的文字图层。

图 14-2   图 14-3   图 14-4

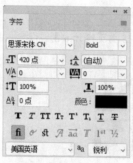

图 14-5   图 14-6

STEP 5 单击"图层"控制面板下方的"添加图层样式"按钮 ƒx，在弹出的菜单中选择"渐变叠加"命令，弹出对话框，单击"渐变"选项右侧的"点按可编辑渐变"按钮 ，弹出"渐变编辑器"对话框，将渐变颜色设置为从深蓝色（其 R、G、B 的值分别为 34、51、85）到灰蓝色（其 R、G、B 的值分别为 89、97、113），如图 14-7 所示。单击"确定"按钮，返回到"渐变叠加"对话框，其他选项的设置如图 14-8 所示。单击"确定"按钮，效果如图 14-9 所示。

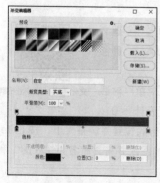
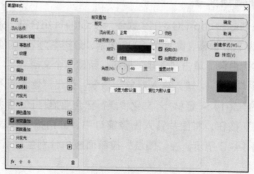

图 14-7   图 14-8   图 14-9

STEP 6 选择"横排文字"工具 T，在适当的位置输入需要的文字并选取。在"字符"控制面板中，将"颜色"设置为黑色，其他选项的设置如图 14-10 所示；按 Enter 键确定操作，效果如图 14-11 所示。在"图层"控制面板中生成新的文字图层。

STEP 7 在"诚"文字图层上单击鼠标右键，在弹出的菜单中选择"拷贝图层样式"命令。在"聘"图层上单击鼠标右键，在弹出的菜单中选择"粘贴图层样式"命令。效果如图 14-12 所示。

图 14-10　　　　　　　　　　图 14-11　　　　　　　　　　图 14-12

14.1.2　添加其他首页信息

STEP 1 选择"钢笔"工具 ，将属性栏中的"选择工具模式"选项设置为"形状"，在图像窗口中绘制图形，效果如图 14-13 所示。在"图层"控制面板中生成新的形状图层并将其命名为"阴影"。单击"图层"控制面板下方的"添加图层蒙版"按钮 ▢，为"阴影"图层添加图层蒙版，如图 14-14 所示。

文化传媒行业企业招聘
H5 首页设计 2

STEP 2 选择"渐变"工具 ▣，单击属性栏中的"点按可编辑渐变"按钮
，弹出"渐变编辑器"对话框，将渐变色设置为从黑色到白色，如图 14-15 所示。单击"确定"按钮，在图像窗口中从左到右拖曳渐变色，效果如图 14-16 所示。

图 14-13　　　　　　图 14-14　　　　　　　　　图 14-15　　　　　　　　图 14-16

STEP 3 在"图层"控制面板中，将"阴影"图层拖曳到"聘"文字图层的下方，如图 14-17 所示，图像效果如图 14-18 所示。

STEP 4 选择"横排文字"工具 T，在图像窗口中分别输入需要的文字并选取。在属性栏中分别选择合适的字体并设置大小，将"文本颜色"选项设置为深蓝色（其 R、G、B 的值分别为 43、58、96），效果如图 14-19 所示。在"图层"控制面板中分别生成新的文字图层。

STEP 5 选择文字"Art Design 文化……"，按 Alt+ → 组合键，适当调整文字的间距，效果如图 14-20 所示。

图 14-17

图 14-18

图 14-19

图 14-20

STEP↓6 选择"文件 > 置入嵌入对象"命令，弹出"置入嵌入对象"对话框，选择资源包中的"Ch14 > 素材 > 文化传媒行业企业招聘 H5 首页设计 > 03"文件，单击"置入"按钮，将图片置入图像窗口中，拖曳到适当的位置并调整大小，按 Enter 键确定操作，效果如图 14-21 所示。在"图层"控制面板中生成新的图层并将其命名为"三角"。

STEP↓7 选择"横排文字"工具 T.，在图像窗口中输入需要的文字并选取。在属性栏中选择合适的字体并设置大小，将"文本颜色"选项设置为浅蓝色（其 R、G、B 的值分别为 168、174、194）。按 Alt+ → 组合键，适当调整文字的间距，文字效果如图 14-22 所示。在"图层"控制面板中生成新的文字图层。

图 14-21

图 14-22

STEP↓8 在"图层"控制面板中，按住 Shift 键的同时，将"底图"图层和"我们期待……等什么"文字图层之间的所有图层选中。按 Ctrl+G 组合键，群组图层并将其命名为"首页"，如图 14-23 所示，图像效果如图 14-24 所示。

图 14-23

图 14-24

STEP 9 至此，文化传媒行业企业招聘 H5 首页制作完成。按 Ctrl+S 组合键，弹出"另存为"对话框，将其命名为"文化传媒行业企业招聘 H5 首页设计"，保存为 PSD 格式，单击"保存"按钮，弹出"Photoshop 格式选项"对话框，单击"确定"按钮，将文件保存。

14.2 文化传媒行业企业招聘 H5 工作环境页设计

案例学习目标

在 Photoshop 中，学会使用置入嵌入对象命令、绘图工具、创建剪贴蒙版命令、添加图层样式按钮、图层控制面板和横排文字工具制作文化传媒行业企业招聘 H5 工作环境页。

案例知识要点

在 Photoshop 中，使用矩形工具、不透明度选项和渐变叠加命令制作网格背景，使用矩形工具、置入嵌入对象命令、创建剪贴蒙版命令制作蒙版效果，使用自定形状工具绘制装饰图形。文化传媒行业企业招聘 H5 工作环境页设计效果如图 14-25 所示。

效果所在位置

资源包 > Ch14 > 效果 > 文化传媒行业企业招聘 H5 工作环境页设计.psd。

图 14-25

Photoshop 应用

14.2.1 制作背景效果

STEP 1 打开 Photoshop CC 2019 软件，按 Ctrl+O 组合键，打开资源包中的"Ch14 > 效果 > 文化传媒行业企业招聘 H5 首页设计.psd"文件，如图 14-26 所示。

STEP 2 选择"矩形"工具 ▢，在属性栏的"选择工具模式"选项中选择"形状"，将"填充"颜色设置为深蓝色（其 R、G、B 的值分别为 43、58、96），"描边"颜色设置为无，在图像窗口中绘制一个矩形，效果如图 14-27 所示。在"图层"控制面板中生成新图层"矩形 1"。

文化传媒行业企业招聘
H5 工作环境页设计 1

STEP 3 在"图层"控制面板上方，将"矩形 1"图层的"不透明度"选项设置为 85%，如图 14-28 所示；按 Enter 键确定操作，效果如图 14-29 所示。

图 14-26

图 14-27

图 14-28

图 14-29

STEP 4 按 Ctrl+J 组合键，复制"矩形 1"图层，生成新的图层"矩形 1 拷贝"。在"图层"控制面板上方，将"矩形 1 拷贝"图层的"不透明度"选项设置为 100%，如图 14-30 所示。按 Enter 键确定操作，在属性栏中将"填充"颜色选项设置为白色，如图 14-31 所示。按 Ctrl+T 组合键，在图像周围出现变换框，按住 Alt+Shift 组合键的同时，拖曳右下角的控制手柄等比例缩小图片，按 Enter 键确定操作，效果如图 14-32 所示。

STEP 5 单击"图层"控制面板下方的"添加图层样式"按钮 *fx*，在弹出的菜单中选择"图案叠加"命令，弹出对话框，选中"图案"选项，弹出图案选择面板，单击右上方的按钮 ❖，在弹出的菜单中选择"图案"命令，弹出提示对话框，单击"追加"按钮。在面板中选中需要的图案，如图 14-33 所示，其他选项的设置如图 14-34 所示。单击"确定"按钮，效果如图 14-35 所示。

图 14-30

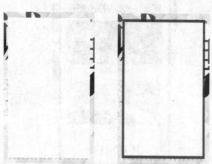
图 14-31

图 14-32

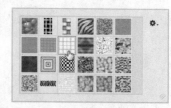
图 14-33

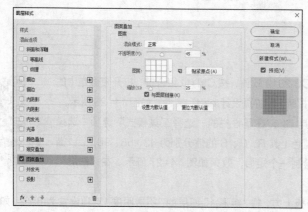
图 14-34

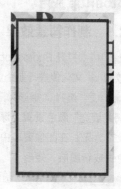
图 14-35

STEP 6 选择"矩形"工具 □ ，在图像窗口中绘制一个矩形，在属性栏中将"填充"颜色设置为深蓝色（其 R、G、B 的值分别为 43、58、96），"描边"颜色设置为无，效果如图 14-36 所示。在"图层"控制面板中生成新图层"矩形 2"。

STEP 7 选择"文件 > 置入嵌入对象"命令，弹出"置入嵌入对象"对话框，选择资源包中的"Ch14 > 素材 > 文化传媒行业企业招聘 H5 工作环境页设计 > 01"文件，单击"置入"按钮，将图片置入图像窗口中，拖曳到适当的位置并调整大小，按 Enter 键确定操作，效果如图 14-37 所示。在"图层"控制面板中生成新的图层并将其命名为"楼房"。

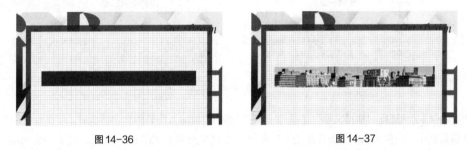

图 14-36   图 14-37

STEP 8 按住 Alt 键的同时，将鼠标指针放在"楼房"图层和"矩形 2"图层的中间，鼠标指针变为 ↓□ 图标，如图 14-38 所示。单击鼠标左键，创建剪贴蒙版，图像效果如图 14-39 所示。

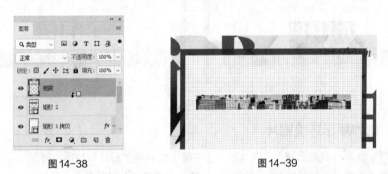

图 14-38   图 14-39

STEP 9 选择"横排文字"工具 T ，在适当的位置输入需要的文字并选取。在属性栏中选择合适的字体并设置大小，设置文本颜色为蓝色（其 R、G、B 的值分别为 75、87、120），效果如图 14-40 所示。在"图层"控制面板中生成新的文字图层。按 Alt+ → 组合键，适当调整文字的间距，效果如图 14-41 所示。

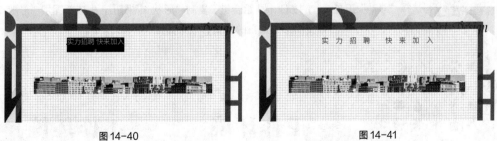

图 14-40   图 14-41

STEP 10 选择"椭圆"工具 ○ ，在属性栏中将"填充"颜色设置为蓝色（其 R、G、B 的值分别为 75、87、120），"描边"颜色设置为无，按住 Shift 键的同时，在图像窗口中绘制圆形，效果如

图 14-42 所示。在"图层"控制面板中生成新图层"椭圆 1"。

STEP 11 选择"路径选择"工具 ⬆，按住 Alt+Shift 组合键的同时，水平向右拖曳图形到适当的位置，复制图形，效果如图 14-43 所示。用相同的方法按需要再复制 4 个图形，效果如图 14-44 所示。

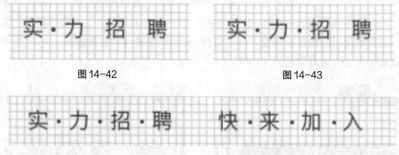

图 14-42   图 14-43

图 14-44

STEP 12 选择"横排文字"工具 T，在适当的位置输入需要的文字并选取。在属性栏中选择合适的字体并设置大小，设置文本颜色为深蓝色（其 R、G、B 的值分别为 43、58、96），效果如图 14-45 所示。在"图层"控制面板中生成新的文字图层。按 Alt+ → 组合键，适当调整文字的间距，效果如图 14-46 所示。

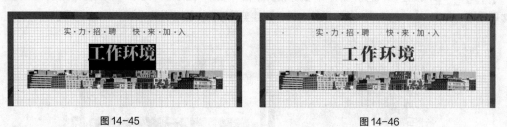

图 14-45   图 14-46

14.2.2　制作展示环境图片

STEP 1 选择"自定形状"工具 ⬡，选中属性栏中的"形状"选项，弹出"形状"面板，单击面板右上方的按钮 ⚙，在弹出的菜单中选择"自然"命令，弹出提示对话框，单击"确定"按钮。在"形状"面板中选中图形"波浪"，如图 14-47 所示。在属性栏中将"填充"颜色设置为深蓝色（其 R、G、B 的值分别为 43、58、96），在图像窗口中拖曳鼠标绘制图形，效果如图 14-48 所示。在"图层"控制面板中生成新图层"形状 1"。

文化传媒行业企业招聘
H5 工作环境页设计 2

STEP 2 选择"移动"工具 ✛，按 Ctrl+J 组合键，复制"形状 1"图层，生成新图层"形状 1 拷贝"。按住 Shift 键的同时，水平向右拖曳图形到适当的位置，效果如图 14-49 所示。

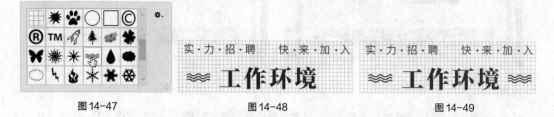

图 14-47   图 14-48   图 14-49

STEP 3 选择"矩形"工具 ▢，在图像窗口中绘制一个矩形，在属性栏中将"填充"颜色设置为深蓝色（其 R、G、B 的值分别为 43、58、96），"描边"颜色设置为无，效果如图 14-50 所示。在"图层"控制面板中生成新图层"矩形 3"。

STEP 4 选择"文件 > 置入嵌入对象"命令，弹出"置入嵌入对象"对话框，选择资源包中的"Ch14 > 素材 > 文化传媒行业企业招聘 H5 工作环境页设计 > 02"文件，单击"置入"按钮，将图片置入图像窗口中，拖曳到适当的位置并调整大小，按 Enter 键确定操作，效果如图 14-51 所示。在"图层"控制面板中生成新的图层并将其命名为"综合办公区"。

图 14-50

图 14-51

STEP 5 按 Alt+Ctrl+G 组合键，为"综合办公区"图层创建剪贴蒙版，图像效果如图 14-52 所示。选择"横排文字"工具 **T**，在适当的位置输入需要的文字并选取。在属性栏中选择合适的字体并设置大小，设置文本颜色为深蓝色（其 R、G、B 的值分别为 43、58、96），效果如图 14-53 所示。在"图层"控制面板中生成新的文字图层。

图 14-52

图 14-53

STEP 6 用相同的方法置入图像并制作剪贴蒙版，添加相应文字，效果如图 14-54 所示。选择"横排文字"工具 **T**，在适当的位置输入需要的文字并选取。在属性栏中选择合适的字体并设置大小，设置文本颜色为深蓝色（其 R、G、B 的值分别为 43、58、96），效果如图 14-55 所示。在"图层"控制面板中生成新的文字图层。

STEP 7 在"图层"控制面板中，按住 Shift 键的同时，将"JOIN US"文字图层和"矩形 1"图层之间的所有图层选中。按 Ctrl+G 组合键，群组图层并将其命名为"工作环境"，如图 14-56 所示，图像效果如图 14-57 所示。

STEP 8 至此，文化传媒行业企业招聘 H5 工作环境页制作完成。按 Shift+Ctrl+S 组合键，弹出"另存为"对话框，将其命名为"文化传媒行业企业招聘 H5 工作环境页设计"，保存为 PSD 格式，单击"保存"按钮，弹出"Photoshop 格式选项"对话框，单击"确定"按钮，将文件保存。

图 14-54

图 14-55

图 14-56

图 14-57

14.3　课后习题——文化传媒行业企业招聘 H5 待遇页设计

习题知识要点

在 Photoshop 中，使用横排文字工具更改标题文字，使用椭圆工具、描边类型选项、横排文字工具、字符控制面板制作福利待遇模块。文化传媒行业企业招聘 H5 待遇页设计效果如图 14-58 所示。

效果所在位置

资源包 > Ch14 > 效果 > 文化传媒行业企业招聘 H5 待遇页设计.psd。

图 14-58

文化传媒行业企业招聘
H5 待遇页设计

Chapter

15

第 15 章
VI 设计

VI 是企业形象设计的整合。它通过具体的符号对企业理念、企业文化、企业规范等抽象概念进行充分的表达，以标准化、系统化、统一化的方式塑造良好的企业形象，传播企业文化。本章以速益达科技 VI 手册设计为例，讲解 VI 的设计方法和制作技巧。

课堂学习目标

● 掌握 VI 手册的设计思路和过程

● 掌握 VI 手册的制作方法和技巧

15.1 速益达科技 VI 手册设计

⊕ 案例学习目标

在 Illustrator 中，学会使用显示网格命令、绘图工具、路径查找器命令和文字工具制作标志图形，使用矩形工具、直线段工具、文字工具制作模板，使用混合工具制作混合对象，使用描边控制面板为矩形添加虚线效果。

⊕ 案例知识要点

在 Illustrator 中，使用显示网格命令显示或隐藏网格，使用椭圆工具、钢笔工具和分割按钮制作标志图形，使用矩形工具、直线段工具、文字工具、填充工具制作模板，使用对齐控制面板对齐所选对象，使用矩形工具、扩展命令、直线段工具和描边命令制作标志预留空间与最小比例限定，使用矩形工具、混合工具、扩展命令和填充工具制作标准色块，使用直线段工具和文字工具对图形进行标注，使用建立剪切蒙版命令制作信纸底图，使用绘图工具、镜像命令制作信封，使用描边控制面板制作虚线效果，使用多种绘图工具、渐变工具和复制/粘贴命令制作员工胸卡，使用倾斜工具倾斜图形。速益达科技 VI 手册设计效果如图 15-1 所示。

⊕ 效果所在位置

资源包 > Ch15 > 效果 > 速益达科技 VI 手册设计 > 标志设计.ai、模板 A.ai、模板 B.ai、标志墨稿.ai、标志反白稿.ai、标志预留空间与最小比例限定.ai、企业全称中文字体.ai、企业全称英文字体.ai、企业标准色.ai、企业辅助色系列.ai、名片.ai、信纸.ai、信封.ai、传真纸.ai、员工胸卡.ai、文件夹.ai。

图 15-1

  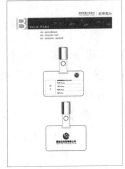 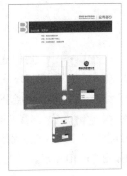

图 15-1（续）

15.5.1　标志设计

STEP 1 打开 Illustrator CC 2019 软件，按 Ctrl+N 组合键，弹出"新建文档"
对话框，设置宽度为 210 mm，高度为 297 mm，方向为纵向，颜色模式为 CMYK，单击
"创建"按钮，新建一个文档。

速益达科技 VI
手册设计 1

STEP 2 按 Ctrl+"组合键，显示网格。按 Shift+Ctrl+"组合键，对齐网格。选择"椭
圆"工具 ○，按住 Alt+Shift 组合键的同时，以其中一个网格的中心为中点绘制一个圆形，效果
如图 15-2 所示。选择"钢笔"工具 ✐，在适当的位置分别绘制两个不规则闭合图形，如图 15-3 所示。

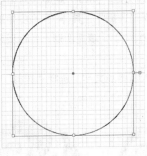 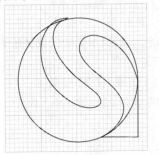

图 15-2　　　　　　　　　　　　　　　图 15-3

STEP 3 选择"选择"工具 ▶，用圈选的方法将所有绘制的图形选
中。选择"窗口 > 路径查找器"命令，弹出"路径查找器"控制面板，单击
"分割"按钮 ▣，如图 15-4 所示。分割下方对象，效果如图 15-5 所示。按
Shift+Ctrl+G 组合键，取消图形编组。

图 15-4

STEP 4 选择"选择"工具 ▶，按住 Shift 键的同时，单击不需要的图形将其选中，如图 15-6 所示。按 Delete 键将其删除，效果如图 15-7 所示。按 Ctrl+"组合键，隐藏网格。

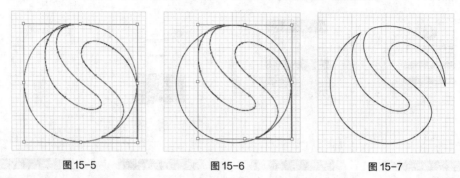

图 15-5　　　　　　　图 15-6　　　　　　　图 15-7

STEP 5 选择"选择"工具 ▶，选取图形，设置图形填充颜色为蓝色（其 CMYK 的值分别为 100、50、0、0），填充图形，并设置描边色为无，效果如图 15-8 所示。选择"钢笔"工具 ✐，在适当的位置分别绘制两个不规则闭合图形，如图 15-9 所示。

STEP 6 选择"选择"工具 ▶，按住 Shift 键的同时，将所绘制的图形选中，设置图形填充颜色为红色（其 CMYK 值分别为 0、100、100、10），填充图形，并设置描边色为无，取消图形选取状态，效果如图 15-10 所示。

图 15-8　　　　　　　图 15-9　　　　　　　图 15-10

STEP 7 选择"矩形"工具 ▢，在页面中单击鼠标左键，弹出"矩形"对话框，选项的设置如图 15-11 所示。单击"确定"按钮，出现一个正方形。选择"选择"工具 ▶，拖曳矩形到适当的位置，设置图形填充颜色为蓝色（其 CMYK 的值分别为 100、50、0、0），填充图形，并设置描边色为无，效果如图 15-12 所示。

STEP 8 选择"文字"工具 T，在适当的位置输入需要的文字。选择"选择"工具 ▶，在属性栏中选择合适的字体并设置文字大小，效果如图 15-13 所示。

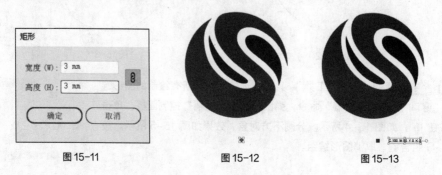

图 15-11　　　　　　　图 15-12　　　　　　　图 15-13

STEP 9 选择"选择"工具 ▶，按住 Shift 键的同时，单击蓝色正方形将其选中，按住 Alt+Shift 组合键的同时，垂直向下拖曳图形到适当的位置，复制图形，效果如图 15-14 所示。选中蓝色矩形，设置图形填充颜色为红色（其 CMYK 的值分别为 0、100、100、10），填充图形，效果如图 15-15 所示。选择"文字"工具 **T**，重新输入 CMYK 值，效果如图 15-16 所示。

■ C 100 M 50 Y 0 K 0	■ C 100 M 50 Y 0 K 0	■ C 100 M 50 Y 0 K 0
■ C 100 M 50 Y 0 K 0	✖ C 100 M 50 Y 0 K 0	■ C 0 M 100 Y 100 K 10
图 15-14	图 15-15	图 15-16

STEP 10 选择"矩形"工具 □，在适当的位置拖曳鼠标绘制一个矩形，设置图形填充颜色为青色（其 CMYK 的值分别为 100、0、0、0），填充图形，并设置描边色为无，效果如图 15-17 所示。选择"选择"工具 ▶，按住 Alt+Shift 组合键的同时，水平向右拖曳图形到适当的位置，复制图形。

STEP 11 保持图形选取状态。向左拖曳复制矩形右边中间的控制手柄到适当的位置，调整其大小。设置图形填充颜色为蓝色（其 CMYK 值分别为 100、50、0、0），填充图形，效果如图 15-18 所示。

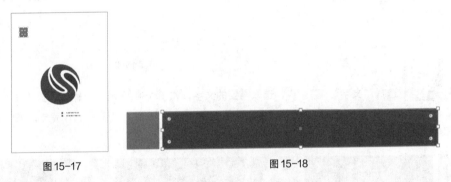

图 15-17　　　　　　　　　　　图 15-18

STEP 12 选择"文字"工具 **T**，在适当的位置分别输入需要的文字。选择"选择"工具 ▶，在属性栏中分别选择合适的字体并设置文字大小，按 Alt+ ← 组合键，适当调整文字间距，效果如图 15-19 所示。将输入的文字选中，设置文字为淡黑色（其 CMYK 的值分别为 0、0、0、80），填充文字颜色，效果如图 15-20 所示。

图 15-19　　　　　　　　　　　图 15-20

STEP 13 选择"直线段"工具 ╱，按住 Shift 键的同时，绘制一条竖线。在属性栏中将"描边粗细"选项设置为 0.5 pt。设置描边颜色为淡黑色（其 CMYK 的值分别为 0、0、0、80），填充描边，效果如图 15-21 所示。选择"文字"工具 **T**，在适当的位置分别输入需要的文字。选择"选择"工具 ▶，在属性栏中分别选择合适的字体并设置文字大小，填充文字为白色，效果如图 15-22 所示。

图 15-21　　　　　　　　　　　图 15-22

STEP 14 至此，标志制作完成。按 Ctrl+S 组合键，弹出"存储为"对话框，将其命名为"标志设计"，保存为 AI 格式，单击"保存"按钮，将文件保存。

15.5.2　制作模板 A

STEP 1 按 Ctrl+O 组合键，打开资源包中的"Ch15 > 效果 > 速益达科技 VI 手册设计 > 标志设计.ai"文件，选择"选择"工具 ▶，选取不需要的图形，如图 15-23 所示。按 Delete 键将其删除，效果如图 15-24 所示。

速益达科技 VI
手册设计 2

图 15-23　　　　　　　　　　　　　　　图 15-24

STEP 2 选择"文字"工具 T，选取需要的文字，如图 15-25 所示。输入需要的文字，效果如图 15-26 所示。使用相同的方法更改其他文字，效果如图 15-27 所示。模板 A 制作完成，模板 A 部分表示 VI 手册中的基础部分。

图 15-25　　　　　　　　　　　图 15-26　　　　　　　　　图 15-27

STEP 3 按 Shift+Ctrl+S 组合键，弹出"存储为"对话框，将其命名为"模板 A"，保存为 AI 格式，单击"保存"按钮，将文件保存。

15.5.3　制作模板 B

STEP 1 按 Ctrl+O 组合键，打开资源包中的"Ch15 > 效果 > 速益达科技 VI 手册设计 > 模板 A.ai"文件，选择"文字"工具 T，选取文字"基础"，如图 15-28 所示。输入需要的文字，效果如图 15-29 所示。使用相同的方法制作其他文字，效果如图 15-30 所示。

速益达科技 VI
手册设计 3

图 15-28　　　　　　　　　　　　　　图 15-29

视觉形象识别系统
Visual Identification System | 应用部分

图 15-30

STEP 2 选择"选择"工具 ▶，选取需要的图形，如图 15-31 所示。设置图形填充色为橘黄色（其 CMYK 的值分别为 0、35、100、0），填充图形，效果如图 15-32 所示。模板 B 制作完成，模板 B 部分表示 VI 手册中的应用部分。

图 15-31

图 15-32

STEP 3 按 Shift+Ctrl+S 组合键，弹出"存储为"对话框，将其命名为"模板 B"，保存为 AI 格式，单击"保存"按钮，将文件保存。

15.5.4　制作标志墨稿

STEP 1 按 Ctrl+O 组合键，打开资源包中的"Ch15 > 效果 > 速益达科技 VI 手册设计 > 标志设计.ai"文件，选择"选择"工具 ▶，选取不需要的图形和文字，如图 15-33 所示。按 Delete 键将其删除，效果如图 15-34 所示。

STEP 2 选择"选择"工具 ▶，使用圈选的方法将图形和文字选中，填充图形为黑色，效果如图 15-35 所示。选择"文字"工具 **T**，重新输入 CMYK 的值，效果如图 15-36 所示。

速益达科技 VI
手册设计 4

图 15-33

图 15-34

图 15-35

图 15-36

STEP 3 选择"文字"工具 **T**，选取需要的文字，如图 15-37 所示。输入需要的文字，效果如图 15-38 所示。使用相同的方法更改其他文字，效果如图 15-39 所示。

图 15-37

图 15-38

图 15-39

STEP 4 选择"文字"工具 T，在适当的位置输入需要的文字。选择"选择"工具，在属性栏中选择合适的字体并设置文字大小。设置文字为淡黑色（其 CMYK 的值分别为 0、0、0、80），填充文字，效果如图 15-40 所示。

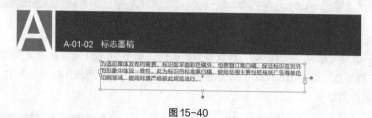

图 15-40

STEP 5 按 Ctrl+T 组合键，弹出"字符"控制面板，将"设置行距"选项设置为 17pt，其他选项的设置如图 15-41 所示；按 Enter 键确定操作，效果如图 15-42 所示。

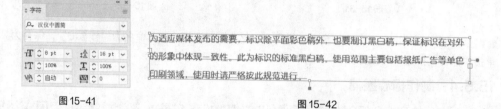

图 15-41   图 15-42

STEP 6 至此，标志墨稿制作完成。按 Shift+Ctrl+S 组合键，弹出"存储为"对话框，将其命名为"标志墨稿"，保存为 AI 格式，单击"保存"按钮，将文件保存。

15.5.5 制作标志反白稿

STEP 1 按 Ctrl+O 组合键，打开资源包中的"Ch15 > 效果 > 速益达科技 VI 手册设计 > 标志设计.ai"文件，选择"选择"工具，选取不需要的图形和文字，如图 15-43 所示。按 Delete 键将其删除，用圈选的方法选取标志图形，按 Ctrl+G 组合键，将其群组，如图 15-44 所示。

速益达科技 VI
手册设计 5

图 15-43

图 15-44

STEP 2 选择"矩形"工具，在页面中单击鼠标左键，弹出"矩形"对话框，选项的设置如图 15-45 所示。单击"确定"按钮，出现一个矩形。选择"选择"工具，拖曳矩形到适当的位置，填充图形为黑色，并设置描边色为无，效果如图 15-46 所示。按 Ctrl+Shift+[组合键，将图形置于底层，效果如图 15-47 所示。

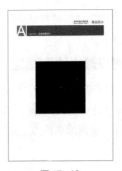

图 15-45　　　　　　　　　　图 15-46　　　　　　　　　　图 15-47

STEP⚑3　选择"选择"工具 ▶，选中"标志"图形，填充图形为白色，效果如图 15-48 所示。按住 Shift 键的同时，单击黑色矩形将其选中，在属性栏中单击"水平居中对齐"按钮 ⬚ 和"垂直居中对齐"按钮 ⬚，将选中的图形居中对齐，效果如图 15-49 所示。

图 15-48　　　　　　　　　　　　　　图 15-49

STEP⚑4　选择"文字"工具 **T**，选取需要的文字，如图 15-50 所示。输入需要的文字，效果如图 15-51 所示。使用相同的方法更改其他文字，效果如图 15-52 所示。

图 15-50　　　　　　　　　　图 15-51　　　　　　　　　　图 15-52

STEP⚑5　选择"文字"工具 **T**，在适当的位置输入需要的文字。选择"选择"工具 ▶，在属性栏中选择合适的字体并设置文字大小，按 Alt+↓ 组合键，适当调整文字行距。设置文字为淡黑色（其 CMYK 的值分别为 0、0、0、80），填充文字，效果如图 15-53 所示。标志反白稿制作完成，效果如图 15-54 所示。

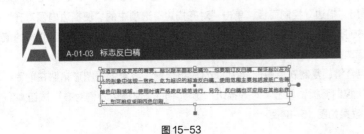

图 15-53　　　　　　　　　　　　　　图 15-54

STEP 6 按 Shift+Ctrl+S 组合键，弹出"存储为"对话框，将其命名为"标志反白稿"，保存为 AI 格式，单击"保存"按钮，将文件保存。

15.5.6 制作标志预留空间与最小比例限定

STEP 1 按 Ctrl+O 组合键，打开资源包中的"Ch15 > 效果 > 速益达科技 VI 手册设计 > 标志设计.ai"文件，选择"选择"工具 ，选取不需要的图形和文字，如图 15-55 所示。按 Delete 键将其删除，使用圈选的方法选取标志图形，按 Ctrl+G 组合键，将其群组，如图 15-56 所示。

速益达科技 VI
手册设计 6

图 15-55

图 15-56

STEP 2 选择"矩形"工具 ，在页面中单击鼠标左键，弹出"矩形"对话框，选项的设置如图 15-57 所示。单击"确定"按钮，出现一个矩形。选择"选择"工具 ，拖曳矩形到适当的位置，效果如图 15-58 所示。

STEP 3 选择"选择"工具 ，按住 Shift 键的同时，单击标志图形将其选中，在属性栏中单击"水平居中对齐"按钮 和"垂直居中对齐"按钮 ，将选中的图形居中对齐，效果如图 15-59 所示。

图 15-57

图 15-58

图 15-59

STEP 4 在页面空白处单击，取消图形的选取状态。选择"选择"工具 ，选择绘制的矩形，选择"窗口 > 描边"命令，弹出"描边"控制面板，单击"对齐描边"选项中的"使描边内侧对齐"按钮 ，其他选项的设置如图 15-60 所示，效果如图 15-61 所示。设置描边颜色为灰色（其 CMYK 的值分别为 0、0、0、10），填充图形描边，效果如图 15-62 所示。

STEP 5 按 Ctrl+C 组合键，复制灰色图形，按 Ctrl+F 组合键，将复制的图形粘贴在前面，填充图形描边为黑色。选择"描边"控制面板，单击"对齐描边"选项中的"使描边外侧对齐"按钮 ，其他选项的设置如图 15-63 所示，效果如图 15-64 所示。

图 15-60

图 15-61

图 15-62

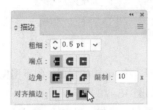
图 15-63

图 15-64

STEP 6 选择"直线段"工具 ，按住 Shift 键的同时，绘制一条直线，效果如图 15-65 所示。选择"描边"控制面板，勾选"虚线"复选框，数值被激活，选项的设置如图 15-66 所示；按 Enter 键确定操作，效果如图 15-67 所示。

图 15-65

图 15-66

图 15-67

STEP 7 选择"选择"工具 ，选择虚线，按住 Alt+Shift 组合键的同时，垂直向下拖曳虚线到适当的位置，复制一条虚线，如图 15-68 所示。按住 Shift 键的同时，单击原虚线将其选中。双击"旋转"工具 ，弹出"旋转"对话框，选项的设置如图 15-69 所示。单击"复制"按钮，旋转并复制虚线，效果如图 15-70 所示。

图 15-68

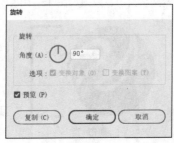
图 15-69

图 15-70

STEP 8 选择"文字"工具 T，在适当的位置分别输入需要的文字。选择"选择"工具 ▶，在属性栏中分别选择合适的字体并设置文字大小，效果如图 15-71 所示。

STEP 9 选择"直排文字"工具 IT，在适当的位置分别输入需要的文字。选择"选择"工具 ▶，在属性栏中分别选择合适的字体并设置文字大小，效果如图 15-72 所示。

图 15-71

图 15-72

STEP 10 选择"选择"工具 ▶，选中标志图形，按 Alt 键的同时，向下拖曳图形到适当的位置，复制图形。按 Shift+Alt 组合键，等比例缩小图形，效果如图 15-73 所示。

STEP 11 选择"矩形"工具 ▢，在页面中单击鼠标左键，弹出"矩形"对话框，选项的设置如图 15-74 所示。单击"确定"按钮，出现一个矩形。选择"选择"工具 ▶，拖曳矩形到适当的位置，在属性栏中将"描边粗细"选项设置为 0.5 pt，按 Enter 键确定操作，效果如图 15-75 所示。

图 15-73

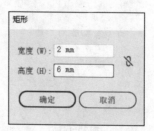

图 15-74

图 15-75

STEP 12 在页面空白处单击，取消图形的选取状态。选择"直接选择"工具 ▷，选择矩形的左边，如图 15-76 所示。按 Delete 键将其删除，如图 15-77 所示。

STEP 13 选择"文字"工具 T，在适当的位置分别输入需要的文字。选择"选择"工具 ▶，在属性栏中分别选择合适的字体并设置文字大小，效果如图 15-78 所示。

图 15-76

图 15-77

图 15-78

STEP 14 选择"文字"工具 T，选取需要的文字，如图 15-79 所示。输入需要的文字，效果如图 15-80 所示。使用相同的方法更改其他文字，效果如图 15-81 所示。

图 15-79　　　　　　图 15-80　　　　　　　　图 15-81

STEP 15 选择"文字"工具 T，在适当的位置输入需要的文字。选择"选择"工具 ▶，在属性栏中选择合适的字体并设置文字大小，按 Alt+↓ 组合键，适当调整文字行距。设置文字为淡黑色（ 其 CMYK 的值分别为 0、0、0、80 ），填充文字，效果如图 15-82 所示。

STEP 16 标志预留空间与最小比例限定制作完成，效果如图 15-83 所示。按 Shift+Ctrl+S 组合键，弹出"存储为"对话框，将其命名为"标志预留空间与最小比例限定"，保存为 AI 格式，单击"保存"按钮，将文件保存。

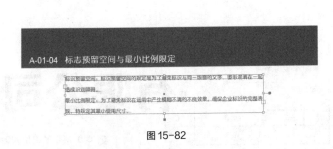

图 15-82　　　　　　　　　　　图 15-83

15.5.7　制作企业全称中文字体

STEP 1 按 Ctrl+O 组合键，打开资源包中的"Ch15 > 效果 > 速益达科技 VI 手册设计 > 模板 A.ai"文件，如图 15-84 所示。选择"文字"工具 T，选取需要的文字，如图 15-85 所示。输入需要的文字，效果如图 15-86 所示。

速益达科技 VI
手册设计 7

图 15-84　　　　　　图 15-85　　　　　　图 15-86

STEP 2 使用相同的方法更改其他文字，效果如图 15-87 所示。选择"文字"工具 T，在适当的位置输入需要的文字。选择"选择"工具 ▶，在属性栏中选择合适的字体并设置文字大小，按 Alt+↓ 组合键，适当调整文字行距。设置文字为淡黑色（其 CMYK 的值分别为 0、0、0、80），填充文字，效果如图 15-88 所示。

图 15-87

图 15-88

STEP 3 选择"文字"工具 T，在适当的位置分别输入需要的文字。选择"选择"工具 ▶，在属性栏中分别选择合适的字体并设置文字大小，效果如图 15-89 所示。

STEP 4 选择"矩形"工具 ▦，在页面中单击鼠标左键，弹出"矩形"对话框，选项的设置如图 15-90 所示。单击"确定"按钮，出现一个正方形。选择"选择"工具 ▶，拖曳正方形到适当的位置，填充图形为黑色，并设置描边色为无，效果如图 15-91 所示。

图 15-89

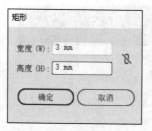
图 15-90

图 15-91

STEP 5 选择"文字"工具 T，在适当的位置输入需要的文字。选择"选择"工具 ▶，在属性栏中选择合适的字体并设置文字大小，效果如图 15-92 所示。

STEP 6 选择"矩形"工具 ▦，在页面中拖曳鼠标绘制一个矩形，填充图形为黑色，并设置描边色为无，效果如图 15-93 所示。

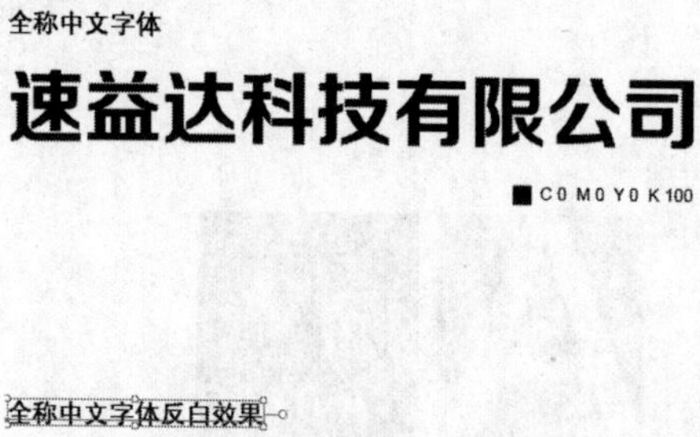

全称中文字体

速益达科技有限公司

■ C0 M0 Y0 K 100

全称中文字体反白效果

全称中文字体反白效果
图 15-92

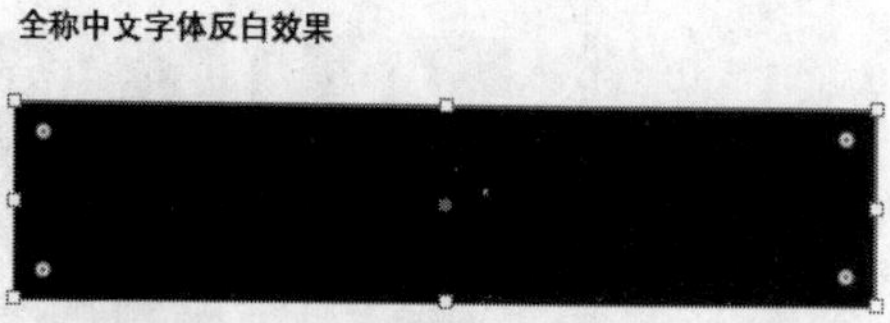

图 15-93

STEP 7 选择"文字"工具 T，在适当的位置输入需要的文字。选择"选择"工具 ▶，在属性栏中选择合适的字体并设置文字大小，填充文字为白色，效果如图 15-94 所示。企业全称中文字体制作完成，效果如图 15-95 所示。

STEP 8 按 Shift+Ctrl+S 组合键，弹出"存储为"对话框，将其命名为"企业全称中文字体"，保存为 AI 格式，单击"保存"按钮，将文件保存。

全称中文字体反白效果

图 15-94

图 15-95

15.5.8　制作企业全称英文字体

STEP 1 按 Ctrl+O 组合键，打开资源包中的"Ch15 > 效果 > 速益达科技 VI 手册设计 > 企业全称中文字体.ai"文件，选择"选择"工具 ▶，选取不需要的文字（见图 15-96）。按 Delete 键将其删除，效果如图 15-97 所示。

速益达科技 VI
手册设计 8

图 15-96

图 15-97

STEP 2 选择"文字"工具 T，选取需要的文字，如图 15-98 所示。输入需要的文字，效果如图 15-99 所示。使用相同的方法更改其他文字，效果如图 15-100 所示。

图 15-98

图 15-99

图 15-100

STEP 3 选择"文字"工具 T，在适当的位置输入需要的文字。选择"选择"工具 ▶，在属性栏中选择合适的字体并设置文字大小，效果如图 15-101 所示。选取输入的文字，按 Alt 键的同时，向下拖曳文字到适当的位置，并调整文字大小，填充文字为白色，效果如图 15-102 所示。

STEP 4 至此，企业全称英文字体制作完成。按 Shift+Ctrl+S 组合键，弹出"存储为"对话框，将其命名为"企业全称英文字体"，保存为 AI 格式，单击"保存"按钮，将文件保存。

图 15-101　　　　　　　　　　　　　图 15-102

15.5.9　制作企业标准色

STEP 1 按 Ctrl+O 组合键，打开资源包中的"Ch15 > 效果 > 速益达科技 VI 手册设计 > 标志设计.ai"文件，如图 15-103 所示。选择"选择"工具 ，选中标志图形，按住 Shift+Alt 组合键，等比例缩小图形，并将其拖曳到适当的位置，效果如图 15-104 所示。

速益达科技 VI
手册设计 9

图 15-103　　　　　　　　　　　　　图 15-104

STEP 2 选择"文字"工具 ，选取需要的文字，如图 15-105 所示。输入需要的文字，效果如图 15-106 所示。使用相同的方法更改其他文字，效果如图 15-107 所示。

图 15-105　　　　　　　图 15-106　　　　　　　图 15-107

STEP 3 选择"文字"工具 ，在适当的位置输入需要的文字。选择"选择"工具 ，在属性栏中选择合适的字体并设置文字大小，按 Alt+↓ 组合键，适当调整文字行距。设置文字为淡黑色（其 CMYK 的值分别为 0、0、0、80），填充文字，效果如图 15-108 所示。

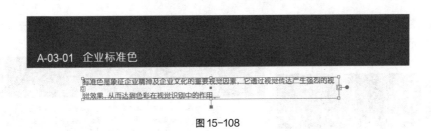

图 15-108

STEP 4 选择"文字"工具 **T**，在适当的位置分别输入需要的文字。选择"选择"工具 ▶，在属性栏中分别选择合适的字体并设置文字大小，效果如图 15-109 所示。选择蓝色矩形，向上拖曳到适当的位置并调整其大小，效果如图 15-110 所示。

STEP 5 选择"选择"工具 ▶，选中文字并拖曳到适当的位置，效果如图 15-111 所示。使用相同的方法制作其他图形和文字，效果如图 15-112 所示。至此，企业标准色制作完成。

| 图 15-109 | 图 15-110 | 图 15-111 | 图 15-112 |

STEP 6 按 Shift+Ctrl+S 组合键，弹出"存储为"对话框，将其命名为"企业标准色"，保存为 AI 格式，单击"保存"按钮，将文件保存。

15.5.10　制作企业辅助色系列

STEP 1 按 Ctrl+O 组合键，打开资源包中的"Ch15 > 效果 > 速益达科技 VI 手册设计 > 模板 A.ai"文件，如图 15-113 所示。选择"文字"工具 **T**，选取需要的文字，如图 15-114 所示。输入需要的文字，效果如图 15-115 所示。

速益达科技 VI
手册设计 10

| 图 15-113 | 图 15-114 | 图 15-115 |

STEP 2 使用相同的方法更改其他文字，效果如图 15-116 所示。选择"文字"工具 **T**，在适当的位置输入需要的文字。选择"选择"工具 ▶，在属性栏中选择合适的字体并设置文字大小，按 Alt+↓ 组

合键，适当调整文字行距。设置文字为淡黑色（其 CMYK 的值分别为 0、0、0、80），填充文字，效果如图 15-117 所示。

图 15-116

图 15-117

STEP 3 选择"矩形"工具 ▢，在页面适当的位置拖曳鼠标绘制一个矩形，设置图形填充颜色为紫色（其 CMYK 的值分别为 60、100、0、0），填充图形，并设置描边色为无，效果如图 15-118 所示。

STEP 4 选择"选择"工具 ▶，按住 Alt+Shift 组合键的同时，垂直向下拖曳图形到适当的位置，复制图形，如图 15-119 所示。设置图形填充颜色为淡灰色（其 CMYK 的值分别为 0、0、0、20），填充图形，效果如图 15-120 所示。

图 15-118

图 15-119

图 15-120

STEP 5 选择"选择"工具 ▶，将两个矩形选中，双击"混合"工具 🔳，在弹出的对话框中进行设置，如图 15-121 所示。单击"确定"按钮，在两个矩形上单击生成混合，如图 15-122 所示。

STEP 6 保持图形的选取状态。选择"对象 > 扩展"命令，弹出"扩展"对话框，选项的设置如图 15-123 所示。单击"确定"按钮，效果如图 15-124 所示。

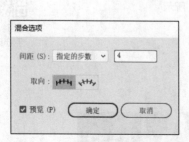

图 15-121

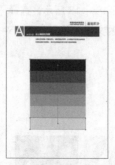

图 15-122

图 15-123

STEP 7 按 Shift+Ctrl+G 组合键，取消图形编组。选择"选择"工具 ▶，选择第二个矩形，设置图形填充颜色为黄色（其 CMYK 的值分别为 0、0、100、0），填充图形，效果如图 15-125 所示。分别选取下方的矩形，并依次填充为绿色（其 CMYK 的值分别为 50、0、100、0），蓝色（其 CMYK 的值分别为 100、60、0、0），橙黄色（其 CMYK 的值分别为 0、60、100、0），效果如图 15-126 所示。

图 15-124　　　　　　　　图 15-125　　　　　　　　图 15-126

STEP 8 选择"文字"工具 T ，在适当的位置输入需要的文字。选择"选择"工具 ▶ ，在属性栏中选择合适的字体并设置文字大小，填充文字为白色，效果如图 15-127 所示。

STEP 9 按住 Alt+Shift 组合键的同时，垂直向下拖曳文字到适当的位置，复制文字，如图 15-128 所示。连续按 Ctrl+D 组合键，复制出多个文字，效果如图 15-129 所示。选择"文字"工具 T ，分别重新输入 CMYK 的值，效果如图 15-130 所示。

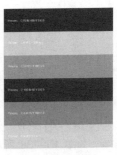

图 15-127　　　　　图 15-128　　　　　　图 15-129　　　　　　图 15-130

STEP 10 至此，企业辅助色系列制作完成。按 Shift+Ctrl+S 组合键，弹出"存储为"对话框，将其命名为"企业辅助色系列"，保存为 AI 格式，单击"保存"按钮，将文件保存。

15.5.11　制作名片

STEP 1 按 Ctrl+O 组合键，打开资源包中的"Ch15 > 效果 > 速益达科技 VI 手册设计 > 模板 B.ai"文件，如图 15-131 所示。选择"文字"工具 T ，选取需要的文字，如图 15-132 所示。输入需要的文字，效果如图 15-133 所示。

速益达科技 VI
手册设计 11

图 15-131　　　　　　　　图 15-132　　　　　　　　图 15-133

STEP ↘2 使用相同的方法更改其他文字，效果如图 15-134 所示。选择"文字"工具 **T**，在适当的位置输入需要的文字。选择"选择"工具 ▶，在属性栏中选择合适的字体并设置文字大小。设置文字为淡黑色（其 CMYK 的值分别为 0、0、0、80），填充文字颜色，效果如图 15-135 所示。

图 15-134   图 15-135

STEP ↘3 按 Ctrl+T 组合键，弹出"字符"控制面板，将"设置行距" 选项设置为 16pt，其他选项的设置如图 15-136 所示；按 Enter 键确定操作，效果如图 15-137 所示。

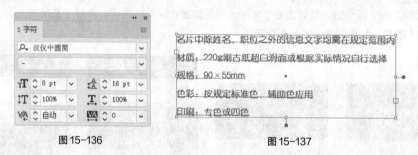

图 15-136   图 15-137

STEP ↘4 选择"矩形"工具 ■，在页面中单击鼠标左键，弹出"矩形"对话框，在对话框中进行设置，如图 15-138 所示。单击"确定"按钮，得到一个矩形并将其拖曳到适当的位置。填充图形为白色，设置描边色为灰色（其 CMYK 的值分别为 0、0、0、50），填充描边，效果如图 15-139 所示。

STEP ↘5 按 Ctrl+O 组合键，打开资源包中的"Ch15 > 效果 > 速益达科技 VI 手册设计 > 企业标准色.ai"文件，选择"选择"工具 ▶，选取标志图形和标准字，按 Ctrl+C 组合键，复制图形。选择正在编辑的页面，按 Ctrl+V 组合键，将其粘贴到页面中。选择"选择"工具 ▶，将标志图形拖曳到矩形左上角并调整其大小，效果如图 15-140 所示。

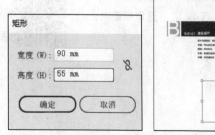

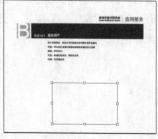

图 15-138   图 15-139   图 15-140

STEP ↘6 选择"矩形"工具 ■，在页面中单击鼠标左键，弹出"矩形"对话框，选项的设置如图 15-141 所示。单击"确定"按钮，得到一个矩形，拖曳矩形到适当的位置，如图 15-142 所示。设置填充色为蓝色（其 CMYK 的值分别为 100、50、0、0），填充图形，设置描边色为无，效果如图 15-143 所示。

图 15-141　　　　　　图 15-142　　　　　　图 15-143

STEP 7 选择"选择"工具 ▶，按住 Shift 键的同时，单击所需要的图形将其选中，如图 15-144 所示。选择"窗口 > 对齐"命令，弹出"对齐"控制面板，如图 15-145 所示。单击"水平右对齐"按钮 ▪ 和"垂直底对齐"按钮 ▪，效果如图 15-146 所示。

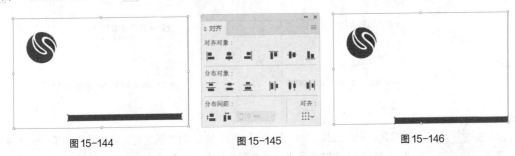

图 15-144　　　　　　图 15-145　　　　　　图 15-146

STEP 8 按 Ctrl+R 组合键，在页面中显示标尺。选择"选择"工具 ▶，在左侧标尺上单击并向右拖曳鼠标，出现一条垂直参考线，如图 15-147 所示。选择"文字"工具 T，在矩形中输入姓名和职务名称。选择"选择"工具 ▶，在属性栏中选择合适的字体并设置文字大小，效果如图 15-148 所示。

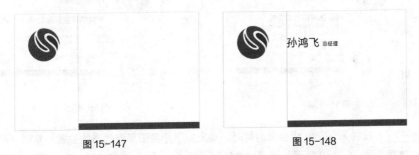

图 15-147　　　　　　　　图 15-148

STEP 9 选择"选择"工具 ▶，选取空白处的标志文字，调整至适当大小，并拖曳标准字使之与参考线对齐，效果如图 15-149 所示。选择"文字"工具 T，在标准字的下方输入地址和联系方式。选择"选择"工具 ▶，在属性栏中选择合适的字体并设置文字大小，效果如图 15-150 所示。

图 15-149　　　　　　　　图 15-150

STEP 10 选择"选择"工具 ▶，选取参考线，按 Delete 键将其删除，如图 15-151 所示。选取白色矩形，按 Ctrl+C 组合键，复制图形，按 Ctrl+B 组合键，将复制的图形粘贴在后面，并在右下方拖曳图形到适当的位置，效果如图 15-152 所示。设置图形填充色为灰色（其 CMYK 的值分别为 0、0、0、10），填充图形，并设置描边色为无，效果如图 15-153 所示。

图 15-151

图 15-152

图 15-153

STEP 11 选择"直线段"工具 ／ 和"文字"工具 T，对图形进行标注，效果如图 15-154 所示。选择"选择"工具 ▶，按住 Shift 键的同时，单击需要的文字和图形将其选中，如图 15-155 所示。

图 15-154

图 15-155

STEP 12 按住 Alt+Shift 组合键的同时，垂直向下拖曳图形到适当的位置，复制一组图形，取消其选取状态，效果如图 15-156 所示。选择"选择"工具 ▶，按住 Shift 键的同时，单击所需要的图形将其选中。单击属性栏中的"水平左对齐"按钮 ▣，效果如图 15-157 所示。

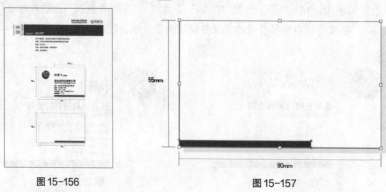

图 15-156

图 15-157

STEP 13 选择"选择"工具 ▶，选取需要的图形，填充图形为白色，效果如图 15-158 所示。选取后方矩形，设置图形填充色为蓝色（其 CMYK 的值分别为 100、50、0、0），填充图形，效果如图 15-159 所示。

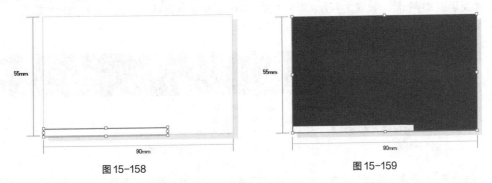

图 15-158　　　　　　　　　　　　　　图 15-159

STEP 14 选中"企业标准色"页面，选择"选择"工具 ▶，选取并复制标志图形和标准字，将其粘贴到页面中适当的位置并调整大小，填充图形为白色，效果如图 15-160 所示。公司名片制作完成，效果如图 15-161 所示。按 Shift+Ctrl+S 组合键，弹出"存储为"对话框，将其命名为"名片"，保存为 AI 格式，单击"保存"按钮，将文件保存。

图 15-160

图 15-161

15.5.12　制作信纸

STEP 1 按 Ctrl+O 组合键，打开资源包中的"Ch15 > 效果 > 速益达科技 VI 手册设计 > 模板 B.ai"文件，如图 15-162 所示。选择"文字"工具 **T**，选取需要的文字，如图 15-163 所示。输入需要的文字，效果如图 15-164 所示。

速益达科技 VI
手册设计 12

图 15-162　　　　　　图 15-163　　　　　　图 15-164

STEP 2 使用相同的方法更改其他文字，效果如图 15-165 所示。选择"文字"工具 T ，在适当的位置输入需要的文字。选择"选择"工具 ，在属性栏中选择合适的字体并设置文字大小，按 Alt+↓ 组合键，适当调整文字行距。设置文字为淡黑色（其 CMYK 的值分别为 0、0、0、80），填充文字，效果如图 15-166 所示。

图 15-165   图 15-166

STEP 3 选择"矩形"工具 ，在页面中单击鼠标左键，弹出"矩形"对话框，选项的设置如图 15-167 所示。单击"确定"按钮，得到一个矩形。选择"选择"工具 ，拖曳矩形到页面中适当的位置，在属性栏中将"描边粗细"选项设置为 0.25 pt，填充图形为白色并设置描边色为深灰色（其 CMYK 的值分别为 0、0、0、90），填充描边，效果如图 15-168 所示。

STEP 4 按 Ctrl+O 组合键，打开资源包中的"Ch15 > 效果 > 速益达科技 VI 手册设计 > 标志设计.ai"文件，选取并复制标志图形，将其粘贴到页面中。选择"选择"工具 ，将标志图形拖曳到页面中适当的位置并调整大小，效果如图 15-169 所示。

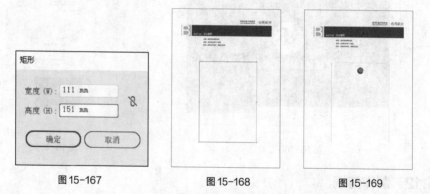

图 15-167   图 15-168   图 15-169

STEP 5 选择"直线段"工具 ，按住 Shift 键的同时，在适当的位置绘制一条直线，设置描边颜色为灰色（其 CMYK 的值分别为 0、0、0、70），填充直线，效果如图 15-170 所示。

图 15-170

STEP 6 选中"标志设计"页面，选择"选择"工具 ，选取并复制标志，将其粘贴到页面中适当的位置并调整大小，效果如图 15-171 所示。

STEP 7 选择"选择"工具 ，设置图形填充色为浅灰色（其 CMYK 的值分别为 0、0、0、5），填充图形，效果如图 15-172 所示。连续按 Ctrl+[组合键，将图形向后移动到白色矩形的后面，效果如图 15-173 所示。

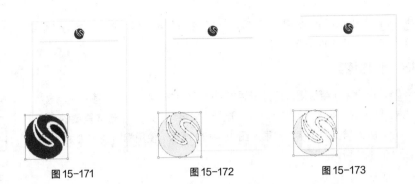

图 15-171　　　　　　　　图 15-172　　　　　　　　图 15-173

STEP 8 选择"选择"工具 ▶，选取背景矩形，按 Ctrl+C 组合键，复制图形，按 Ctrl+F 组合键，将复制的图形粘贴在前面，按住 Shift 键的同时，单击标志图形将其选中，如图 15-174 所示。按 Ctrl+7 组合键，建立剪切蒙版，取消选取状态，效果如图 15-175 所示。

图 15-174　　　　　　　　　　　　　图 15-175

STEP 9 选择"矩形"工具 ▢，绘制一个矩形，设置图形填充色为蓝色（其 CMYK 的值分别为 100、50、0、0），填充图形，并设置描边色为无，效果如图 15-176 所示。选择"文字"工具 T，在适当的位置输入需要的文字。选择"选择"工具 ▶，在属性栏中选择合适的字体并设置文字大小，效果如图 15-177 所示。

图 15-176　　　　　　　　　　　　　图 15-177

STEP 10 选择"直线段"工具 ✎ 和"文字"工具 T，对信纸进行标注，效果如图 15-178 所示。使用上述方法制作出一张较小的信纸，效果如图 15-179 所示。信纸制作完成，效果如图 15-180 所示。

图 15-178　　　　　　　　图 15-179　　　　　　　　图 15-180

STEP 11 按 Shift+Ctrl+S 组合键，弹出"存储为"对话框，将其命名为"信纸"，保存为 AI 格式，单击"保存"按钮，将文件保存。

15.5.13　制作信封

STEP 1 按 Ctrl+O 组合键，打开资源包中的"Ch15 > 效果 > 速益达科技 VI 手册设计 > 模板 B"文件，如图 15-181 所示。选择"文字"工具 T，选取需要的文字，如图 15-182 所示。输入需要的文字，效果如图 15-183 所示。使用相同的方法更改其他文字，效果如图 15-184 所示。

速益达科技 VI
手册设计 13

图 15-181　　　　　　图 15-182　　　　　　图 15-183

STEP 2 选择"文字"工具 T，在适当的位置输入需要的文字。选择"选择"工具 ▶，在属性栏中选择合适的字体并设置文字大小，按 Alt+↓ 组合键，适当调整文字行距。设置文字为淡黑色（其 CMYK 的值分别为 0、0、0、80），填充文字，效果如图 15-185 所示。

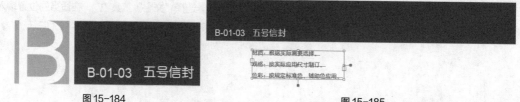

图 15-184　　　　　　　　　　　　　　图 15-185

STEP 3 选择"矩形"工具 □，在页面中单击鼠标左键，弹出"矩形"对话框，选项的设置如图 15-186 所示。单击"确定"按钮，得到一个矩形。选择"选择"工具 ▶，拖曳矩形到页面中适当的位置，在属性栏中将"描边粗细"选项设置为 0.25 pt，填充图形为白色并设置描边色为灰色（其 CMYK 的值分别为 0、0、0、80），填充描边，效果如图 15-187 所示。

图 15-186

图 15-187

STEP 4 选择"钢笔"工具 ✐，在页面中绘制一个不规则图形，如图 15-188 所示。选择"选择"工具 ▶，在属性栏中将"描边粗细"选项设置为 0.25 pt，填充图形为白色并设置描边色为灰色（其 CMYK 的值分别为 0、0、0、50），填充描边，效果如图 15-189 所示。

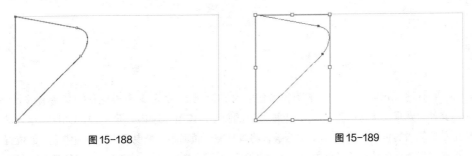

图 15-188　　　　　　　　　　　图 15-189

STEP 5 保持图形的选取状态。双击"镜像"工具 ▷◀，弹出"镜像"对话框，选项的设置如图 15-190 所示。单击"复制"按钮，复制并镜像图形，效果如图 15-191 所示。

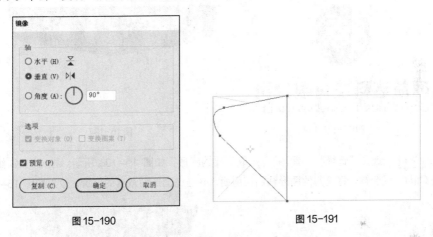

图 15-190　　　　　　　　　　图 15-191

STEP 6 选择"选择"工具 ▶，按住 Shift 键的同时，单击后方矩形将其选中，如图 15-192 所示。在"属性栏"中单击"水平右对齐"按钮 ▤，效果如图 15-193 所示。

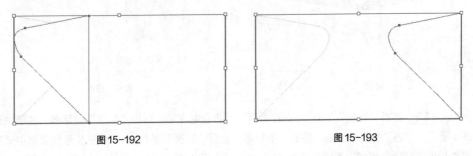

图 15-192　　　　　　　　　　图 15-193

STEP 7 选择"钢笔"工具 ✐，在页面中绘制一个不规则图形，在属性栏中将"描边粗细"选项设置为 0.25pt，设置描边色为灰色（其 CMYK 的值分别为 0、0、0、50），填充描边，效果如图 15-194 所示。

STEP 8 使用相同的方法再绘制一个不规则图形，设置图形填充色为蓝色（其 CMYK 的值分别为 100、50、0、0），填充图形，并设置描边色为无，效果如图 15-195 所示。

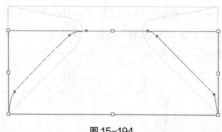

图 15-194

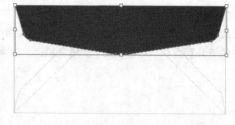

图 15-195

STEP 9 按 Ctrl+O 组合键，打开资源包中的"Ch15 > 效果 > 速益达科技 VI 手册设计 > 企业标准色.ai"文件，选择"选择"工具 ▶，选取需要的图形，如图 15-196 所示。按 Ctrl+C 组合键，复制图形。选中正在编辑的页面，按 Ctrl+V 组合键，将其粘贴到页面中，拖曳标志到页面中适当的位置并调整其大小，填充图形为白色，在属性栏中将"不透明度"选项设置为 80%，按 Enter 键取消选取状态，效果如图 15-197 所示。

图 15-196

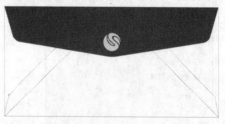

图 15-197

STEP 10 选择"选择"工具 ▶，选取需要的图形，如图 15-198 所示。按 Ctrl+C 组合键，复制图形，按 Ctrl+F 组合键，将复制的图形粘贴在前面，并拖曳图形到适当的位置，效果如图 15-199 所示。

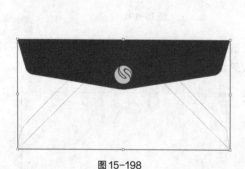

图 15-198

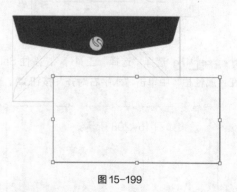

图 15-199

STEP 11 选择"矩形"工具 ▢，在页面中单击鼠标左键，弹出"矩形"对话框，选项的设置如图 15-200 所示。单击"确定"按钮，得到一个矩形。选择"选择"工具 ▶，拖曳矩形到页面中适当的位置，在属性栏中将"描边粗细"选项设置为 0.25 pt，设置描边色为红色（其 CMYK 的值分别为 0、100、100、0），填充描边，效果如图 15-201 所示。

STEP 12 选择"选择"工具 ▶，按住 Alt+Shift 组合键的同时，水平向右拖曳矩形到适当的位置，复制一个矩形，效果如图 15-202 所示。连续按 Ctrl+D 组合键，按需要再复制出多个矩形，效果如图 15-203 所示。

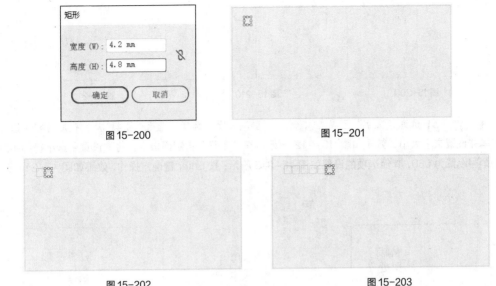

图 15-200　　　　　　　　　　　　图 15-201

图 15-202　　　　　　　　　　　　图 15-203

STEP 13 选择"矩形"工具 ▣，按住 Shift 键的同时，在页面中适当的位置绘制一个正方形，在属性栏中将"描边粗细"选项设置为 0.2 pt，如图 15-204 所示。按住 Alt+Shift 组合键的同时，水平向右拖曳图形到适当的位置，复制一个正方形，如图 15-205 所示。

图 15-204　　　　　　　　　　　　图 15-205

STEP 14 选择"选择"工具 ▶，选取第一个正方形，如图 15-206 所示。选择"窗口 > 描边"命令，弹出"描边"控制面板，勾选"虚线"复选框，数值被激活，选项的设置如图 15-207 所示；按 Enter 键确定操作，效果如图 15-208 所示。

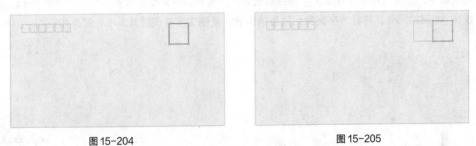

图 15-206　　　　　　图 15-207　　　　　　图 15-208

STEP 15 选择"选择"工具 ▶，选取第二个正方形，如图 15-209 所示。选择"剪刀"工具 ✂，在需要的节点上单击，选取不需要的直线，如图 15-210 所示。按 Delete 键将其删除，效果如图 15-211 所示。

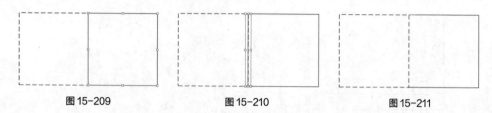

图 15-209 　　　　　　图 15-210 　　　　　　图 15-211

STEP 16 选择"文字"工具 **T** ，输入需要的文字。选择"选择"工具 ▶ ，在属性栏中选择合适的字体并设置文字大小，效果如图 15-212 所示。在"字符"控制面板中，将"设置所选字符的字距调整"选项 ⅥＡ 设置为 660，其他选项的设置如图 15-213 所示；按 Enter 键确定操作，效果如图 15-214 所示。

图 15-212 　　　　　　图 15-213 　　　　　　图 15-214

STEP 17 选中"企业标准色"文件，选择"选择"工具 ▶ ，选取并复制标志图形和标准字，将其粘贴到页面中，分别将标志和标志文字拖曳到适当的位置并调整大小，效果如图 15-215 所示。选取标准字，按住 Alt 键的同时，将标准字拖曳到适当的位置，复制文字并调整其大小，效果如图 15-216 所示。

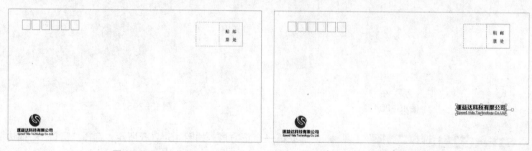

图 15-215 　　　　　　　　　　　　图 15-216

STEP 18 选择"直线段"工具 ／ ，按住 Shift 键的同时，在适当的位置绘制一条直线，效果如图 15-217 所示。选择"选择"工具 ▶ ，按住 Alt+Shift 组合键的同时，垂直向下拖曳直线到适当的位置，复制一条直线，在属性栏中将"描边粗细"选项设置为 0.25 pt，效果如图 15-218 所示。

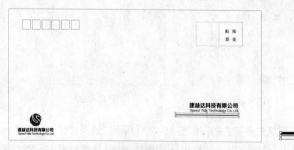

图 15-217

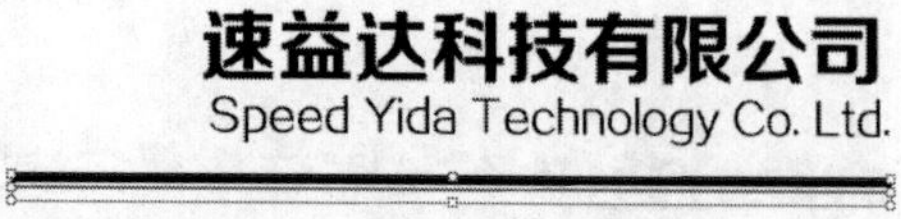

速益达科技有限公司
Speed Yida Technology Co. Ltd.

图 15-218

STEP 19 选择“文字”工具，在“属性栏”中单击“右对齐”按钮，输入需要的文字。选择“选择”工具，在属性栏中选择合适的字体并设置文字大小，效果如图 15-219 所示。按 Alt+↓组合键适当调整文字行距，效果如图 15-220 所示。

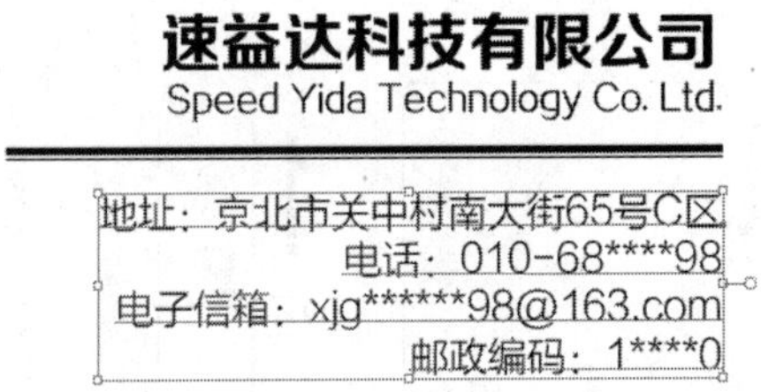

速益达科技有限公司
Speed Yida Technology Co. Ltd.
地址：京北市关中村南大街65号C区
电话：010-68****98
电子信箱：xjg******98@163.com
邮政编码：1****0

图 15-219

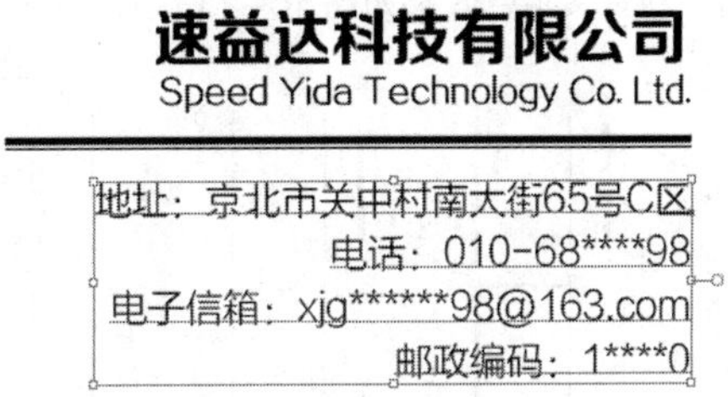

速益达科技有限公司
Speed Yida Technology Co. Ltd.
地址：京北市关中村南大街65号C区
电话：010-68****98
电子信箱：xjg******98@163.com
邮政编码：1****0

图 15-220

STEP 20 选择“矩形”工具，在适当的位置绘制一个矩形，如图 15-221 所示。在“描边”控制面板中，勾选“虚线”复选框，数值被激活，选项的设置如图 15-222 所示；按 Enter 键取消选取状态，效果如图 15-223 所示。

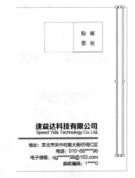

图 15-221

描边
粗细：0.2 pt
端点：
边角：
限制：4
对齐描边：
虚线
2.2
1 pt
虚线　间隙　虚线　间隙　虚线　间隙

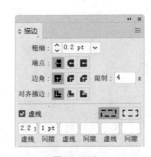

图 15-222

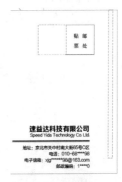

图 15-223

STEP 21 选择“圆角矩形”工具，在页面中单击，弹出“圆角矩形”对话框，选项的设置如图 15-224 所示。单击“确定”按钮，得到一个圆角矩形。选择“选择”工具，拖曳图形到适当的位置，在属性栏中将“描边粗细”选项设置为 0.25 pt，效果如图 15-225 所示。

STEP 22 选择“矩形”工具，在适当的位置绘制一个矩形，如图 15-226 所示。选择“选择”工具，按住 Shift 键的同时，单击圆角矩形将其选中，在“路径查找器”控制面板中，单击“减去顶层”按钮，如图 15-227 所示。生成新的对象，效果如图 15-228 所示。

圆角矩形
宽度 (W)：1.8 mm
高度 (H)：5 mm
圆角半径 (R)：6 mm
确定
取消

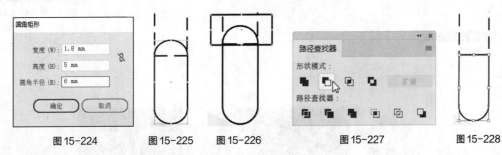

图 15-224

图 15-225

图 15-226

路径查找器
形状模式：
扩展
路径查找器：

图 15-227

图 15-228

STEP 23 选择“钢笔”工具，在适当的位置绘制一个不规则图形，填充图形为黑色，并设置描边色为无，效果如图 15-229 所示。选择"文字"工具 **T** ，在"属性栏"中单击"左对齐"按钮 ≡ ，输入需要的文字。选择"选择"工具 ▶ ，在属性栏中选择合适的字体并设置文字大小，效果如图 15-230 所示。

STEP 24 双击"旋转"工具 ↻ ，弹出"旋转"对话框，选项的设置如图 15-231 所示。单击"确定"按钮，旋转文字，效果如图 15-232 所示。

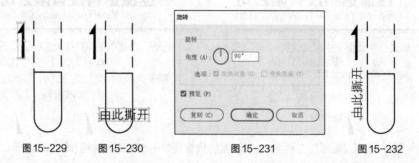

图 15-229   图 15-230   图 15-231   图 15-232

STEP 25 选择"直线段"工具 ╱ 和"文字"工具 **T** ，对图形进行标注，效果如图 15-233 所示。信封制作完成，效果如图 15-234 所示。按 Shift+Ctrl+S 组合键，弹出"存储为"对话框，将其命名为"信纸"，保存为 AI 格式，单击"保存"按钮，将文件保存。

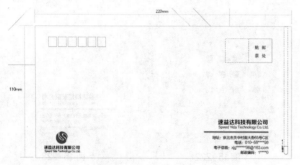

图 15-233   图 15-234

15.5.14 制作传真纸

STEP 1 按 Ctrl+O 组合键，打开资源包中的"Ch15 > 效果 > 速益达科技 VI 手册设计 > 模板 B.ai"文件，如图 15-235 所示。选择"文字"工具 **T** ，选取需要的文字，如图 15-236 所示。输入需要的文字，效果如图 15-237 所示。使用相同的方法更改其他文字，效果如图 15-238 所示。

速益达科技 VI
手册设计 14

图 15-235   图 15-236   图 15-237

STEP✒2 选择"文字"工具 T，在适当的位置输入需要的文字。选择"选择"工具 ▶，在属性栏中选择合适的字体并设置文字大小，按 Alt+↓ 组合键适当调整文字行距。设置文字为淡黑色（其 CMYK 的值分别为 0、0、0、80），填充文字，效果如图 15-239 所示。

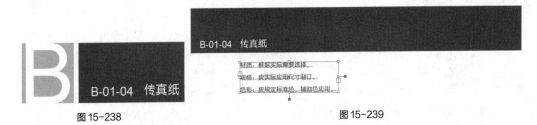

图 15-238   图 15-239

STEP✒3 选择"矩形"工具 ▢，在页面中单击鼠标左键，弹出"矩形"对话框，选项的设置如图 15-240 所示。单击"确定"按钮，得到一个矩形。选择"选择"工具 ▶，拖曳矩形到页面中适当的位置，在属性栏中将"描边粗细"选项设置为 0.25 pt，填充图形为白色，效果如图 15-241 所示。

STEP✒4 按 Ctrl+O 组合键，打开资源包中的"Ch15 > 效果 > 速益达科技 VI 手册设计 > 企业标准色.ai"文件，选择"选择"工具 ▶，选取并复制标志图形和标志文字，将其粘贴到页面中，分别将标志和标志文字拖曳到适当的位置并调整其大小，效果如图 15-242 所示。

图 15-240   图 15-241   图 15-242

STEP✒5 选择"文字"工具 T，在页面中输入需要的文字。选择"选择"工具 ▶，在属性栏中选择合适的字体并设置文字大小，效果如图 15-243 所示。

STEP✒6 选择"文字"工具 T，在页面中分别输入需要的文字。选择"选择"工具 ▶，在属性栏中分别选择合适的字体并设置文字大小，效果如图 15-244 所示。

图 15-243   图 15-244

STEP✒7 将输入的文字选中，在"字符"控制面板中，将"设置行距" ⏶ 选项设置为 23 pt，其他选项的设置如图 15-245 所示；按 Enter 键确定操作，效果如图 15-246 所示。

STEP 8 选择"直线段"工具 ✎，按住 Shift 键的同时，在适当的位置绘制一条直线，在属性栏中将"描边粗细"选项设置为 0.25 pt，效果如图 15-247 所示。

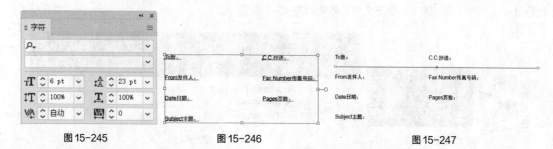

图 15-245   图 15-246   图 15-247

STEP 9 选择"选择"工具 ▶，按住 Shift+Alt 组合键的同时，垂直向下拖曳直线到适当的位置，复制一条直线，效果如图 15-248 所示。连续按 Ctrl+D 组合键，按需要再复制出多条直线，效果如图 15-249 所示。

图 15-248    图 15-249

STEP 10 选择"文字"工具 T，在页面中输入需要的文字。选择"选择"工具 ▶，在属性栏中选择合适的字体并设置文字大小，效果如图 15-250 所示。

STEP 11 传真纸制作完成，效果如图 15-251 所示。按 Shift+Ctrl+S 组合键，弹出"存储为"对话框，将其命名为"传真纸"，保存为 AI 格式，单击"保存"按钮，将文件保存。

图 15-250

图 15-251

15.5.15 制作员工胸卡

STEP 1 按 Ctrl+O 组合键，打开资源包中的"Ch15 > 效果 > 速益达科技 VI 手册设计 > 模板 B.ai"文件，如图 15-252 所示。选择"文字"工具 T，选取需要的文字，如图 15-253 所示。输入需要的文字，效果如图 15-254 所示。使用相同的方法更改其他文字，效果如图 15-255 所示。

速益达科技 VI
手册设计 15

图 15-252　　　　　　　　图 15-253　　　　　　　　图 15-254

STEP 2 选择"文字"工具 T，在适当的位置输入需要的文字。选择"选择"工具 ▶，在属性栏中选择合适的字体并设置文字大小，按 Alt+↓ 组合键适当调整文字行距。设置文字为淡黑色（其 CMYK 的值分别为 0、0、0、80），填充文字，效果如图 15-256 所示。

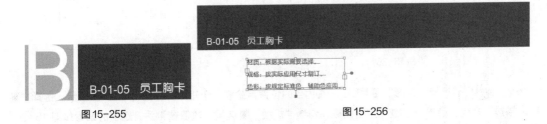

图 15-255　　　　　　　　　　　　　　图 15-256

STEP 3 选择"圆角矩形"工具 ▢，在页面中单击，弹出"圆角矩形"对话框，设置如图 15-257 所示。单击"确定"按钮，得到一个圆角矩形，如图 15-258 所示。

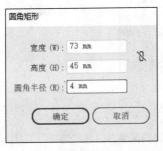

图 15-257

图 15-258

STEP 4 按 Ctrl+O 组合键，打开资源包中的"Ch15 > 效果 > 速益达科技 VI 手册设计 > 企业标准色.ai"文件，选择"选择"工具 ▶，选取标志图形，按 Ctrl+C 组合键，复制图形。选中正在编辑的页面，按 Ctrl+V 组合键，将其粘贴到页面中并拖曳到适当的位置，效果如图 15-259 所示。

STEP 5 选择"矩形"工具 ▢，在适当的位置绘制一个矩形，设置图形填充色为灰色（其 CMYK 的值分别为 0、0、0、10），填充图形，设置描边色为无，效果如图 15-260 所示。

STEP 6 选择"选择"工具 ▶，按 Ctrl+C 组合键，复制图形，按 Ctrl+F 组合键，将复制的图形粘贴在前面，设置图形填充色为青色（其 CMYK 的值分别为 100、0、0、0），填充图形。拖曳图形右侧中间的控制手柄，调整其大小，效果如图 15-261 所示。再复制一个矩形，设置图形填充色为深蓝色（其 CMYK 的值分别为 100、70、0、0），填充图形，并调整其大小，效果如图 15-262 所示。

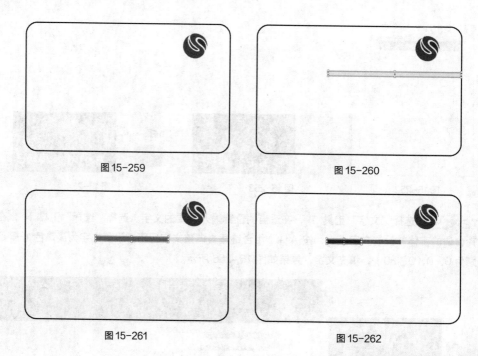

图 15-259　　　　　　　　　　　　　　　　图 15-260

图 15-261　　　　　　　　　　　　　　　　图 15-262

STEP 7 选择"矩形"工具 ▣，在适当的位置再绘制一个矩形，如图 15-263 所示。选择"窗口 > 描边"命令，弹出"描边"控制面板，勾选"虚线"复选框，数值被激活，选项的设置如图 15-264 所示，效果如图 15-265 所示。

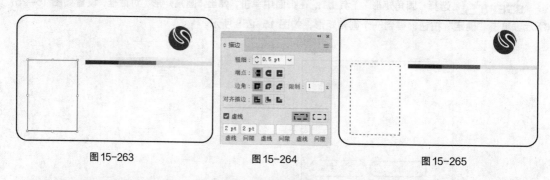

图 15-263　　　　　　　　　　图 15-264　　　　　　　　　　图 15-265

STEP 8 选择"直排文字"工具 ↓T，输入所需要的文字。选择"选择"工具 ▶，在属性栏中选择合适的字体并设置文字大小，按 Alt+ → 组合键适当调整文字字距，效果如图 15-266 所示。选择"直线段"工具 ╱，按住 Shift 键的同时，在适当的位置绘制一条直线，如图 15-267 所示。

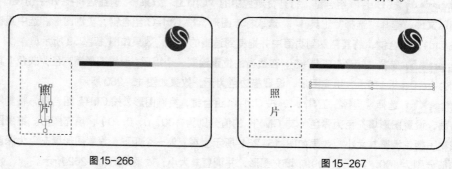

图 15-266　　　　　　　　　　　　　　　　图 15-267

STEP 9 选择"选择"工具 ▶，按住 Shift+Alt 组合键的同时，垂直向下拖曳鼠标到适当的位置，复制一条直线，连续按 Ctrl+D 组合键，复制出多条需要的直线，效果如图 15-268 所示。选择"文字"工具 **T**，分别在适当的位置输入所需要的文字。选择"选择"工具 ▶，在属性栏中选择合适的字体并设置文字大小，效果如图 15-269 所示。

图 15-268

图 15-269

STEP 10 选择"圆角矩形"工具 ▣，在页面中单击，弹出"圆角矩形"对话框，在对话框中进行设置，如图 15-270 所示。单击"确定"按钮，得到一个圆角矩形，拖曳圆角矩形到适当的位置，如图 15-271 所示。

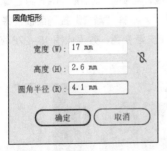

图 15-270

图 15-271

STEP 11 选择"矩形"工具 ▢，在适当的位置绘制一个矩形，填充图形为白色，在属性栏中将"描边粗细"选项设置为 0.5 pt，按 Enter 键确定操作，效果如图 15-272 所示。选择"钢笔"工具 ✐，绘制一个图形，设置描边色为灰色（其 CMYK 的值分别为 0、0、0、75），填充图形描边，效果如图 15-273 所示。

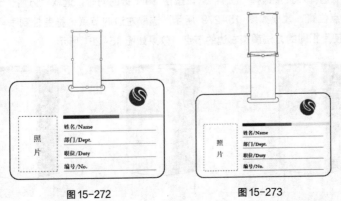

图 15-272　　　　　　　　　图 15-273

STEP 12 双击"渐变"工具，弹出"渐变"控制面板，单击"线性渐变"按钮，在色带上设置5个渐变滑块，分别将渐变滑块的位置设置为0、68、75、97、100，并设置CMYK的值分别为0位置对应（0、0、0、0）、68位置对应（0、0、0、0）、75位置对应（0、0、0、83）、97位置对应（0、0、0、51）、100位置对应（0、0、0、51），选中渐变色带上方的渐变滑块，将其"位置"设置为13、35、71、50，其他选项的设置如图15-274所示。图形被填充渐变色，效果如图15-275所示。

图 15-274

图 15-275

STEP 13 选择"选择"工具，按Ctrl+C组合键，复制图形，按Ctrl+F组合键，将复制的图形粘贴在前面，填充图形描边为黑色，效果如图15-276所示。选择"渐变"控制面板，将"角度"选项设置为180°，其他选项的设置如图15-277所示。图形被填充渐变色，效果如图15-278所示。

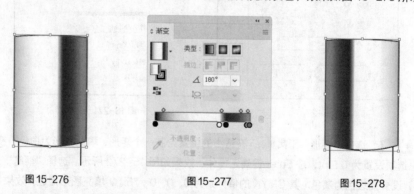
图 15-276   图 15-277   图 15-278

STEP 14 选择"直接选择"工具，按住Shift键的同时，选取上方两个节点，按一次向下方向键，适当调整节点位置，效果如图15-279所示。选取左边的节点，拖曳控制手柄调整弧度，效果如图15-280所示。使用相同的方法调整右边的节点，效果如图15-281所示。

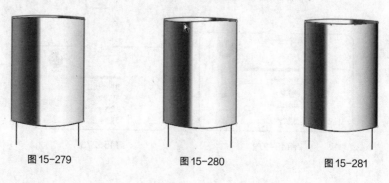
图 15-279   图 15-280   图 15-281

STEP 15 选择"椭圆"工具 ⬭，按住 Shift 键的同时，绘制一个圆形，如图 15-282 所示。选择"选择"工具 ▶，按 Ctrl+C 组合键，复制图形，按 Ctrl+F 组合键，将复制的图形粘贴在前面，按住 Shift+Alt 组合键向内拖曳控制手柄，等比例缩小图形，如图 15-283 所示。

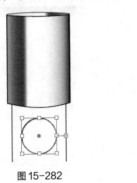

图 15-282

图 15-283

STEP 16 选择"选择"工具 ▶，按住 Shift 键，单击两个圆形将其选中。选择"窗口 > 路径查找器"菜单命令，弹出"路径查找器"控制面板，单击"差集"按钮 ▣，如图 15-284 所示。生成新的对象，如图 15-285 所示。

图 15-284

图 15-285

STEP 17 双击"渐变"工具 ▣，弹出"渐变"控制面板，单击"线性渐变"按钮 ▣，在色带上设置 5 个渐变滑块，分别将渐变滑块的位置设置为 0、69、80、96、100，并设置 CMYK 的值分别为 0 位置对应（0、0、0、100）、69 位置对应（0、0、0、100）、80 位置对应（0、0、0、0）、96 位置对应（0、0、0、100）、100 位置对应（0、0、0、100），选中渐变色带上方的渐变滑块，将其位置设置为 50、61、54、50，其他选项的设置如图 15-286 所示。图形被填充渐变色，设置图形的笔触颜色为无，效果如图 15-287 所示。

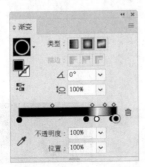

图 15-286

图 15-287

STEP 18 选择"选择"工具 ▶，按住 Shift 键的同时，单击需要的图形将其选中，如图 15-288 所示。按住 Alt 键的同时，向下拖曳图形到适当的位置，复制一组图形，效果如图 15-289 所示。

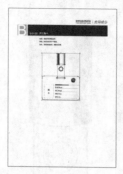
图 15-288

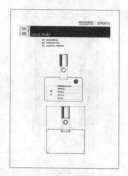
图 15-289

STEP 19 选中"企业标准色"页面，选择"选择"工具 ▶，选取并复制标志图形和标准字，将其粘贴到页面中适当的位置并调整大小，效果如图 15-290 所示。员工胸卡制作完成，效果如图 15-291 所示。按 Shift+Ctrl+S 组合键，弹出"存储为"对话框，将其命名为"员工胸卡"，保存为 AI 格式，单击"保存"按钮，将文件保存。

图 15-290

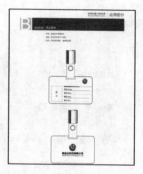
图 15-291

15.5.16 制作文件夹

STEP 1 按 Ctrl+O 组合键，打开资源包中的"Ch15 > 效果 > 速益达科技 VI 手册设计 > 模板 B.ai"文件，如图 15-292 所示。选择"文字"工具 T，选取需要的文字，如图 15-293 所示。输入需要的文字，效果如图 15-294 所示。使用相同的方法更改其他文字，效果如图 15-295 所示。

速益达科技 VI
手册设计 16

图 15-292 图 15-293 图 15-294

STEP⬇2 选择"文字"工具 **T**，在适当的位置输入需要的文字。选择"选择"工具 ▶，在属性栏中选择合适的字体并设置文字大小，按 Alt+↓组合键适当调整文字行距。设置文字为淡黑色（其 CMYK 的值分别为 0、0、0、80），填充文字，效果如图 15-296 所示。

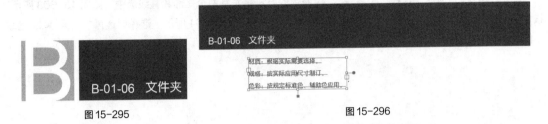

图 15-295　　　　　　　　　　　　　　　　　图 15-296

STEP⬇3 选择"矩形"工具 ▢，在页面中单击鼠标左键，弹出"矩形"对话框，在对话框中进行设置，如图 15-297 所示。单击"确定"按钮，得到一个矩形，填充图形为白色，并设置描边色为灰色（其 CMYK 的值分别为 0、0、0、50），填充图形描边，如图 15-298 所示。

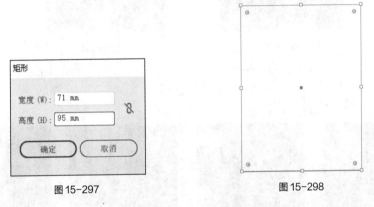

图 15-297　　　　　　　　　　　　　　　　　图 15-298

STEP⬇4 选择"选择"工具 ▶，按 Ctrl+C 组合键，复制图形，按 Ctrl+F 组合键，将复制的图形粘贴在前面，选取复制图形上方中间的控制手柄，向下拖曳到适当的位置，效果如图 15-299 所示。设置填充色为青色（其 CMYK 的值分别为 100、0、0、0），填充图形，效果如图 15-300 所示。

STEP⬇5 选择"矩形"工具 ▢，再绘制一个矩形，填充图形为白色，并设置描边色为灰色（其 CMYK 的值分别为 0、0、0、50），填充图形描边，效果如图 15-301 所示。

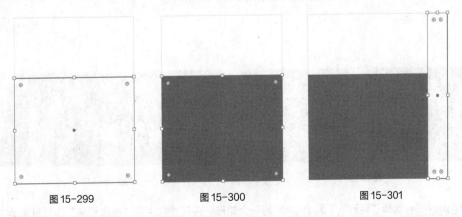

图 15-299　　　　　　　　图 15-300　　　　　　　　图 15-301

STEP 6 选择"直线段"工具 ╱，按住 Shift 键的同时，在适当的位置绘制一条直线，在属性栏中将"描边粗细"选项设置为 3 pt，设置描边色为淡灰色（其 CMYK 的值分别为 0、0、0、30），填充直线描边，效果如图 15-302 所示。

STEP 7 选择"选择"工具 ▶，用圈选的方法将左侧两个矩形和直线选中，如图 15-303 所示。按住 Alt 键的同时，拖曳图形到适当的位置，复制图形，如图 15-304 所示。选择"选择"工具 ▶，选取中间的矩形，如图 15-305 所示。

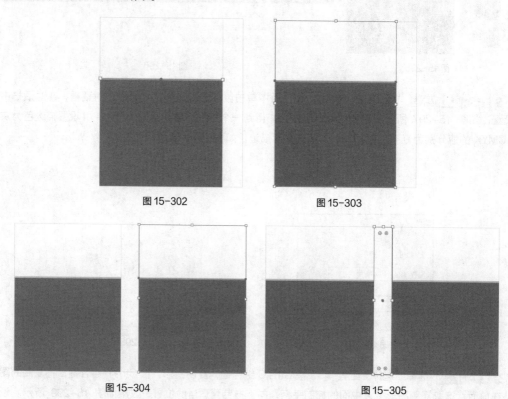

图 15-302   图 15-303

图 15-304   图 15-305

STEP 8 按 Ctrl+C 组合键，复制图形，按 Ctrl+F 组合键，将复制的图形粘贴在前面。选取复制的矩形上方中间的控制手柄，向下拖曳到适当的位置，如图 15-306 所示。设置填充色为青色（其 CMYK 的值分别为 100、0、0、0），填充图形，效果如图 15-307 所示。

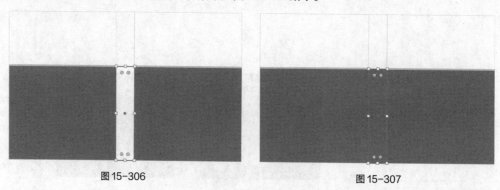

图 15-306   图 15-307

STEP 9 选择"矩形"工具 ▢，绘制一个矩形，在属性栏中将"描边粗细"选项设置为 0.25 pt，设置填充色为灰色（其 CMYK 的值分别为 0、0、0、30），填充图形，效果如图 15-308 所示。选择"选择"工具 ▶，按 Ctrl+C 组合键，复制图形，按 Ctrl+F 组合键，将复制的图形粘贴在前面，调整其大小，填充图形为白色，设置描边色为无，如图 15-309 所示。

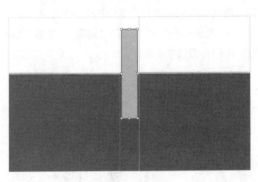

图 15-308　　　　　　　　　　　　　　　图 15-309

STEP 10 选择"圆角矩形"工具 ▢，在页面中单击鼠标左键，弹出"圆角矩形"对话框，在对话框中进行设置，如图 15-310 所示。单击"确定"按钮，得到一个圆角矩形，设置填充颜色为无，并设置描边色为淡灰色（其 CMYK 的值分别为 0、0、0、30），填充图形描边，如图 15-311 所示。

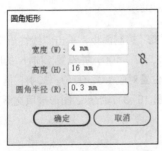

图 15-310　　　　　　　　　　　　　　图 15-311

STEP 11 选择"椭圆"工具 ⬭，按住 Shift 键的同时，绘制一个圆形，设置描边色为灰色（其 CMYK 的值分别为 0、0、0、80），填充图形描边，如图 15-312 所示。选择"椭圆"工具 ⬭，按住 Shift 键的同时，再绘制一个圆形，填充圆形为白色，设置描边色为无，如图 15-313 所示。

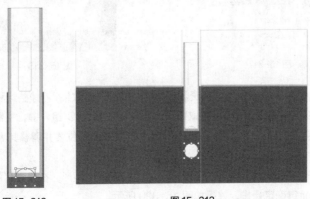

图 15-312　　　　　　　　　　图 15-313

STEP 12 选择"选择"工具 ▶，按 Ctrl+C 组合键，复制图形，按 Ctrl+F 组合键，将复制的图形粘贴在前面，向右微调圆形的位置，设置填充色为无，并设置描边色为灰色（其 CMYK 的值分别为 0、0、0、80），为图形填充描边，在属性栏中将"描边粗细"选项设置为 2 pt，效果如图 15-314 所示。

STEP 13 选择"选择"工具 ▶，按 Ctrl+C 组合键，复制图形，按 Ctrl+F 组合键，将复制的图形粘贴在前面，设置描边色为白色，微调图形到适当的位置，效果如图 15-315 所示。

STEP 14 选择"选择"工具 ▶，再复制一个圆形，选择"对象 > 扩展"命令，弹出"扩展"对话框，如图 15-316 所示。单击"确定"按钮，图形被扩展。

图 15-314

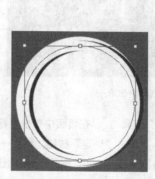
图 15-315

图 15-316

STEP 15 双击"渐变"工具 ▣，弹出"渐变"控制面板，单击"线性渐变"按钮 ▣，在色带上设置 3 个渐变滑块，分别将渐变滑块的位置设置为 0、57、100，并设置 CMYK 的值分别为 0 位置对应（0、0、0、0）、57 位置对应（0、0、0、50）、100 位置对应（0、0、0、30），选中渐变色带上方的渐变滑块，将其位置设置为 50、50，其他选项的设置如图 15-317 所示。图形被填充渐变色，设置图形的笔触颜色为无，效果如图 15-318 所示。

图 15-317

图 15-318

STEP 16 按 Ctrl+O 组合键，打开资源包中的"Ch15 > 效果 > 速益达科技 VI 手册设计 > 标志设计.ai"文件，选择"选择"工具 ▶，选取需要的图形，按 Ctrl+C 组合键，复制图形。选中正在编辑的页面，按 Ctrl+V 组合键，将其粘贴到页面中，分别拖曳图形到适当的位置并调整其大小，效果如图 15-319 所示。

STEP 17 选择"矩形"工具 ▣，在适当的位置绘制一个矩形，在属性栏中将"描边粗细"选项设置为 0.25 pt，按 Enter 键确定操作，效果如图 15-320 所示。

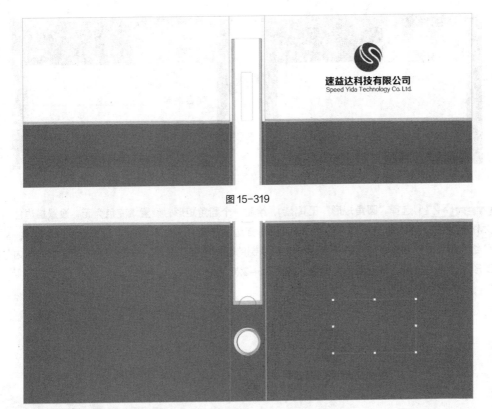

图 15-319

图 15-320

STEP 18 选择"选择"工具 ▶，按 Ctrl+C 组合键，复制图形，按 Ctrl+F 组合键，将复制的图形粘贴在前面，按住 Shift+Alt 组合键的同时，向内等比例缩小图形到适当的位置，填充图形为白色，如图 15-321 所示。

STEP 19 选择"选择"工具 ▶，按 Ctrl+C 组合键，复制图形，按 Ctrl+F 组合键，将复制的图形粘贴在前面，选取复制矩形下方中间的控制手柄，向上拖曳到适当的位置，设置填充色为蓝色（其 CMYK 的值分别为 100、70、0、0），填充图形，设置描边色为无，效果如图 15-322 所示。

图 15-321

图 15-322

STEP 20 使用相同的方法再制作一个矩形，设置填充色为灰色（其 CMYK 的值分别为 0、0、0、30），填充图形，效果如图 15-323 所示。应用"文字"工具 **T** 和"直线段"工具 ╱，制作出的效果如图 15-324 所示。

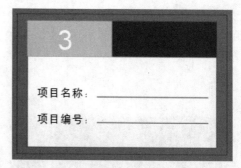

图 15-323　　　　　　　　　图 15-324

STEP 21 选择"圆角矩形"工具 ▣，绘制一个圆角矩形，设置填充色为无，设置描边色为灰色（其 CMYK 的值分别为 0、0、0、50），填充图形描边，如图 15-325 所示。选择"选择"工具 ▶，按 Ctrl+C 组合键，复制图形，按 Ctrl+F 组合键，将复制的图形粘贴在前面，按 Shift+Alt 组合键，向内等比例缩小图形到适当的位置，填充图形为白色，如图 15-326 所示。

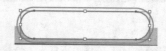

图 15-325　　　　　　　　　图 15-326

STEP 22 选择"圆角矩形"工具 ▣，再绘制一个圆角矩形。双击"渐变"工具 ▣，弹出"渐变"控制面板，单击"线性渐变"按钮 ▣，在色带上设置 3 个渐变滑块，分别将渐变滑块的位置设置为 0、50、100，并设置 CMYK 的值分别为 0 位置对应（0、0、0、72）、50 位置对应（0、0、0、0）、100 位置对应（0、0、0、82），选中渐变色带上方的渐变滑块，将其位置设置为 50、50，其他选项的设置如图 15-327 所示。图形被填充渐变色，设置图形的描边色为无，效果如图 15-328 所示。

图 15-327　　　　　　　　　图 15-328

STEP 23 选择"选择"工具 ▶，按住 Shift 键，单击所需要的圆角矩形将其选中，按住 Alt 键的同时，拖曳鼠标到适当的位置，复制图形，如图 15-329 所示。

STEP 24 选择"文字"工具 T，输入所需要的文字。选择"选择"工具 ▶，在属性栏中选择合适的字体并设置文字大小，填充文字为白色，效果如图 15-330 所示。

图 15-329

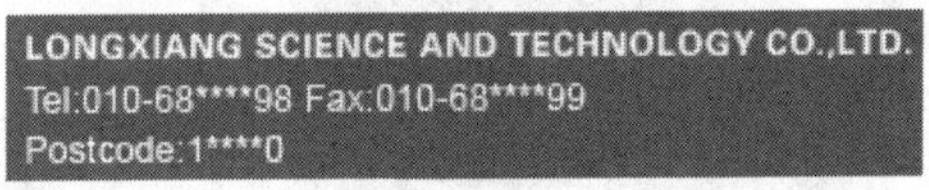

LONGXIANG SCIENCE AND TECHNOLOGY CO.,LTD.
Tel:010-68****98 Fax:010-68****99
Postcode:1****0

图 15-330

STEP 25 选择"选择"工具 ▶，选取背景白色矩形，按 Ctrl+C 组合键，复制图形，按 Ctrl+B 组合键，将复制的图形粘贴在后面，拖曳图形到适当的位置，效果如图 15-331 所示。设置图形填充色为淡灰色（其 CMYK 的值分别为 0、0、0、10），填充图形，并设置描边色为无，效果如图 15-332 所示。

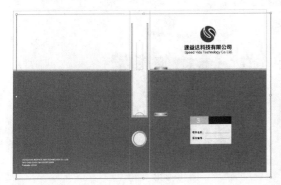

图 15-331

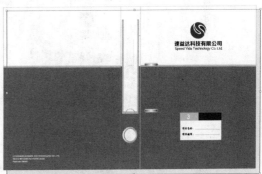

图 15-332

STEP 26 选择"选择"工具 ▶，按住 Shift 键的同时，将需要的图形和文字选中，效果如图 15-333 所示。按住 Alt 键的同时，拖曳图形到适当的位置，复制图形，如图 15-334 所示。

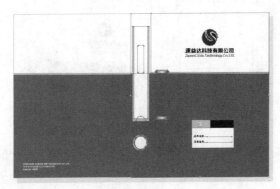

图 15-333

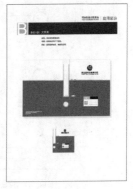

图 15-334

STEP 27 选择"选择"工具 ![箭头]，使用圈选的方法选取需要的图形和文字，如图 15-335 所示。
选择"倾斜"工具 ![倾斜]，按住 Alt 键的同时，在选中的图形左侧底部节点上单击，弹出"倾斜"对话框，选
项的设置如图 15-336 所示。单击"确定"按钮，将图形倾斜，效果如图 15-337 所示。选择"选择"工
具 ![箭头]，使用圈选的方法选取需要的图形，如图 15-338 所示。

图 15-335

图 15-336

图 15-337

图 15-338

STEP 28 选择"倾斜"工具 ![倾斜]，按住 Alt 键的同时，在选中的图形右侧底部节点上单击，弹出
"倾斜"对话框，选项的设置如图 15-339 所示。单击"确定"按钮，将图形倾斜，效果如图 15-340 所示。

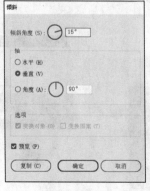

图 15-339

图 15-340

STEP 29 选择"矩形"工具 ▭，沿着左侧边缘绘制一个矩形，在属性栏中将"描边粗细"选项设置为 0.25 pt，设置填充色为灰色（其 CMYK 的值分别为 0、0、0、40），填充图形，效果如图 15-341 所示。

STEP 30 选择"直接选择"工具 ▷，按住 Shift 键的同时，依次单击选取需要的节点，按向上方向键，微调节点到适当的位置，效果如图 15-342 所示。

图 15-341

图 15-342

STEP 31 按 Ctrl+Shift+ [组合键，将图形置于底层，在页面空白处单击，取消图形的选取状态，效果如图 15-343 所示。至此，文件夹制作完成。

图 15-343

STEP 32 按 Shift+Ctrl+S 组合键，弹出"存储为"对话框，将其命名为"文件夹"，保存为 AI 格式，单击"保存"按钮，将文件保存。

15.2 课后习题——盛发游戏 VI 手册设计

习题知识要点

在 Illustrator 中，使用钢笔工具、椭圆工具、联集按钮绘制卡通脸型，使用椭圆工具、矩形工具、圆角矩形工具、旋转工具和多边形工具绘制游戏手柄，使用文字工具、字符控制面板添加标准字，使用直线段工具、文字工具、矩形工具、直接选择工具和填充工具制作 VI 手册模板；使用矩形网格工具绘制需要的网格，使用直线段工具和文字工具对图形进行标注，使用矩形工具、钢笔工具和镜像工具制作信封效果，使用描边控制面板制作虚线效果。盛发游戏 VI 手册设计效果如图 15-344 所示。

⊕ 效果所在位置

　　资源包 > Ch15 > 效果 > 盛发游戏 VI 手册设计 > 标志设计.ai、模板 A.ai、模板 B.ai、标志制图.ai、标志组合规范.ai、标志墨稿与反白应用规范.ai、标准色.ai、公司名片.ai、信纸.ai、信封.ai、传真.ai。

盛发游戏 VI 手册设计 1

盛发游戏
VI 手册设计 2

盛发游戏
VI 手册设计 3

盛发游戏
VI 手册设计 4

盛发游戏
VI 手册设计 5

盛发游戏
VI 手册设计 6

盛发游戏
VI 手册设计 7

盛发游戏
VI 手册设计 8

盛发游戏
VI 手册设计 9

盛发游戏
VI 手册设计 10

盛发游戏
VI 手册设计 11

图 15-344